AF240963

LA VIGNE

PAR

E. A. CARRIÈRE

PARIS

CHEZ L'AUTEUR, RUE DE BUFFON, 55

LIBRAIRIE AGRICOLE DE LA MAISON RUSTIQUE

26, RUE JACOB, 26

ET CHEZ TOUS LES LIBRAIRES DE LA FRANCE ET DE L'ÉTRANGER

LA
VIGNE

PARIS. — IMP. SIMON RAÇON ET COMP., RUE D'ERFURTH, 1.

LA

VIGNE

PAR

E. A. CARRIÈRE

PARIS

CHEZ L'AUTEUR, RUE DE BUFFON, 53

LIBRAIRIE AGRICOLE DE LA MAISON RUSTIQUE
26, RUE JACOB, 26

ET CHEZ TOUS LES LIBRAIRES DE LA FRANCE ET DE L'ÉTRANGER

1865

CULTURE

DE LA VIGNE

Tout sujet est complexe; aussi, lorsqu'on veut en traiter un, quel qu'il soit, doit-on, autant que possible, commencer par en isoler les diverses parties, et faire bien ressortir les bases sur lesquelles chacune repose. C'est dans ce but que, traitant de la vigne, nous allons tâcher de bien établir les principes sur lesquels repose sa culture.

Pour nous rendre compte des diverses opérations auxquelles on soumet la vigne afin d'en retirer le plus de bénéfice possible, nous devons d'abord étudier cette plante dans ses diverses phases, examiner où et dans quelles conditions on la rencontre à l'état spontané; quel est son mode de végétation ainsi que les particularités qu'il présente, puis ajouter à cet examen quelques considérations sur sa longévité suivant les milieux où elle croît, le mode de traitement qu'on lui fait subir, etc. Ensuite nous aborderons la culture de la vigne, les diverses opérations auxquelles il faut l'assujettir selon le but qu'on se propose d'atteindre, et les conditions dans lesquelles on se trouve placé.

Cette étude comprendra l'examen du sol, sa préparation, les divers modes de multiplication (bouturage, provignage, greffe), de plantation et d'entretien de la vigne. Les labours, les binages, les fumures, les différents modes de taille et de conduite de la vigne, seront également l'objet d'une étude spéciale. Nous tâcherons de décrire ces opérations de manière à faire ressortir les avantages et les inconvénients que présente chacune d'elles. Tous ces sujets seront divisés et formeront autant de chapitres subdivisés à leur tour en autant de sections que cela sera nécessaire, pour éviter la confusion et établir un certain ordre qui permette d'étudier séparément toutes les questions qui intéressent la viticulture.

CHAPITRE PREMIER

GÉNÉRALITÉS

EXAMEN GÉNÉRAL DE LA VIGNE. — LIEUX OU ELLE CROIT A
L'ÉTAT SPONTANÉ

Y a-t-il *une* ou *plusieurs* espèces de vigne? On peut répondre affirmativement sur les deux questions, suivant la manière dont on les envisage. En effet, si l'on comprend toutes les plantes rangées par les botanistes dans le genre *Vitis*, la pluralité des espèces ne peut être mise en doute; mais, si l'on restreint la question, si on l'examine au point de vue purement viticole, on reconnaît qu'il n'y a qu'une seule espèce, le *Vitis vinifera*, L., qui comprend un nombre considérable, de sous-races, de variétés, etc.; toutes les vignes comparées entre elles ne diffèrent que par les caractères physiques tels que le *facies* (forme ou contexture des feuilles, aspect des sarments, etc.), la hâtiveté ou la tardiveté, la vigueur des plants, la forme, la grosseur ou la couleur des grains, la consistance de la pulpe, la saveur des sucs qui, comme conséquence, détermine des qualités particulières ; mais, toutes ont invariablement conservé leur caractère organique de végétation et de tempérament, elles poussent de la même manière, et ne sont, à part quelques légères différences, ni plus ni moins rustiques, malgré les climats et les conditions de sol et d'exposition dans lesquels on peut les cultiver.

La vigne, sans être indifférente au froid de l'hiver, en supporte néanmoins d'assez intenses, de sorte que, sous ce rapport, on peut la cultiver dans une grande partie de l'Europe. Mais ce dont elle a essentiellement et absolument besoin, c'est de recevoir une grande somme de chaleur, et surtout d'être fortement insolée pendant l'été et le commencement de l'automne, et, tout particulièrement aussi, d'être bien éclairée, c'est-à-dire frappée d'une lumière très-vive, car sans cela elle ne mûrit point ses fruits, ou, si parfois ceux-ci mûrissent, ils acquièrent peu de qualité et sont presque impropres à la fabrication des vins. C'est ce qui explique pourquoi, sous des climats en apparence très-bons, où la température moyenne est même relativement élevée, mais où la température estivale est basse et le climat brumeux, on ne peut cultiver la vigne, du moins au point de vue de la vinification. C'est ce qui explique encore l'impossibilité, à ce même point de vue, de la cultiver dans une grande partie de l'Angleterre de même qu'en Bretagne.

Dans les climats extrêmes, au contraire, où les froids de l'hiver sont excessifs, mais où la température estivale est fort élevée, et où l'atmosphère n'est jamais chargée de brume, on peut encore, souvent même avec avantage, cultiver la vigne au point de vue de la vinification. Pour cela, il suffit de l'abriter contre les rigueurs de l'hiver, et l'on y parvient en enterrant les souches et les sarments pendant cette saison.

Origine de la vigne. — Conditions dans lesquelles on la trouve. — Il est souvent très-difficile d'indiquer le lieu où croît une plante à l'état dit *sauvage*. Parfois même c'est presque impossible lorsqu'il s'agit d'une espèce dont les produits semblent, de tout temps, avoir été recherchés par l'homme. Car alors, partout où celui-ci a pénétré et où le climat l'a permis, il en a introduit la culture, de sorte que, lorsque cette plante est vigoureuse, elle se répand promptement, gagne les champs, les haies, les buissons; en un mot elle prend droit de cité. Que la tradition vienne alors à se perdre, et cette plante ne manquera pas d'être regardée comme étant indigène des contrées où on la rencontre pour ainsi dire à chaque pas. Telle est à peu près la marche que semble avoir suivie la vigne. C'est ainsi qu'aujourd'hui on la trouve à l'état sauvage dans diverses parties de l'Espagne, du Portugal, de l'Italie, et même dans quelques-unes du midi de la France.

L'opinion des auteurs modernes est très-partagée à cet égard. Les uns disent que la vigne est originaire du midi de la France, et le docteur Baunes affirme « qu'elle est indigène sur les bords du Rhône. » D'autres soutiennent qu'elle l'est dans tout le midi de

l'Europe, etc. Mais comme cette question est aujour-
d'hui insoluble, et qu'après tout elle n'a pour nous
qu'une importance très-secondaire, nous ne nous y ar-
rêterons pas davantage, et, nous rangeant à l'avis des
auteurs anciens, nous dirons avec eux que la vigne
est d'origine asiatique. C'est là, en effet, qu'on la
trouve le plus fréquemment. Tous les faits semblent
favorables à cette opinion, et l'histoire de la vigne
semble se lier étroitement à celle de l'humanité, dont
elle paraît avoir suivi la marche. Le berceau de l'une
a dû être placé auprès de celui de l'autre. Partant
de ce point, que nous adoptons comme base, nous
disons :

La vigne est originaire de l'Asie, où elle croît spontanément dans différents lieux *secs* et *arides*, où la
chaleur est considérable pendant l'été, et où le soleil
est rarement obscurci par les nuages. Elle semble
rechercher tout particulièrement les terrains accidentés, de nature plus ou moins argilo-calcaire, ce
qui dénote encore que, pour en tirer le meilleur
parti, il faut la cultiver dans des conditions analogues, ce que l'expérience démontre. En effet, c'est
en général dans les terres argilo-calcaires, *pierreuses*
ou *caillouteuses* qu'elle donne les meilleurs résultats,
sinon pour la quantité, du moins pour la qualité
de ses fruits.

VÉGÉTATION, CARACTÈRES PHYSIOLOGIQUES ET LONGÉVITÉ DE LA VIGNE

Végétation. — Abandonnée à elle-même, la vigne est une plante sarmenteuse et vigoureuse, à végétation vagabonde. Dans ces conditions, elle semble n'affecter aucune forme particulière, de sorte qu'elle en prend une en rapport avec le milieu dans lequel elle croît. Mais, en général, quelles que soient ces conditions, la vigne, a besoin de beaucoup d'espace ; elle court, rampe, puis, lorsqu'elle trouve un point d'appui, elle s'y accroche à l'aide des vrilles dont ses sarments sont munis, et alors elle prend des proportions considérables dont on peut à peine se faire une idée en la voyant dans l'état où nous la réduisons par la culture. Lorsqu'une vigne peut atteindre un arbre dont les premières branches sont assez rapprochées du sol pour qu'elle puisse s'y enlacer, elle le recouvre de toutes parts de ses nombreux rameaux (gravure 1) ; parfois même elle le fait mourir.

Peu de végétaux sont plus vigoureux que la vigne, et très-peu aussi paraissent être moins difficiles. En effet, si on la considère seulement comme plante propre à garnir des tonnelles ou à produire de la verdure, en un mot, à tout autre point de vue qu'à celui de la vinification, on reconnaît qu'elle peut croître à peu près partout, quels que soient le sol et l'exposition.

Caractères physiologiques de la vigne. — Nous avons

dit précédemment que la vigne est un végétal essen-

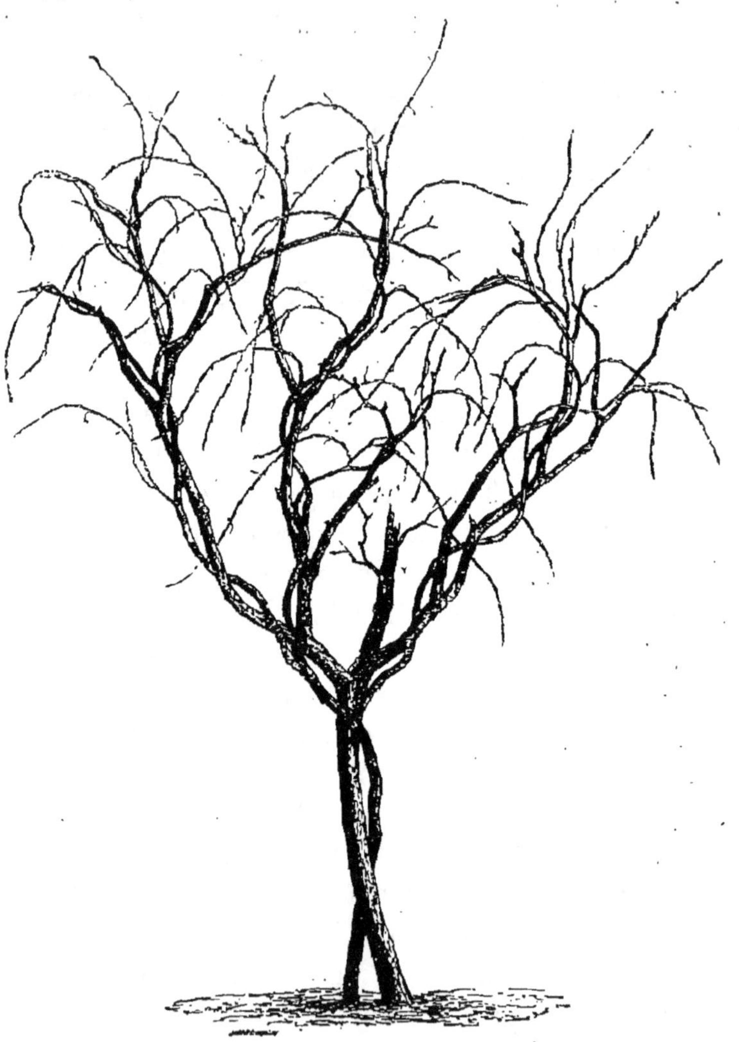

Gravure 1.

tiellement *coureur*, à rameaux munis de vrilles. Ajou-

tons que ces rameaux portent des feuilles alternes accompagnées de stipules, et que les fleurs, puis les fruits, réunis en grappes, sont supportés par un pédoncule commun,
toujours opposé à une feuille (gravure 2); que là où cette grappe fait défaut, elle est ordinairement rem-

Gravure 2.

Gravure 3.

placée par une vrille (grav. 3). Faisons encore remarquer que ces vrilles ne venant jamais qu'au-dessus des grappes, on peut être assuré, lorsqu'elles apparaissent, que le bourgeon qui les porte n'aura plus de grappes, de sorte qu'on peut sans crainte le pincer ou même le supprimer s'il n'a pas de destination spéciale.

A la base et dans l'aisselle de chacune des feuilles il y a toujours plusieurs yeux [1] (ordinairement quatre), dont un, le principal, bien que très-visible, reste

[1] Nous ne pouvons partager l'opinion de certains botanistes, qui, pour simplifier, rejettent le mot *œil* et donnent le nom de bourgeon « à tout ce qui est le germe d'une nouvelle pousse. » Au point de vue pratique, à notre avis du moins, ce mode d'appellation a des conséquences regrettables, car il détermine des confusions telles que si on l'adoptait, il serait souvent impossible de se comprendre. Nous croyons que le seul moyen de distinguer des choses différentes, c'est de ne point leur donner des noms semblables. Ainsi, par exemple, si nous appelons bourgeon le rudiment qui est placé à la base de la feuille, comment nous ferons-nous comprendre lorsque nous dirons qu'il faut pincer un bourgeon ?

Nous le répétons, le seul moyen de s'entendre, c'est de donner des noms particuliers aux choses dissemblables. Aussi nous continuerons à appeler *œil* le petit organe qui se trouve à la base des

1.

toujours latent; parfois cependant, cet œil se développe lorsque le bourgeon a été pincé ou cassé accidentellement trop près de lui; c'est ce qu'on nomme alors *œil époussé*. Dans ce cas il n'y a plus rien de bon à en attendre, aussi doit-on, lors de la taille, le supprimer et tailler sur un bon œil placé soit au-dessus, soit au-dessous de lui. Des trois autres yeux, celui qui est placé tout près (sur le côté) de l'œil principal et que par cette raison on nomme parfois *contre-œil*, se développe presque toujours la même année et en même temps qu'a lieu l'élongation du bourgeon; il forme alors ce que, suivant les localités, on nomme *contre-bourgeon, entre-feuille, entre-cœur, faux bourgeon, redruge,* etc. (grav. 46, *a*). Deux autres sortes d'yeux (yeux stipulaires), placés de chaque côté, à la base de l'œil principal, restent latents. Ce sont eux qui, lorsqu'ils se développent, constituent ce qu'on nomme des *sous-bourgeons,* qui, dans certaines années, et sur certaines variétés, donnent parfois des fruits. Pour nous faire comprendre nous devons, dès à présent, nous arrêter et nous fixer à l'un de ces termes. Nous adoptons, pour ces productions qui se développent la même année, en même temps que le bourgeon principal, le nom d'*entre-feuille*.

Certains vignerons nomment *bourgeons adventices* ou *adventifs* les bourgeons vigoureux qui sortent spontanément, soit du vieux bois, soit même du collet des racines; d'autres les nomment *faux-bourgeons;*

feuilles, et, *bourgeon*, le développement de cet œil, tant qu'il est en végétation, bourgeon qui, plus tard, chez la vigne, lorsque sa végétation annuelle est terminée, prend le nom de sarment.

d'autres enfin, considérant que ces sortes de productions portent rarement du raisin l'année où elles se développent, les nomment *gourmands* (gravure 47, *a*).

Longévité et dimensions que peut acquérir la vigne. — S'il y a peu de végétaux aussi robustes que la vigne, il en est bien peu aussi dont la durée soit plus grande : elle est pour ainsi dire illimitée. En effet, tant qu'une cause matérielle, indépendante de sa nature organique, ne vient pas détruire la vigne, on constate qu'elle pousse presque toujours. La principale cause qui paraît déterminer sa mort, c'est la pourriture des racines ; hormis cela, la vigne n'est pour ainsi dire jamais vieille, ou plutôt elle peut être vieille, mais *elle n'est point usée*. Lorsqu'on croit la vigne *usée*, c'est-à-dire lorsqu'elle ne pousse plus que très-peu, qu'elle ne produit que des sarments courts et grêles, à moins que les racines soient malades, ce n'est pas la vigne dans son entier qui est usée, mais tout simplement sa tige, qui est trop lignifiée, de sorte que les sucs séveux nè la parcourent que très-difficilement. Ce fait est tellement vrai que si l'on coupe près de terre un de ces ceps dit *usé* (grav. 4), il repousse la même année des sarments de trois à cinq mètres (grav. 5). Nous ne connaissons pas d'exception à cette règle ; tous les ceps que nous avons recépés, quelque âgés qu'ils aient été (à moins que, comme il a été dit ci-dessus, les racines soient gâtées), ont toujours repoussé vigoureusement.

Ainsi toutes ou la plupart des vignes soi-disant *usées* sont simplement fatiguées *dans leur partie aé- rienne*, qui, trop endurcie ou trop lignifiée par suite

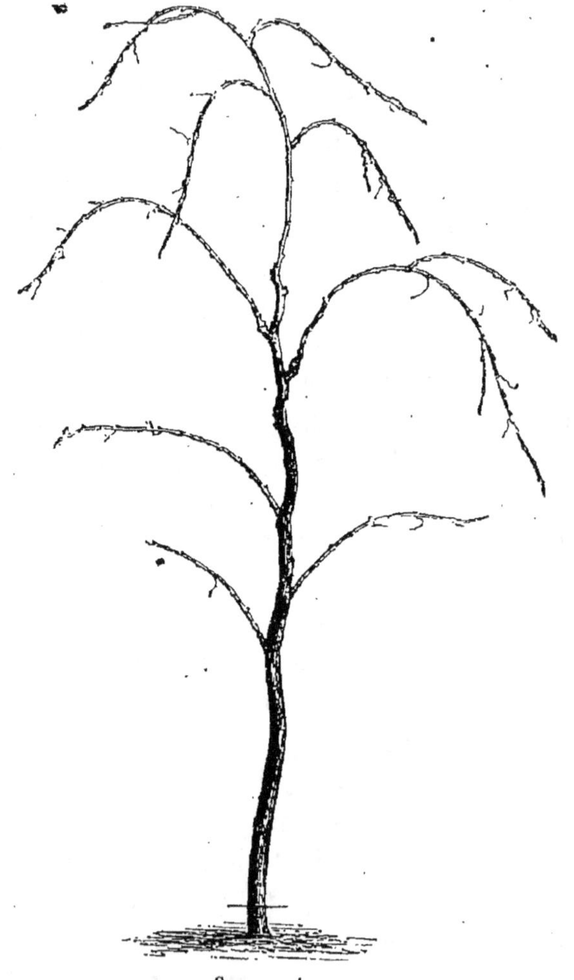

Gravure 4.

des réactions organiques, ne permet plus que très- difficilement à la séve de la traverser. Cet état de lignification est en raison directe du traitement que l'on fait subir aux vignes; ainsi toutes circonstances égales d'ailleurs, il se produit d'autant plus vite que l'on tourmente davantage les vignes, qu'on met plus d'entraves à leur végétation; de là l'explication de l'épuisement prématuré de la plupart des vignes cultivées. On remarque, en effet, que cet épuisement aérien ne se montre guère que sur des ceps qui ont été soumis aux mutilations répétées de la taille; ce qui le prouve, ce sont les nombreux exemples de vignes *excessivement* vieilles et très-vigoureuses encore (bien que chaque année elles aient rapporté *considérablement* de raisin), qu'on rencontre çà et là dans certains pays où elles n'ont pas été régulièrement soumises à la taille.

Nous empruntons à Loiseleur-Delonchamps quelques passages qui, de tous points, viennent à l'appui de ce que nous venons de dire. Ainsi, d'après Georges Santi, il y avait à Pise, dans un endroit du jardin des plantes, un

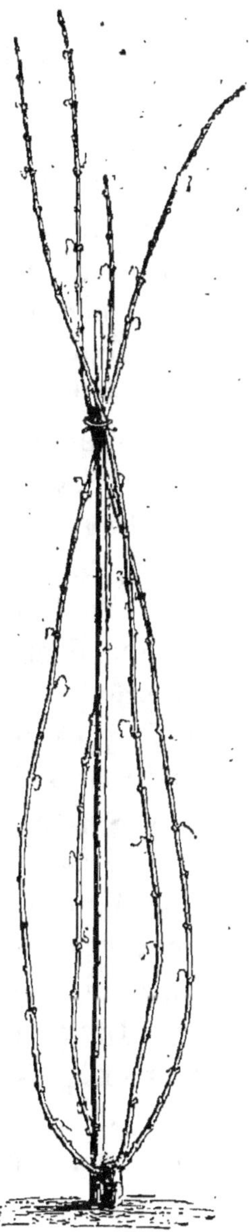

Gravure 5.

cep de vigne dont l'âge n'était point connu, qui mesurait 1^m,60 de circonférence. Victor Jacquemont, en parcourant le royaume de Cachemire, a remarqué des vignes dont le tronc mesurait 0^m,65 de circonférence. — M. Berthelot, en 1852, près du col de Tende, vit un cep de vigne dont la circonférence du tronc était de 1^m,38.

A Oran, en Algérie, près de la nouvelle Kasba, on remarquait un pied de vigne qui était planté près d'une fontaine et dont le tronc avait 0^m,24 de diamètre ; ses branches s'étendaient et formaient une sorte de treille qui couvrait une superficie de 120 mètres carrés. Cette vigne rapportait annuellement plus de 1,000 kilogr. de raisin. Feu Audibert a vu, à Cornillon, village du département du Gard, un cep de vigne dont le tronc avait acquis la grosseur d'un homme, dont les branches avaient enlacé et recouvert un grand chêne, et dont la récolte produisait chaque année jusqu'à 300 bouteilles de vin. — Le docteur Émeric écrivait, en 1833, qu'il avait vu à Castellane (Basses-Alpes), au quartier de *la Melaou*, un cep qui dès sa base se divisait en quatre branches de la grosseur d'un homme. Ces branches, qui avaient également des dimensions considérables, s'élevaient et couvraient en grande partie plusieurs arbres voisins. On ne connaissait point l'âge de ce cep ; les gens les plus vieux de la localité l'avaient toujours vu à peu près tel. Ce qu'ils en savaient, c'est qu'il produisait annuellement jusqu'à dix-huit quintaux de raisin.

Ce cep existe encore, mais malheureusement un peu mutilé, ainsi que nous l'apprend une lettre que nous avons reçue, il y a quelques mois, de la localité même, et que nous reproduisons en partie; voici :

«... Ce pied de vigne était vraiment énorme avant la perte d'un de ses deux derniers membres. Vous allez en juger. Le propriétaire est M. Bertrand, voiturier à Castellane, au quartier de *la Melaou*. La souche avait deux *membres*, dont l'un est mort depuis peu. La branche morte, qui est sur le sol, mesure 1^m,05 de circonférence, celle qui vit encore ne mesure que 0^m,85 ; elle grimpe sur un cormier. Cette branche, avant la maladie (*oïdium*), rapportait encore jusqu'à six charges de raisin. La charge est d'environ 120 kilogr... »

Quel âge, quelles dimensions et surtout quelle quantité de produits! Et comment, en présence de pareils faits, oser dire que la vigne meurt uniquement parce qu'on lui fait porter quelques kilogrammes de raisin?

A Villebéon (Seine-et-Marne), il y avait un cep de vigne qui, planté au pied d'un énorme poirier, le couvrait de toutes parts. Ce cep qui, à trois mètres au-dessus du sol, mesurait 0^m,50 de diamètre, produisit, en 1847, environ quatre feuillettes de vin. Désirant avoir des renseignements sur ce pied de vigne, nous écrivîmes à M. le maire de Villebéon, qui eut l'obligeance de nous faire adresser la réponse suivante :

« Villebéon, le 29 mai 1863.

« Monsieur,

« M. le maire de Villebéon vient de me communiquer votre

lettré du 26 courant, relative à un cep de vigne planté sur une terre de M. Guimon, et dont je suis devenu propriétaire.

« J'ai dû, en 1855, arracher ce cep, qui a produit jusqu'à quatre hectolitres de vin rouge dans une année, et cela pour deux motifs : d'abord, l'arbre qui lui servait d'appui ne pouvait plus le supporter, ensuite j'avais besoin du terrain pour la construction d'une maison. »

« Recevez, monsieur, etc.

« L'adjoint de Villebéon,

« Gilson. »

Chardin raconte que lorsqu'il visitait le Caucase, en 1672, il vit les vignes croître après les arbres et s'élever si haut qu'il est parfois impossible d'aller chercher les raisins. Ce même voyageur dit qu'il en est de même dans la Géorgie et dans l'Hyrcanie orientale ; que dans ces contrées on ne cultive pas la vigne, mais qu'elle croît sur les arbres de haute futaie ; que néanmoins le raisin y est excellent ; « qu'on fait avec le meilleur vin qui se boive. » Le chevalier Gamba, qui, cent cinquante ans plus tard, traversait ces mêmes contrées, trouva les vignes à peu près dans le même état où les avait vues Chardin.

A Verrières (Seine-et-Oise), il existait encore, il y a quelques années, un cep de vigne dont le développement des branches charpentières, après qu'elles étaient taillées, présentait une longueur de 408 pieds (156 mètres). Pendant très-longtemps ce cep fut confié aux soins de M. Delorme, élève et neveu de Sieulle, de qui nous tenons ces détails, et qui a bien voulu nous communiquer le dessin qu'il a fait faire de cette vigne.

A tous ces exemples de longévité et de productions considérables de la vigne nous pourrions en ajouter d'autres qui, pour être moins extraordinaires, sont néanmoins très-remarquables. Tous les jours encore on cite ce fameux cep de vigne de Hampton-Court, en Angleterre, qui occupe toute une vaste serre et qui donne, annuellement, plus de 1,000 grappes de raisin d'excellente qualité. Ainsi, par exemple, en 1842, on comptait de douze à treize cents grappes; vingt ans plus tard, en 1862, il portait encore plus de douze cents belles grappes de raisin.

Ce cep, qui appartient à la sorte dite *frankental*, mesure aujourd'hui 70 centimètres de circonférence; sa tige est très-saine, et, malgré son grand âge et l'énorme quantité de raisin qu'il a déjà produit, sa vigueur n'en est nullement affaiblie.

Si les exemples que nous venons de citer sont des exceptions, à qui la faute, si ce n'est à nous, qui mutilons les vignes par une taille beaucoup trop courte? Combien pourtant n'est-il pas d'exemples analogues à ceux qui précèdent et que nous pourrions citer? Qui n'a pas vu, dans certains villages, des vignes plus ou moins âgées, cultivées ou non cultivées, grimpant sur des arbres fruitiers, où elles atteignent de très-grandes dimensions tout en rapportant chaque année des quantités considérables de raisin, absolument comme cela se voit encore dans beaucoup de parties, soit de l'Asie (en Perse et en Géorgie), soit de l'Europe, en Italie, par exemple. Non loin de Paris même, dans les départements de

Seine-et-Oise et de l'Oise, lieux pourtant si peu favorables à la vigne, ne voit-on pas, dans beaucoup de jardins, la vigne croître pour ainsi dire à l'état sauvage sur les arbres fruitiers, particulièrement sur des pruniers? Dans des conditions aussi désavantageuses, elle atteint néanmoins des dimensions considérables et vit aussi un très-grand nombre d'années.

Si l'on objecte que dans de telles conditions le raisin ne mûrit pas toujours bien et que l'on ne pourrait en faire que de mauvais vin, nous répondons que notre but n'est point de conseiller cette culture dans ces conditions, mais de faire voir, ainsi que nous l'avons dit plus haut, que la vigne est un des végétaux les plus vivaces, dont la durée est des plus longues, parmi ceux qui, sans s'épuiser, peuvent donner le plus de fruits.

Tous les exemples qui précèdent démontrent de la manière la plus nette que ce n'est point, comme on le croit trop généralement encore, parce qu'on fait trop produire la vigne, ou, comme on dit, parce qu'on *l'allonge* et la *charge* trop, qu'on l'épuise et qu'on hâte sa mort; au contraire, c'est parce qu'on restreint trop sa végétation, et que les mutilations continuelles auxquelles on la soumet produisent des réactions qui affaiblissent et tuent le système radiculaire. Tout le monde sait, du reste, que les organes aériens sont les excitateurs des organes souterrains.

Au point de vue de la culture et de la spéculation, on ne peut abandonner la vigne à elle-même, c'est-à-dire qu'on ne peut la laisser croître à volonté. Mais il faut laisser produire à la vigne plus de fruits et surtout plus de parties foliacées qu'on n'est dans l'habitude de le faire, car il ne faut jamais oublier que les organes foliacés des plantes jouent un rôle excessivement important dans la vie végétale.

Nous avons vu précédemment que la vigne, à l'état de nature, vit pour ainsi dire indéfiniment tout en produisant chaque année des quantités considérables de raisin ; nous pouvons nous assurer que, plantée dans des conditions *identiques* de sol et de climat, mais cultivée en souche et soumise à la taille courte, elle ne dure que peu de temps, quarante ans en moyenne, par exemple ; d'où nous pouvons conclure que nous abrégeons la durée de la vigne en empêchant cette plante d'accomplir toutes ses phases de développement, en contrariant constamment la marche de la séve. Du reste, ce fait s'explique facilement, et, loin d'être une exception, il est la règle.

Tous les végétaux, en effet, montrent des faits analogues à ceux que nous venons d'indiquer et dont la vigne nous fournit des exemples, et si, comme moyen de comparaison, on prenait des végétaux très-vigoureux et qu'on les soumît à des traitements semblables à ceux auxquels on soumet la vigne, on verrait que les résultats seraient à peu près les mêmes, et que leur vie serait diminuée de beaucoup.

Pour en citer un exemple, prenons un végétal que tout le monde connaît, le saule blanc. Cette espèce, lorsqu'on l'abandonne à elle-même, forme un très-grand et gros arbre, dont la tige saine peut fournir

de belles planches ; mais comme le plus ordinairement on cultive le saule blanc en très-court têtard,
au bout de quelques années, la tige devient chan-
creuse et se détruit continuellement à l'intérieur, de
sorte que, bientôt, le centre n'existe plus[1], il ne
reste que l'écorce jointe à un peu d'aubier qui se détruit même à l'intérieur à mesure qu'il se forme à
l'extérieur. Cette tige, très-courte, qui à son sommet
forme un renflement duquel partent les pousses, est,
tous les trois à six ans, complétement dépouillée de
ses branches, de sorte qu'elle doit constamment en
reproduire d'autres. Malgré ce traitement les saules
vivent néanmoins très-longtemps, d'autant plus longtemps que les coupes sont plus distantes. Mais si on
diminue de plus en plus l'intervalle des coupes, on
constate qu'il y a de plus en plus de bois mort, que
la végétation est moins vigoureuse, en un mot, que
l'arbre s'affaiblit d'une manière très-sensible. Enfin,
si l'on poussait plus loin, si l'on en venait à pratiquer les coupes tous les ans, puis deux fois par an,
l'arbre ne tarderait pas à périr. La raison en est
simple : en tourmentant constamment l'arbre dans sa
partie aérienne, en le privant continuellement des
organes excitateurs (les feuilles), le système souterrain ralentit son travail, la mort le gagne et bientôt
tout est fini.

Ce que nous venons de dire du saule blanc s'applique à tous les végétaux, et nous explique comment

____

[1] C'est ce fait qui a donné lieu à l'image que voici : en parlant
d'une personne dure, inhumaine, égoïste, etc., on dit qu'elle a du
crur *c mme un vieux saule.*

les mutilations continuelles auxquelles on soumet la vigne doivent en abréger la durée.

Il n'y a dans tout ceci aucune exagération, ce sont des faits faciles à vérifier. Pour cela il suffit de planter, dans une même terre et dans des conditions parfaitement semblables, un certain nombre de pieds de vigne, de conduire les uns par la méthode ordinaire, c'est-à-dire sur souches, avec taille courte, etc., et d'abandonner les autres à eux-mêmes en leur donnant seulement des supports. On constatera alors que ces derniers dureront de trois à six fois et même d'avantage, plus longtemps que les premiers. C'est là une expérience concluante d'autant plus facile à faire, qu'elle n'exige aucune dépense. Lorsqu'on s'aperçoit que la végétation de ces vignes abandonnées à elles-mêmes s'affaiblit, si on se borne à les receper, au lieu de les arracher comme on le fait généralement, on constate qu'elles reproduisent des sarments d'une vigueur considérable (grav. 4 et 5). Cela prouve, ainsi que nous l'avons dit plus haut que la vigne *ne s'use pas* aussi vite qu'on est disposé à le croire.

En récapitulant ce que nous venons de dire, on voit que la longévité de la vigne, en général, est en raison directe du développement qu'on lui laisse prendre. Donc, si nous supposons que la vigne cultivée sur souche et fortement mutilée ait une durée de 20 ans, elle vivra le double de ce temps si on la laisse pousser en treille, et si on l'abandonne à elle-même, sa durée sera presque illimitée. Toutefois, il faut reconnaître qu'il en est de la vigne comme de tous les végétaux : il y a des sortes plus vigoureuses et plus

vivaces les unes que les autres, qui, toutes circonstances égales d'ailleurs, durent plus longtemps.

Quand nous disons que la vigne ne s'use pas,
l'expression doit s'entendre d'une manière relative
et ne point être prise d'une manière absolue, car,
ainsi que tous les autres végétaux, la vigne est soumise à la loi commune : elle vieillit, puis meurt. Ce
que nous voulons dire, c'est que sa durée est beaucoup plus grande qu'on ne le suppose, et qu'elle est
même tellement grande, qu'il est impossible d'en
fixer les limites.

Des divers paragraphes contenus dans ce chapitre
il résulte : 1° que la vigne doit être plantée dans les
terrains plutôt secs qu'humides, accidentés plutôt
que plats, et, autant que possible, de nature argilo-
calcaire, pierreux ou caillouteux ; 2° que la vigne est
une plante à végétation vagabonde qui a besoin de
prendre beaucoup d'extension ; 3° que c'est en la
mutilant continuellement, comme on le fait, pour
la maintenir dans des limites trop étroites en dis-
proportion avec sa force expansive, qu'on l'affaiblit
et qu'alors sa vie est considérablement abrégée. Si
l'on veut prolonger cette vie, il faut laisser la vigne
produire plus de fruits et surtout plus de parties foliacées (feuilles et bourgeons), et, à ce propos nous
rappelons, à titre d'axiome, ce que nous avons dit
plus haut à savoir : « La durée de la vigne, toutes
circonstances égales d'ailleurs, est en raison du développement qu'on lui laisse prendre. »

Quoi qu'il en soit, il est bien entendu que l'extension externe, c'est-à-dire celle des branches, doit être

en rapport avec l'extension interne, celle des racines ;
par conséquent, on ne peut donner autant d'étendue aux bras et aux sarments lorsqu'il y a 40,000
et même 50,000 ceps à l'hectare, que s'il n'y en a
que 4,000 à 8,000. Cela va de soi. En général, il vaut
mieux planter un petit nombre de ceps et donner à
ceux-ci plus d'étendue.

CHAPITRE II

MULTIPLICATION DE LA VIGNE

SEMIS. — BOUTURAGE. — COUCHAGE. — GREFFE.

On multiplie la vigne comme tous les végétaux
ligneux, par la division de ses parties aériennes;
de là divers modes de *bouturage*, de *couchage* et de
greffage, opération dont nous parlerons plus loin.
On peut également multiplier la vigne par ses graines
(pepins), mais ce moyen est peu employé, parce
qu'il ne présente rien de certain, qu'on est toujours
sous le coup de l'imprévu, et que si on court la
chance d'obtenir meilleur que ce qu'on possède, on
court également le risque d'obtenir moins bon; et
comme il faut un assez grand nombre d'années pour
que les plantes issues de graines se *mettent à fruit*,
on préfère s'en tenir aux variétés qu'on possède.
C'est un tort; dans beaucoup de cas on pourrait ten-
ter des essais, par exemple, placer çà et là, dans ses

cultures, quelques pieds qu'on aurait élevés de graines, de manière que, sans frais et sans soins pour ainsi dire, on courrait la chance d'augmenter ses cépages de quelques sortes méritantes.

SEMIS

Le mode de multiplication de la vigne par semis n'étant que très-exceptionnellement employé, nous n'en dirons que quelques mots. Ce mode, du reste, ne diffère pas de ceux dont on fait usage pour semer des pepins de poires ou de pommes, et les soins sont aussi exactement les mêmes. Si l'on sème à l'automne, aussitôt que les graines sont mûres, beaucoup lèvent l'année suivante; si, au contraire, on ne sème qu'au printemps ou pendant l'été, les graines ne lèvent qu'au bout de deux ans. Les plants seront repiqués en pépinière ou mis tout de suite en place quand ils seront suffisamment forts; on n'aura plus alors qu'à en surveiller le développement jusqu'à ce qu'ils fructifient. On pourra avancer un peu l'époque de la fructification en chargeant à bois, c'est-à-dire en conservant presque tous les sarments, puis en les inclinant pour en obtenir des bourgeons plus vigoureux qu'on taillera très-long, qu'on inclinera à leur tour, en supprimant beaucoup des premiers et en exerçant des pinçages sur les diverses parties où cela sera jugé nécessaire. On pourrait aussi employer la greffe, ainsi qu'on le fait pour les arbres fruitiers; dans ce cas on prendrait pour greffons, sur les ceps provenant de semis, des sarments bien

2

nourris, dont les yeux sont très-rapprochés, et on les grefferait sur des sujets de vigueur moyenne en plein rapport.

Nous croyons qu'on néglige beaucoup trop les semis de vigne, que ce moyen aurait, ainsi qu'il a en horticulture, de grands avantages, qu'il pourrait donner des variétés ou plus hâtives ou plus robustes, en un mot, des variétés plus méritantes par des qualités toutes particulières. N'est-ce pas aussi ce qu'on fait en agriculture, et de même que par ce moyen on a obtenu des variétés de pommes de terre moins sujettes à la maladie, ne pourrait-on pas aussi obtenir des variétés de vignes moins sujettes à l'*oïdium*? Tout ceci n'a rien que de rationnel. Mais, d'un autre côté, il pourrait y avoir encore urgence à faire des semis, parce qu'il est établi que certaines variétés semblent avoir une tendance à dégénérer. Serait-ce, comme cela paraît incontestable, pour certaines espèces de plantes, ou pour certaines variétés d'arbres fruitiers, parce que leur tempérament s'affaiblit? Qu'on ne l'oublie pas, il en est de la vigne comme de tous les autres végétaux cultivés, et de même que l'on constate que parmi ceux-ci il se rencontre des variétés dont le tempérament est robuste et qui se maintiennent longtemps, on en voit d'autres très-délicates dont la durée est courte si on la compare aux premières.

BOUTURAGE

Le *bouturage* comprend plusieurs modes ou procédés divers. L'un des plus usités, et sans contredit le meilleur, est le bouturage par *crossettes* (gravure 6), qui est aussi l'un des plus anciens. Il est trop connu pour être décrit ici. Son nom vient de la partie de vieux bois qui, placée à la base, forme cette sorte de renflement (*a*) qu'on a comparé à la *crosse* qui se trouve au haut de certaines cannes. On peut également faire des boutures (et l'on en fait très-souvent) avec des sarments de l'année ; dans ce cas on doit prendre du bois bien nourri et bien mûr, dont les yeux soient rapprochés et dont la moelle soit peu abondante. La partie inférieure des sarments doit seule être employée. C'est à ces boutures qu'on donne le nom de *chapons* (gravure 7)[1].

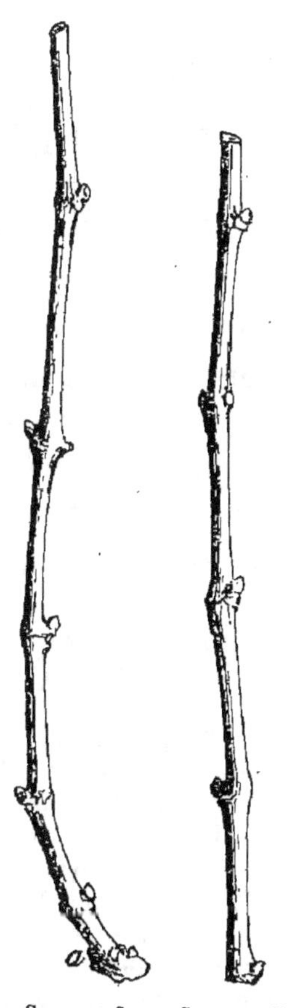

Gravure 6.   Gravure 7.

Un autre mode de bouturage, peu employé et à

[1] La plupart des auteurs anciens confondaient les *chapons* avec les *crossettes* ; ils se servaient indistinctement de ces termes par opposition à *bouture*, qui, pour eux, était un sarment de l'année (ce que nous nommons chapon). « La crossette, qu'on nomme aussi *chapon*, est une

peine connu, si ce n'est en horticulture, c'est le bouturage à un œil, qu'on nomme aussi *bouturage-semis*,
nom qui vient de l'opération ou plutôt du
mode d'opérer, parce que parfois, au lieu
de planter les boutures, on les sème. Ces
boutures (grav. 8 et 10) se composent d'un
seul œil, accompagné d'un peu de
bois de chaque côté. La gravure 9
montre une de ces boutures après
un an de végétation. Lorsqu'elles
sont longues, ces boutures ont parfois l'inconvénient de pourrir à chaque extrémité dépourvue d'œil;
on évite cet inconvénient en ne conservant presque
que l'œil, c'est-à-dire en ne laissant de chaque côté de
celui-ci qu'environ 1 centimètre de bois (grav. 10)[1].
On voit, gravure 11, cette même bouture lorsqu'elle
a terminé sa première pousse.

Gravure 8.   Gravure 10.

partie de sarment poussée dans l'année et à laquelle est jointe une
petite portion du bois de la pousse précédente. » (*Le parfait Vigneron*, 1811, p. 195.)

[1] Ce procédé de multiplication (boutures à un œil), qui, tout récemment, a fait tant de bruit, est loin d'être nouveau.

C'est en effet à peu près le seul qu'emploient les Anglais pour
multiplier leurs vignes, et cela depuis un temps presque immémorial. Les boutures qu'ils font en janvier et février sont mises dans
des pots remplis de bonne terre et placés dans une serre chaude,
où, la même année, les bourgeons atteignent parfois jusqu'à 1^m,50 de
hauteur. Depuis une quinzaine d'années nous employons également
ce procédé, en opérant comme il vient d'être dit, en nous plaçant
dans des conditions analogues.

Tout récemment, on a conseillé d'appliquer ce mode de multiplication à la grande culture, assurant qu'il est très-avantageux. Nous ne
le contestons pas d'une manière absolue; seulement nous ferons observer que, lorsqu'on l'emploie, il est bon de prendre quelques précautions particulières; car sans cela beaucoup de ces boutures, sur-

Quelquefois on apporte une modification à ces

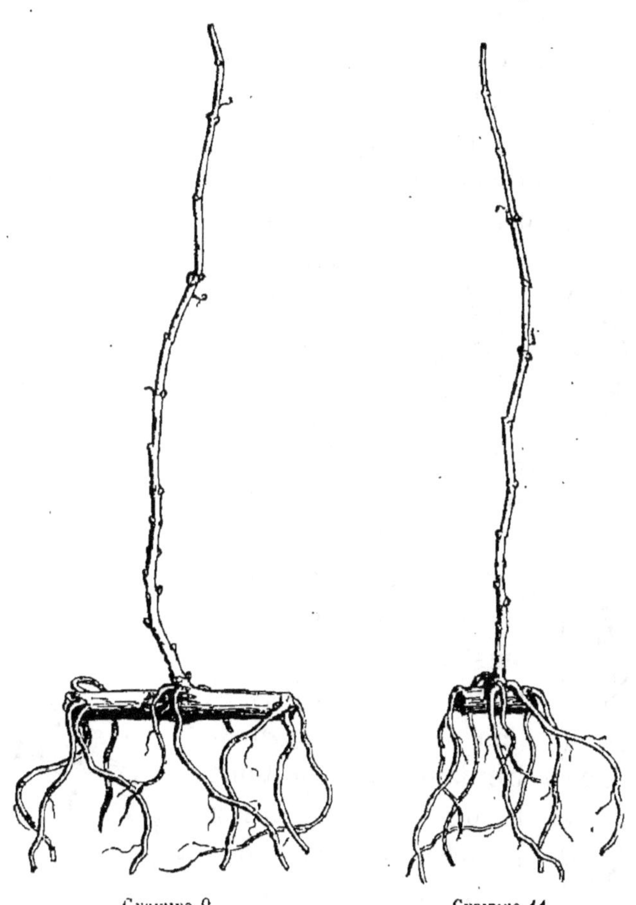

Gravure 9.   Gravure 11.

boutures à un œil ; cette modification consiste à
les fendre longitudinalement en deux et à enlever la

tout si elles n'avaient que l'œil, ne pousseraient pas ; elles pourraient
sécher ou pourrir, suivant que le sol serait ou très-sec ou très-humide. Nous croyons donc qu'il faut être très-réservé, agir avec prudence et ne faire de plantations en grand qu'après s'être bien assuré

2.

moitié du bois, en ne conservant que la partie qui porte l'œil (grav. 12).

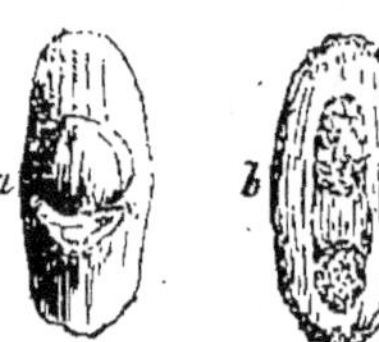
Gravure 12.

La grav. 13 montre le résultat, c'est-à-dire cette bouture lorsqu'elle est enracinée.

On peut même aller plus loin et réduire les boutures à l'œil proprement dit (grav. 14 et 15), c'est - à - dire

Gravure 14.   Gravure 15.

les détacher du sarment, de manière que celui-ci présente l'aspect qu'on voit grav. 16. Dans le cas où les boutures sont ainsi réduites, on comprend qu'il faut, lors de leur plantation, les mettre dans des conditions toutes spéciales. Aussi ne recommandons-nous pas ce procédé. Si nous en parlons, c'est afin de montrer combien, à la rigueur, on peut réduire les parties destinées à la multiplication de la vigne. Pourtant nous devons dire

Gravure 16.

Gravure 13.

du résultat ; autrement, on pourrait s'exposer à de grandes déceptions. On devra donc ne l'employer que pour faire des plants en pépinière et encore, comme essai.

qu'en traitant convenablement ces boutures fragmentaires, c'est-à-dire en les plantant peu profondément
dans des pots qu'on place ensuite dans une serre
dont la température est un peu élevée, elles ne tardent
pas à s'enraciner et à développer leur bourgeon.

Un autre mode de bouturage, qui rentre dans la
catégorie des *boutures-semis*, est celui-ci : Au lieu de
couper le sarment par parties ou bien d'en détacher
les yeux, on conserve le sarment tout entier, et on le
plante à plat dans une petite rigole en en relevant à peu
près verticalement l'extrémité supérieure de manière
qu'il y ait deux yeux en dehors du sol (grav. 17, *a*);

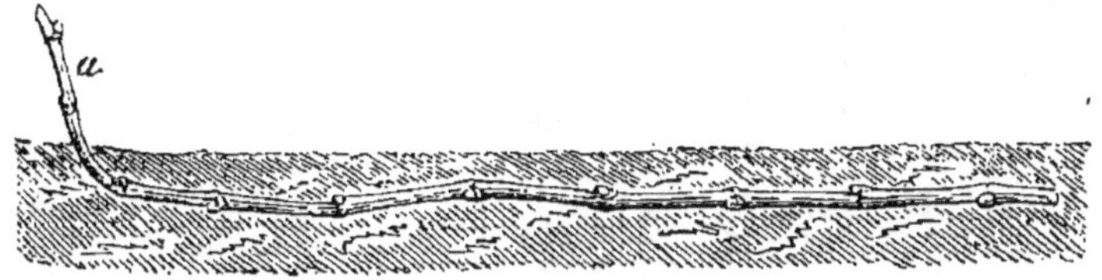

Gravure 17.

ces deux yeux, en se développant, forment les deux
sarments *a a* (grav. 18), et, en excitant la végétation
des autres parties, ils font développer les yeux enterrés qui produisent les résultats que démontre la
grav. 18. On peut alors couper le sarment en autant
de parties qu'il y a de bourgeons, de façon que
chacun d'eux forme une plante distincte.

Faisons toutefois remarquer que les *boutures-semis*
ne doivent, en général, être relevées que la deuxième
année, parce que, la première, elles ne produisent
que des bourgeons grêles, à moins qu'on ne leur ait
donné des soins extraordinaires. C'est, du reste, leur

vigueur qui indique ce qu'on doit faire. On doit aussi
les planter peu profondément, les recouvrir d'une
terre légère, et même, s'il y a lieu, mettre un léger
paillis par-dessus. Disons encore que ce mode de
bouturage ne s'emploie guère que pour multiplier
des variétés rares, parce qu'alors chaque œil peut
former une plante, mais que dans toute autre circonstance il vaut infiniment mieux planter des chapons
bien préparés ou, *mieux encore*, de bonnes *boutures-
crossettes*.

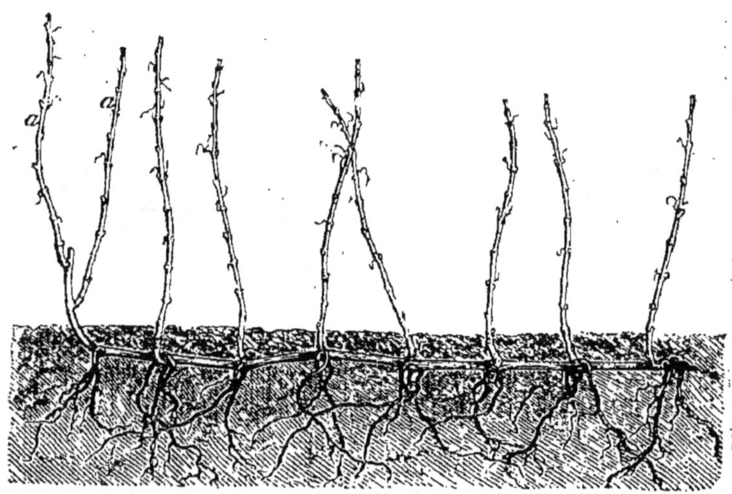

Gravure 18.

Une chose essentielle à observer lorsqu'on fait des
boutures avec des rameaux plus ou moins longs, c'est
d'écorcer[1] la portion qui se trouve enterrée. Ces boutures ont, sur celles qu'on n'écorce pas, un très-
grand avantage : d'abord la reprise en est plus cer-

[1] Voyez la note de la page suivante.

taine et leur végétation est aussi beaucoup plus forte que celle des boutures qui n'ont pas été écorcées.

Indépendamment de ces différents procédés de multiplication, on peut aussi, pendant tout l'été, faire des boutures herbacées, en les plaçant sous cloche. Ce moyen, qu'on n'emploie guère que pour multiplier des variétés rares, pourrait être plus usité qu'il ne l'est ; il produit de très-bons résultats. Les bourgeons, les redruges qu'on enlève lorsqu'on ébourgeonne ou qu'on rogne les vignes, peuvent être utilisés pour boutures herbacées.

On peut aussi faire des boutures de vigne dans de l'eau ; leur préparation est la même que celle des boutures ordinaires ; la seule différence, c'est *qu'il ne faut pas les écorcer* et qu'au lieu de les mettre en terre pour les faire enraciner, on en plonge la base dans de petites bouteilles ou dans des vases quelconques remplis d'eau. Pour accélérer le développement des racines, on peut placer les vases qui contiennent les boutures dans un endroit où la température soit un peu élevée, comme par exemple, dans une bonne serre, ou même dans un appartement fortement chauffé. Jusqu'à ce que les boutures commencent à *débourrer*, on peut, sans inconvénient, les placer à l'obscurité plus ou moins complète[1].

---

[1] La pratique de ce mode de bouturage nous a démontré que, contrairement aux boutures qu'on plante dans le sol, l'écorcement est défavorable, et qu'aussi, les chapons s'enracinent beaucoup plus vite que les crossettes. Ainsi des boutures (crossettes et chapons) faites le 1er décembre 1863, écorcées et non écorcées, nous ont donné

Le bouturage, dans son ensemble, comprend un certain nombre d'opérations; quelques-unes paraissent ne consister que dans des soins d'observations, mais elles n'en sont pas moins toutes très-importantes. Elles sont au nombre de quatre :

1° Le choix du bois pour faire les boutures;
2° La conservation de ce bois;
3° La préparation des boutures;
4° La plantation des boutures.

1° Du choix des sarments destinés au bouturage. — Aucune opération, dans la culture de la vigne, n'est plus importante que celle qui comprend le choix des sarments destinés à la multiplication. C'est, en effet, de ce choix que dépend l'avenir des vignes; on ne saurait donc y apporter trop d'attention. Nous allons, à ce sujet, entrer dans quelques détails.

Tous les horticulteurs savent que dans un semis fait avec les graines d'une même plante, les individus qui naissent de ces graines ne présentent pas tous les mêmes caractères; ils sont plus ou moins différents, non-seulement entre eux, mais ils diffèrent encore de la plante dont ils proviennent. Aussi, lorsqu'on veut multiplier une variété particulière, au lieu d'en semer des graines, on en prend des

les résultats suivants : les chapons *non écorcés* étaient bien enracinés vers le 15 février, tandis que ceux qui avaient été *écorcés* ne montraient pas encore traces de racines quatre mois après que les boutures étaient faites. Il y a plus, presque toutes les boutures écorcées sont mortes sans avoir poussé. De ceci on pourrait peut-être conclure que, dans les terrains *très-frais*, il ne faudrait pas écorcer les boutures.

rameaux qu'on fait enraciner. Mais ce à quoi on fait rarement attention, c'est que les plants provenant de ces rameaux (suivant les conditions de végétation, de sol, de climat, d'exposition ou selon toute autre cause qui nous échappe), présentent parfois des qualités différentes de celles que présentaient les pieds sur lesquels on les a coupés. De là l'*absolue nécessité* de choisir avec soin les rameaux qu'on destine à la multiplication, de les prendre sur les ceps qui offrent au plus haut degré les caractères que l'on désire propager. Dans quelques cas même on devra, non-seulement marquer les ceps, mais encore choisir sur ceux-ci les rameaux dont le raisin est très-beau, parce qu'il peut arriver, que sur un cep certains sarments donnent de très-petits fruits, et que si l'on prenait ces sarments, on s'exposerait à reproduire indéfiniment cette dégénérescence [1]. Plusieurs fois, pendant le cours de la végétation, on devra donc parcourir ses vignes et marquer avec soin les pieds qui sont les plus vigoureux, mais en même temps les plus fertiles, dont les grappes sont les plus belles, les moins sujettes à la coulure, etc., en un mot les ceps plus *francs*, comme on dit dans la pratique. Alors, soit à l'automne, soit à l'époque où l'on fera la taille, on mettra les sarments de côté en les réunissant par petites bottes, suivant les espèces, et en

---

[1] Nous pourrions indiquer un grand nombre d'exemples à l'appui de ce que nous venons d'avancer à savoir : qu'il arrive fréquemment qu'un même cep, par suite d'une sorte de dégénérescence ou de dimorphisme, donne des raisins de qualité, de forme et souvent même de couleur très-différentes. Nous n'en citerons que quelques-uns. Ainsi, nous avons vu fréquemment, sur un pied de très-beau chas=

ayant bien soin de les marquer, de manière à ne les point confondre. En agissant ainsi, on sera à peu près certain d'avoir de bonnes plantes. On pourrait encore, en même temps qu'on fait ce choix de ceps à multiplier, marquer d'une manière différente les pieds qui donnent peu, qui coulent, ou dont les produits sont de qualité inférieure; ils seraient plus tard greffés ou bien remplacés par d'autres ceps.

Ce qui précède nous paraît suffisant pour démontrer l'importance qu'il y a à bien choisir les sarments destinés à la multiplication de la vigne, et à *élever*

selas, une partie qui, chaque année, donnait des raisins dont les grains n'étaient guère plus gros que du petit plomb.

Le chasselas dit *gros coulard* est le produit d'un *accident* qui se montre fréquemment sur des pieds de chasselas ordinaires. Sur un pied de *muscat noir* nous avons remarqué des parties qui donnaient des raisins *muscat blanc*.

Voici quelques faits analogues aux précédents; ils ont été remarqués par M. Cazalis-Allut et consignés dans *le Messager agricole du Midi*, et reproduits par *le Sud-Est*, 1862, pag. 665-666. « ... Un cep de *téret* produit chez moi, depuis plusieurs années, des raisins *noirs* sur les coursons de deux de ses bras, et des raisins *gris* sur les coursons d'un autre bras..... Un cep d'*épiran gris*, taillé en chaîne (cordon ?), a aujourd'hui environ douze mètres de longueur. Les six premiers mètres ont constamment des raisins *gris*, et le reste du cep, jusqu'à son extrémité, donne des raisins *blancs*..... Je possède dans un enclos un cep d'*épiran noir* ayant plusieurs bras; les coursons de l'un d'eux donnent des raisins dont les grains sont presque du double de grosseur que ceux des autres bras. »

Le *terret coulaïré* (en patois, téret qui coule) est un fait de dimorphisme du *téret*. — Le raisin *Corinthe blanc*, sans pepins, est un fait de dimorphisme, une sorte d'affaiblissement d'une variété dont les fruits beaucoup plus gros contiennent des pepins. Ces deux derniers faits, qui sont consignés dans *le Sud-Est*, joints aux précédents, démontrent que, ainsi que nous le recommandons, il faut apporter une grande attention au choix des sarments qu'on destine à la multiplication.

soi-même les plants dont on a besoin. Il n'est pas rare de voir des vignerons qui, faute d'avoir suivi cette marche, après avoir fait tous les frais de préparation du sol, de plantation, d'entretien, etc., et avoir attendu de quatre à huit ans (temps à peu près nécessaire pour juger de la valeur d'une vigne), ont reconnu qu'ils avaient été trompés sur la variété des cépages ou sur la nature des plants.

La recommandation que nous venons de faire est tellement rationnelle, qu'elle ne peut échapper à un auteur sérieux. Nous la trouvons indiquée en ces termes dans le *Parfait Vigneron* (édit. de 1811) : « Propriétaires, si vous êtes jaloux de faire une bonne plantation, *ne vous en rapportez qu'à vous-mêmes*, qu'à vos propres yeux sur le choix des plants que vous voulez vous procurer. Parcourez vos vignes ou celles des voisins avec lesquels vous aurez traité, *pendant que les grappes sont encore aux sarments,* c'est-à-dire quelques jours avant les vendanges ; choisissez alors sur chaque cep, de l'espèce qui vous convient, le sarment le plus sain et le plus vigoureux ; marquez-le avec un brin d'osier, et ne permettez de planter que ces plants que vous aurez ainsi désignés... »

2° Soins à prendre pour conserver les sarments destinés au bouturage après qu'ils ont été coupés. — Comme l'époque où l'on coupe les sarments ne coïncide presque jamais avec celle où on les plante, il faut, aussitôt qu'on les a coupés, les mettre dans un lieu où ils se maintiennent en bon état jusqu'au

moment où on doit les planter. Pour cela, lorsque les
sarments ont été coupés, liés par petites bottes et éti-
quetés, on les enterre au nord, absolument comme
on le fait lorsqu'il s'agit de conserver des greffons ; on
doit même, pour éviter qu'ils ne se dessèchent, les
arroser un peu de temps en temps, ou mieux encore
les recouvrir avec un peu de grande litière. Quelquefois, lorsqu'on désire les conserver longtemps, on
les enterre entièrement en les disposant par couches qu'on recouvre alternativement d'une petite
épaisseur de terre, de manière à empêcher la fermentation ou la moisissure [1]. Quelquefois encore, on
place les sarments dans des caves fraîches et bien
fermées, et pour qu'ils soient toujours légèrement
humides on les bassine de temps en temps. L'essentiel est de les maintenir frais, c'est-à-dire avec toute
l'eau de végétation (séve) qu'ils contiennent.

Quel que soit le mode de conservation qu'on ait employé, on se trouve bien de placer les sarments pendant quelque temps (quinze jours environ) dans l'eau,
avant de les préparer pour la plantation, de manière
à en faire ramollir et gonfler les tissus.

3° Préparation des boutures. — La préparation des
boutures consiste le plus habituellement à couper, à
une certaine longueur, la base des sarments, puis
à enlever toutes les vrilles ou autres parties sèches
qui s'y trouvent. Bien qu'il y ait beaucoup de modes

---

[1] Il faut avoir soin de ne pas laisser les sarments trop longtemps
enterrés, car les yeux pourraient pourrir et s'éteindre en grande
partie.

de bouturages, il n'en est guère que deux à employer lorsqu'on opère en grand, ce sont les *chapons* et les *crossettes*.

CHAPONS. — En terme de viticulture, on nomme *chapons* (grav. 7) des sarments d'un an, *sans aucune trace de vieux bois*. Ces sortes de boutures, dont la longueur peut varier, ainsi que nous l'indiquons plus loin, doivent être, par la base, coupées très-nettement au milieu d'un nœud, un peu *au-dessous* de la cloison qui s'y rencontre; cette cloison ferme alors l'étui médullaire, empêche l'eau de s'y introduire en excès et d'occasionner la carie qui, dans beaucoup de cas, s'étend et rend la plante chétive et peu productive. Il est bon que la base de la bouture soit prise dans un nœud qui a produit une feuille et une grappe, ou, tout au moins, à défaut de grappe une vrille (grav. 2 et 3), car alors l'œil sera plus ligneux, et la cloison, plus résistante. Mais toujours on devra faire la plaie bien nette et opérer de façon que la base de la bouture ne soit ni écrasée ni mutilée.

CROSSETTES. — Les *boutures-crossettes* (grav. 6) sont également très-simples; elles ne diffèrent des chapons que parce qu'on laisse à leur base un peu de bois de l'année précédente. Leur préparation ne présente non plus rien de particulier. Nous avons indiqué l'origine de leur nom ; nous ajouterons que la partie de vieux bois (la crosse) doit être très-courte, presque réduite à l'empatement, de manière à former seulement une sorte de talon duquel, ou dans le voisinage duquel partiront les racines. Ce procédé de bouturage est le *meilleur* pour la grande culture.

Suivant les conditions dans lesquelles on se trouve, le but qu'on se propose d'atteindre et le mode de plantation qu'on adopte, la longueur des boutures (*chapons* ou *crossettes*) varie d'environ 0^m,25 à 0^m,35 de longueur.

Divers autres modes de bouturage sont parfois employés, mais exceptionnellement. Ils sont décrits dans le paragraphe intitulé : *Du bouturage*, et nous y renvoyons.

Écorçage des boutures. — Sans rien changer à la forme des boutures, on peut, à l'aide d'une très-petite opération, en assurer la réussite et rendre en même temps les résultats beaucoup plus satisfaisants. L'opération dont il s'agit est des plus simples et n'exige aucune dépense; elle consiste à écorcer la partie des boutures qui doit être enterrée. On se sert pour faire cet écorçage d'un greffoir ou d'une serpette, avec lesquels on enlève l'écorce *externe*, c'est-à-dire l'*épiderme*, qui, dans les sarments de vigne, est très-résistant, forme bride et s'oppose ainsi au développement des racines. De cette façon la couche génératrice qui forme les racines se trouve mise à nu, et ces dernières ne tardent pas à percer. Cet écorçage peut-être presque complet (grav. 19); il vaut mieux cependant ne le faire que partiellement, et il suffit alors d'enlever çà et là l'épiderme, ou même d'en enlever une ou plusieurs lanières le long du sarment (grav. 20)[1]. Cet écorçage devra être superficiel et ré-

[1] Quelques auteurs, Calvel, en particulier, dans le *Traité sur les p*é-

duit à l'enlèvement de la pellicule extérieure; autrement, il pourrait déterminer
dans la partie souterraine la
formation de chancres ou de
plaies cancéreuses, qui, lorsqu'elles n'entraînent pas la
mort des ceps, peuvent occasionner la coulure des raisins.
Ce mode d'écorçage n'est pas
nouveau, de tout temps, pour
ainsi dire, on le pratique dans
différentes parties du midi de
la France.

Cette opération est facile à
exécuter, et on la rend plus
facile encore en mettant tremper la base des sarments dans
l'eau pendant quelques jours.

A mesure que les boutures
sont ainsi préparées, on les met
en jauge, à moins toutefois
qu'on ne les plante au fur et à
mesure qu'on les prépare.

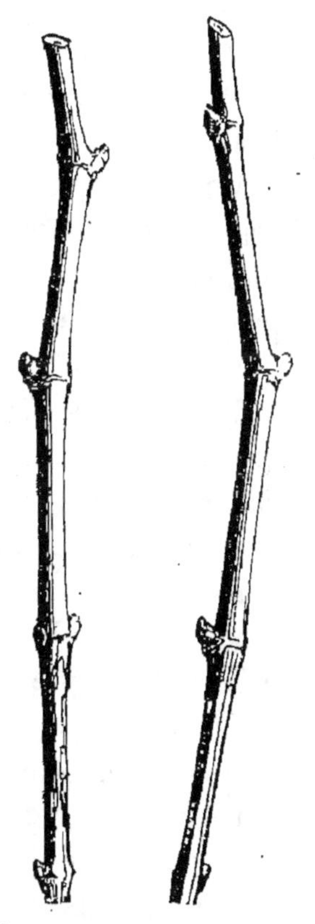

Gravure 19.   Gravure 20.

Lorsqu'on met les boutures en jauge, il faut faire

pinières qu'il publia en 1803, rappelle cette ancienne habitude qu'on
a dans certains endroits, de pratiquer des incisions longitudinales
dans la partie des boutures de vigne qui doit être enterrée, afin
de déterminer une extravasion de sève, et, comme conséquence, la
formation plus prompte des racines. Ce procédé, qui paraît, en effet,
très-rationnel, ne nous a pourtant fourni que des résultats médiocres.
Mais comme il ne peut être qu'avantageux et qu'il n'occasionne
aucuns frais, on ne court aucun risque à le pratiquer.

ce travail de manière qu'elles ne soient point entassées et qu'elles ne puissent s'échauffer ; il faut pour cela qu'il y ait de la terre entre elles.

Nous ne saurions trop répéter qu'on doit apporter beaucoup de soins à la préparation des boutures, car l'avenir des plants en dépend. Une grande partie des ceps dont les raisins coulent ont leurs racines plus ou moins gâtées, résultat très-souvent dû à la mauvaise préparation des boutures et qui se produit surtout quand on plante des *chapons*.

OBSERVATIONS SUR LES AVANTAGES OU LES INCONVÉNIENTS QUE PRÉSENTENT LES DIVERSES SORTES DE BOUTURES. — *Crossettes*. — Elles sont un peu plus lentes à s'enraciner que les *chapons*, mais aussi elles fournissent les *meilleurs* plants, ceux qui durent le plus longtemps et qui fructifient le plus tôt. Elles sont aussi moins sujettes à la coulure que ne le sont les *chapons*.

Les *chapons*, au contraire, s'enracinent plus vite que les crossettes. Les plants qu'ils donnent sont en général plus vigoureux d'abord, mais moins fertiles que ceux qui proviennent de crossettes ; dans certains cas aussi, ils paraissent plus sujets à couler. Les boutures-chapons et les boutures-crossettes sont à peu près les seules qu'il convient d'employer lorsqu'on opère en grand. Quant aux *boutures à un œil*, employées depuis très-longtemps en horticulture, leur usage paraît se généraliser et devoir entrer dans la grande culture. S'il faut en croire certains viticulteurs, ce moyen serait même très-avantageux, surtout pour hâter l'époque de fructification des jeunes vignes, puisque, d'après leur dire, des boutures faites par ce procédé, en 1860, ont donné des raisins en 1862. Bien que ce fait soit garanti exact, on doit néanmoins, sans suspecter la bonne foi de ceux qui l'affirment, se mettre en garde contre ces résultats, qu'auraient pu déterminer certaines circonstances particulières et *exceptionnelles*. Au point de vue de la multiplication des vignes, horticolement parlant, le procédé de bouturage à un œil présente des avantages incontestables. Mais nous, nous doutons beaucoup qu'on puisse, comme on semble le dire, l'employer pour la grande culture, si ce n'est dans des conditions tout à fait exceptionnelles.

4° Plantation des boutures en pépinière. — Dans cette circonstance comme toujours, indépendamment des habitudes ou des coutumes locales, il y a des règles générales que nous allons faire connaître, des procédés bons et applicables dans la plupart des cas.

Quel que soit le mode de plantation qu'on adopte, on peut partager la plantation des boutures en deux catégories qui comprendront, l'une, toutes les boutures qu'on plante en pépinière, l'autre, toutes celles qu'on plante en place ou à demeure. Parlons d'abord des premières.

Dans tout état de choses il faut planter les boutures en pépinière dans de bonnes conditions, et même dans des conditions exceptionnelles. On doit choisir un terrain assez profondément labouré, bien ameubli et fumé, soit avec du terreau, soit avec du fumier *très-consommé*, mais alors enterré assez longtemps à l'avance.

Le terrain étant préparé, on procède à la plantation, qui se fait soit au plantoir, soit au petit piochon ; ou bien encore, à l'aide d'une bêche ou d'une
houe, on pratique de petites rigoles dans lesquelles
on place les boutures tout près l'une de l'autre et
légèrement inclinées. On les enterre à $0^m,12$ environ.
Ceci s'applique aux boutures faites avec des sarments
plus ou moins longs, tels que *crossettes* ou *chapons*.

Quant aux boutures à un œil, dites *boutures-semis*
(grav. 8, 10, 12), après que le terrain a été préparé
comme il vient d'être dit, on trace des rayons au
fond desquels on met un peu de terreau bien consommé, puis, après avoir placé les boutures à plat et
autant que possible l'œil en dessus, on les recouvre
de quelques centimètres de terreau qu'on tasse légèrement. Au lieu d'ouvrir des sillons, on peut placer
ces boutures (les semer pour ainsi dire) sur le sol,
puis les recouvrir d'une petite couche de terreau.

Il est bien clair que ces prescriptions ne sont pas
tellement rigoureuses qu'on ne puisse s'en écarter
un peu ; mais qui peut le plus peut le moins, et, en
fait de plantations, il y a toujours avantage à ne rien
négliger ; il y a des économies presque toujours funestes, et qui n'ont souvent d'économie que le nom.

Les boutures peuvent aussi être placées dans des pots
qu'on remplit de bonne terre légère et substantielle
(terreau additionné de terre franche, et, même d'un
peu de terre de bruyère). C'est surtout pour les
variétés délicates ou pour celles dont on n'a qu'une
petite quantité qu'on emploie ce procédé, qui permet de donner aux plants des soins particuliers et

plus assidus que si on les eut plantés en pleine terre. On peut, au besoin, placer les pots dans une serre ou sous des châssis pour que les boutures prennent plus de développement. Mais on peut également les laisser en plein air; dans ce cas il est bon d'enterrer les pots jusqu'à leur bord supérieur, et de les recouvrir d'une couche de paillis qui maintient la terre légèrement humide. Ce mode de bouturage, outre l'avantage qu'il offre de pouvoir mieux soigner les plantes, permet de remplacer, en toute saison, les boutures mortes ou de planter instantanément pour ainsi dire, un champ de vignes et d'avoir ainsi une surface bien garnie, là où quelques jours auparavant il y avait un terrain *à peu près* nu.

Époque où il convient de planter les boutures en pépinière. — L'époque que l'on choisit pour faire la plantation des boutures est le printemps, lorsque la végétation est bien prononcée. Nous croyons que dans certains cas il y aurait un grand avantage à planter à l'automne, comme nous le conseillons plus loin en parlant des plantations qu'on fait à demeure, excepté toutefois pour les boutures-semis faites avec un œil qui, de préférence, *doivent être plantées au printemps*, lorsque les vignes vont entrer en végétation.

Observations et soins généraux a donner aux boutures plantées en pépinière. — Comme les boutures plantées en pépinière sont placées très-près les unes des autres, et que par conséquent ces sortes de plantations occupent relativement de petites surfaces, on peut leur donner des soins particuliers. Pour cela on doit former la pépinière le plus près possible de l'habitation, et, autant que faire se peut, dans le voisinage de l'eau, afin de pouvoir arroser au besoin. Une chose très-bonne aussi et en quelque sorte presque indispensable, c'est de recouvrir le sol d'un bon paillis qui ne laisse apercevoir que l'œil terminal des boutures en rameaux, ou deux yeux lorsque ceux-ci sont rapprochés. De cette manière on maintient l'humidité et l'on évite des façons. Cette opération du paillage est tellement avantageuse qu'on ne devrait jamais la négliger; le temps et les dépenses qu'elle occasionne ne sont rien à côté des avantages qu'elle procure. Pour les *boutures-semis*, on aura soin que la couche de paillis et celle de terre ou de terreau qui les recouvre directement n'aient ensemble, que de $0^m,04$ à $0^m,08$ au plus d'épaisseur. Les boutures avec sarments longs (grav. 17) seront plantées dans de petites rigoles et recouvertes de terreau, ainsi qu'il a été dit pour les *boutures-semis*.

Quant aux boutures plantées en place, on peut les considérer comme des plants; nous en parlerons plus loin lorsque nous nous occuperons des plantations *à demeure*.

DES COUCHAGES

Les couchages qu'on nomme parfois *provignages*, bien qu'ils diffèrent de ces derniers, consistent à abaisser et à enterrer dans le sol des jeunes sarments, de manière à les faire enraciner, soit pour former des plants qu'on relève plus tard, soit pour combler des lacunes qui existent dans des vignes plus ou moins âgées, c'est-à-dire pour remplacer des pieds qui sont morts. Dans ce dernier cas on a dû laisser, sur les ceps placés dans le voisinage de ces parties à regarnir, des sarments vigoureux en nombre nécessaire pour atteindre le but qu'on se propose.

Les vignes que l'on destine tout particulièrement à la production des couchages, au point de vue de la multiplication, sont taillées sur souche très-basse, et on leur conserve le plus grand nombre possible de sarments que l'on couche au printemps tout autour de la souche (grav. 21) lorsqu'ils sont sur le point

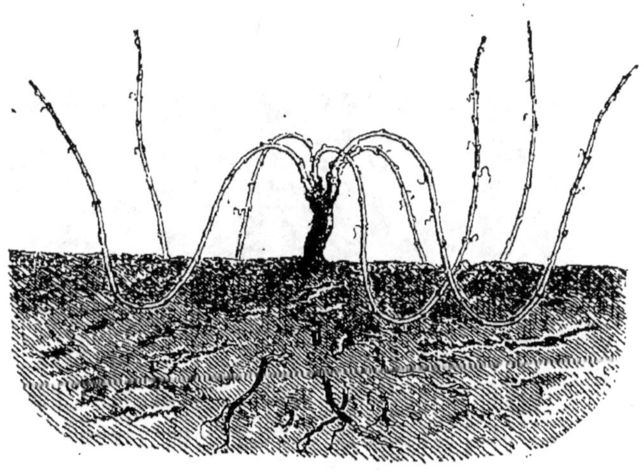

Gravure 21.

d'entrer en végétation. A la fin de l'automne, ces sarments sont suffisamment enracinés pour qu'on puisse les enlever. Souvent aussi les couchages se

font en paniers (grav. 22, *a*) ou bien en pots (même
grav., *b*) ; l'opération s'exécute exactement comme

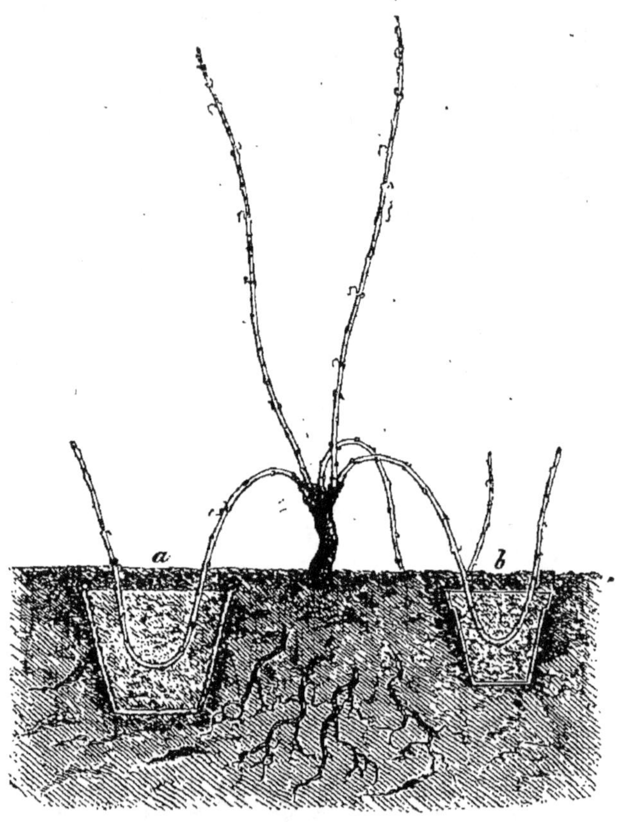

Gravure 22.

il a été dit précédemment, à cette différence près
qu'au lieu de coucher les sarments dans le sol, on
les fait entrer dans des pots, ou bien dans des paniers grossiers, ou même dans des bourriches, de
sorte que, lorsqu'on les enlève, il y a toujours autour des racines une certaine quantité de terre. Mais

l'avantage de ce procédé est moins grand qu'on pourrait le croire, car si l'année même où l'on plante ces couchages on obtient parfois du raisin, on remarque ensuite, pendant les deux ou trois premières années qui suivent celle de la plantation, que ces ceps poussent peu et ne donnent pas ou du moins ne donnent que peu de raisin.

Les plants obtenus de couchages, qu'ils soient à racines nues (chevelées), ou en paniers, sont de tous les moins avantageux ; on ne devra les employer que faute d'autres. Le plus grand inconvénient qu'ils présentent est de produire des plants qui s'affaiblissent promptement, deviennent souvent chancreux dans les parties souterraines, et sont, par suite, sujets à la coulure.

On ne doit jamais oublier lorsqu'on plante une vigne, que la première condition de réussite est d'avoir de bons plants, et ceux-ci ne sont tels que lorsqu'ils sont munis d'un bon collet ; on les obtient à l'aide de boutures peu enterrées, parce qu'elles ne produisent qu'un seul collier (deux au plus) ou faisceau de racines, qui, fortes et robustes, pénètrent profondément dans le sol, et sont à l'abri des mauvaises influences extérieures.

On comprend facilement, du reste, que les plants obtenus par couchages soient souvent défectueux et qu'ils manquent par la base ; en voici la cause : un sarment jeune, très-moelleux, étant enterré dans le sol, le centre de ce sarment forme un large canal, sorte de réservoir d'humidité permanente qui détermine la pourriture et qui, montant jusque dans les parties aériennes, tend à les désorganiser et à les vicier.

Les plants obtenus de couchage seraient moins mauvais si, lorsqu'on les plante, au lieu de les laisser très-longs et de les coucher en leur conservant plusieurs colliers de racines, on n'en conservait qu'un, et si on avait le soin d'opérer la suppression de la partie inférieure le plus près possible du sarment *a* (grav. 23); dans ce cas, en effet, le

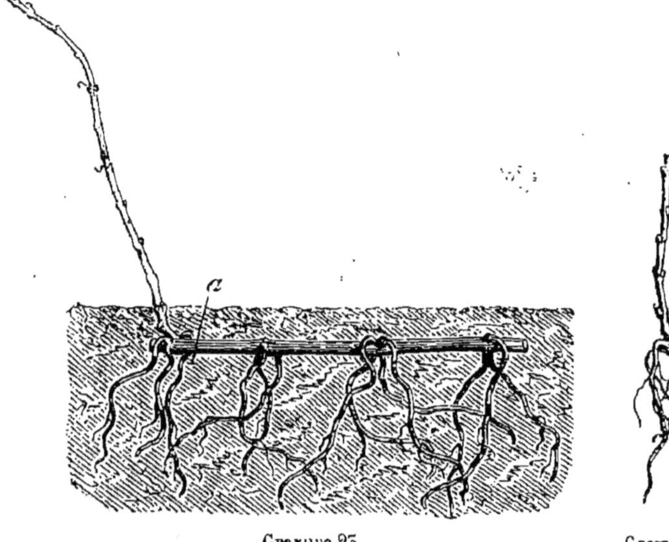

Gravure 23.

Gravure 24.

canal serait à peu près complétement fermé, on aurait un plant comme le montre la grav. 24.

Les couchages ont aussi le grand inconvénient d'affaiblir les ceps sur lesquels on les fait ; aussi, lorsqu'on les pratique dans un champ de vignes afin de garnir des vides, doit-on avoir bien soin de les sevrer comme nous l'indiquerons plus loin en traitant du rajeunissement des vieilles vignes. En procédant ainsi que nous le disons, le mal serait moindre, et même, si le travail était fait avec soin, les résultats pourraient être bons, attendu que chacun des pieds vivrait alors pour son propre compte.

Observation relative aux couchages. — Dans le commerce, pour que les plants de vigne qu'on obtient par couchages aient plus d'apparence, on a l'habitude de les laisser pousser à volonté, très-souvent même on leur met un tuteur pour en faciliter l'allongement. C'est un tort, car dans ce cas les mères s'épuisent très-vite et c'est à peine si elles donnent de nouveaux sarments propres à être couchés l'année suivante. D'autre part, ces longs sarments que présentent les couchages ne servent à rien, puisque, pour les planter, on les rabat de manière qu'ils aient seulement trois ou quatre yeux au-dessus du sol. Au lieu de les laisser pousser à volonté, on doit les pincer lorsqu'ils ont environ $0^m,40$ à $0^m,50$ de hauteur (grav. 21). De cette manière les plants s'enracinent mieux, les yeux qui sont à la base des parties inclinées sur les mères se développent plus vigoureusement, et peuvent, à leur tour, fournir de beaux sarments avec lesquels on pourra, de nouveau, faire de bons couchages.

Du provignage. — En arboriculture, *provigner* est souvent regardé comme synonyme de *coucher;* ce sont néanmoins deux opérations différentes. En effet, pour effectuer les couchages on abaisse autour d'un pied un certain nombre de branches dont on enterre une partie afin de la faire enraciner (grav. 21). Pour exécuter les provignages on agit différemment ;

on ouvre des tranchées profondes dans lesquelles
on abaisse et on couche tout le cep muni de quelques grands sarments réservés exprès; on recouvre
le tout de terre en ne conservant dehors que de deux
à quatre yeux de l'extrémité des sarments qui, en
se développant, vont constituer un nouveau cep. Dans
ce cas, les vieux pieds disparaissent, et on ne voit
plus que les extrémités des sarments qu'on a abaissés. Ils constituent les *provins*, et sont alors destinés
à donner des raisins, à former des ceps.

L'encaissement qu'on pratique pour opérer le provignage devant être assez profond pour que plus tard
on puisse labourer le sol sans atteindre les parties
couchées, a encore de graves inconvénients ; d'abord
il occasionne de grandes dépenses; de plus, en plaçant
dans le sol, en dehors des influences atmosphériques,
des parties de jeune bois qui n'étaient pas constituées
pour vivre dans de telles conditions, il arrive fréquemment que ces sarments ne tardent pas à se détériorer
et à amener la pourriture des racines, qui, comme
conséquence, détermine la coulure des raisins.

Il peut bien y avoir quelques exceptions à cette
règle; elles sont très-rares et ne se rencontrent guère
que là où le sol primitif a été recouvert de sable et
alors qu'on cherche à placer les provins dans l'ancien sol, tel que cela se pratique dans certaines parties
de l'Anjou, par exemple, où l'on fait le fameux vin de
Bourgueil ; là, en effet, les provins se font parfois à
plus de deux mètres de profondeur. Mais, à part ces
exceptions, les provignages, même les plus ordinaires,
sont exécutés à une profondeur telle, qu'il est très-

rare qu'on puisse combler les fosses la première année, de sorte qu'on en laisse ouverte une partie qu'on remplit à mesure que les couches s'élèvent. L'excédant de la terre constitue des monticules plus ou moins élevés, très-désagréables à la vue, qui gênent pour faire les façons et ombragent les raisins.

Les provignages ont encore l'inconvénient de faire émettre aux ceps qu'on y soumet beaucoup de colliers de racines qui, à cause des mauvaises conditions dans lesquelles elles sont placées, ne prennent qu'un faible développement; ces racines se nuisent mutuellement en formant un lacis ou une sorte de réseau inextricable, dont on peut se faire

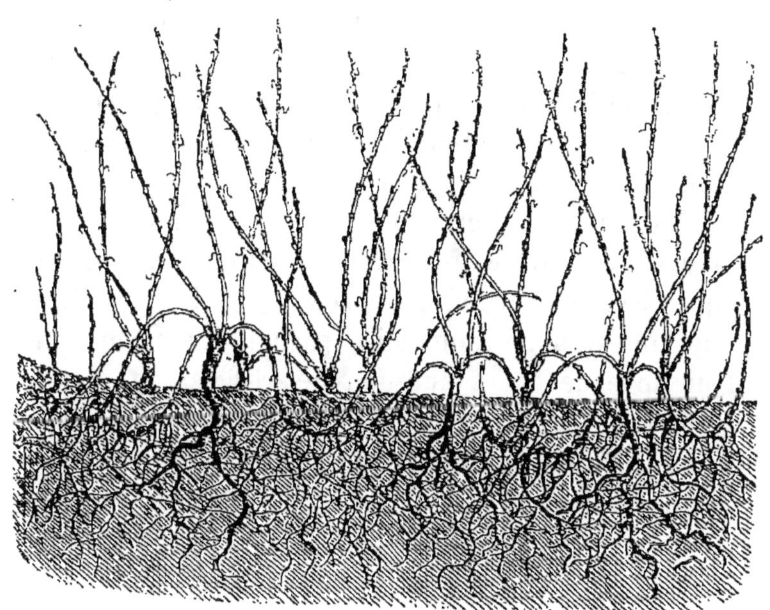

Gravure 25.

une idée en examinant la grav. 25, qui représente

des vignes depuis très-longtemps soumises au provignage. Ce lacis, dans lequel on ne distingue même plus les pieds qui ont été plantés en premier lieu, est composé soit de tiges souterraines, soit de racines secondaires qui en sortent, la plupart, pourries ou atrophiées. On comprend donc que de pareils ceps ne peuvent donner que de mauvais résultats, les uns vivant aux dépens des autres.

D'une autre part, comme les provins donnent toujours des raisins l'année où on les fait, au détriment des ceps plus anciens dont ils sont la continuation, et comme à partir de ce moment ils produisent de moins en moins, il s'ensuit que, dans les vignes soumises au provignage, la production est toujours très-irrégulière ; on est forcé, pour l'entretenir, de faire constamment de nouveaux provins qui déplacent continuellement les ceps, et forment, pour ainsi dire, des vignes *nomades*.

Nous ne saurions donc trop le répéter, le seul moyen d'avoir de bons ceps, c'est de faire en sorte que chacun d'eux vive sur son propre fonds, qu'il ait un bon système radiculaire partant d'un bon centre ou sorte de collet (mésophyte artificiel de certains auteurs), placé à environ $0^m,08$ à $0^m,10$ de la surface du sol. Or les boutures seules permettent de réaliser cet avantage.

GREFFE DE LA VIGNE

Ce n'est que très-rarement et pour ainsi dire exceptionnellement qu'on greffe la vigne, par la raison

que la vigne se prête, en général, assez difficilement
à ce mode de multiplication. Il est pourtant beaucoup de cas où il y aurait un grand avantage à greffer,
par exemple, lorsqu'on a affaire à certaines variétés
qui poussent peu lorsqu'elles sont franches de pied,
telle que la variété dite *précoce de Saumur*; ou bien
pour des variétés qui, franches de pied, sont peu
fructifères, tandis qu'au contraire elles rapportent
beaucoup lorsqu'elles sont greffées sur d'autres; ou
bien encore pour transformer des variétés dont les
fruits sont médiocres en d'autres variétés dont les
raisins sont très-bons. Mais l'avantage le plus considérable qui ressort de l'opération de la greffe, c'est
de pouvoir introduire, dans certaines conditions de
sol ou de climat, des variétés qui sans cela n'y viendraient pas. Dans ce cas, on plante des variétés vigoureuses, puis on les greffe avec les variétés préférées.

La greffe peut encore être très-avantageuse, en ce
sens qu'elle modifie la partie greffée et en hâte la
fructification, et qu'elle rend même fertiles certaines
variétés qui ne le sont pas lorsqu'elles sont franches
de pied. Quelques viticulteurs praticiens des plus distingués ont même affirmé que cette opération exerce
une telle action organique sur la partie greffée qu'elle
la rend plus rustique; ils vont même (comte Odart,
Manuel du Vigneron, p. 125) jusqu'à affirmer que
certaines variétés ont gelé étant franches de pied,
tandis que, greffées, elles ont très-bien résisté au
froid. Nous n'affirmons rien en ce qui concerne ce
fait, nous le rapportons seulement afin d'engager
le vérifier. La greffe permet encore, lorsqu'on a été

trompé dans les cépages, c'est-à-dire lorsqu'on en a
reçu d'autres que ceux qu'on désirait et qu'ils sont
mauvais, de pouvoir les transformer. Il en est absolument de même des ceps qui auraient dégénéré.

Bien qu'on puisse parfois employer différents modes
pour greffer la vigne, le seul qu'on doive recommander, c'est celui qu'on nomme *greffe en approche*.

Greffe en approche. — Il y a trois manières de
la pratiquer : la première consiste à placer alternativement entre chaque pied qui doit servir de sujet un
pied de la variété qu'on veut multiplier ; puis lorsque le temps est venu, on *approche* contre le pied qui
devient sujet un des rameaux de la variété qu'on a

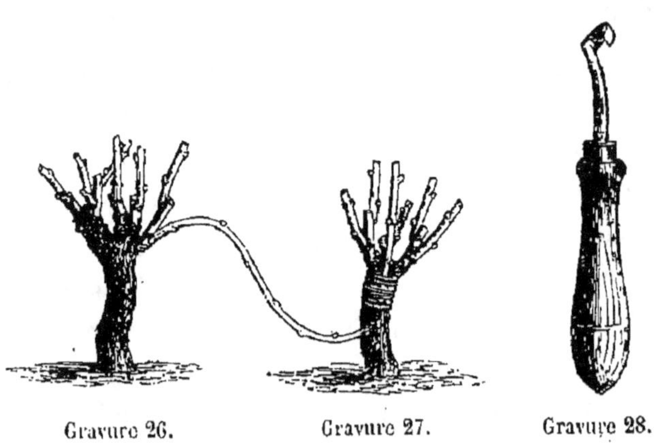

Gravure 26.   Gravure 27.   Gravure 28.

choisie (grav. 26, 27). Ce rameau, c'est-à-dire ce *sar-*
ment-greffon, est appliqué sur le sujet, dans une rainure faite avec une sorte de gouge (grav. 28), et
maintenu à l'aide d'une ligature. Il va sans dire que,

avant d'introduire le greffon dans la rainure, on a dû enlever l'épiderme dans la portion du rameau qui doit entrer dans cette rainure, de manière à faciliter la soudure en mettant en contact les deux parties en voie de formation. Les deux ceps (mère et sujet) ont d'abord été taillés comme à l'ordinaire, c'est-à-dire de manière à rapporter du raisin. Par ce moyen on a, par la suite, un champ composé de variétés méritantes, dont certains pieds sont francs de pied tandis que d'autres sont greffés, ce qui permet encore de faire des études comparatives.

On peut aussi, au lieu de planter en pleine terre des ceps destinés à servir de mères, apporter des ceps en pots, qu'on enterre près de ceux qu'on veut transformer (sujets) (gravure 29), et qu'on *approche* ensuite, ainsi qu'il a été dit ci-dessus. Le sarment qu'on *approche* devra être taillé à un œil

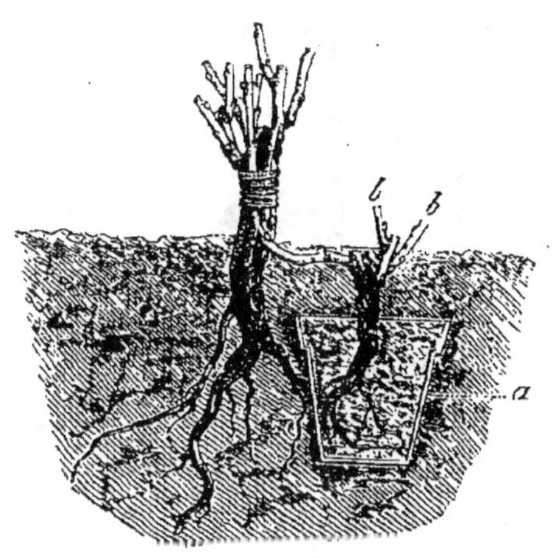

Gravure 29.

ou à deux yeux au-dessus du sujet; quant aux autres, on les taillera également à un œil, (*b*, *b*,) si le pied est fort et s'ils sont eux-mêmes bien nourris; dans le cas contraire, on les supprime complétement.

En pratiquant ces greffes, on est non-seulement as-

suré du succès de l'opération, mais on n'a rien à redouter, car dans le cas où la reprise n'aurait pas
lieu, on ne compromet pas la récolte, puisque chacun
des deux ceps continue à pousser et à donner des
fruits comme s'il n'avait subi aucune opération.

Le troisième procédé qu'on applique parfois consiste à prendre pour greffon un sarment détaché, que
l'on plante à côté du sujet, et sur lequel on fait une rainure
dans laquelle on introduit le greffon (grav. 50, *a*). On
ligature ensuite, on rappro-
che après cela la terre autour du greffon (grav. 50, *b*),
et l'opération est terminée.
Ici, comme précédemment,
si l'opération ne réussit pas,
on ne court aucun risque de
perdre le sujet, puisqu'il ne

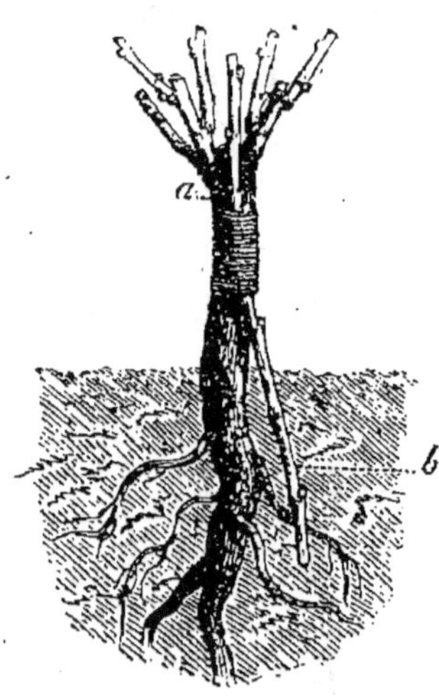

Gravure 50.

souffre pas de l'opération et qu'il fructifie tout autant
que s'il n'avait point été greffé. La greffe en approche
avec sarment détaché réussit, en général, assez bien,
car le greffon enterré par sa base, puise constamment
de l'humidité dans le sol, où il s'enracine même très-
souvent, et constitue alors un plant. C'est cette greffe
que, dans mon *Guide du jardinier multiplicateur*,
page 226, j'ai nommée *greffe-bouture*.

Afin de donner plus de vigueur au *sarment-greffon*,
on peut, comme on le fait pour les boutures, en dé-
cortiquer la base, qui s'enracine alors plus prompte-

ment, et augmente encore les chances de soudure avec le sujet.

Lorsque le greffon est bien soudé, on en supprime la base, qui, si elle est enracinée, fait un plant qu'on peut enlever à l'automne lorsque les feuilles sont tombées.

Une modification qu'on peut apporter au mode de greffage précédent consiste, au lieu d'enterrer le greffon dans le sol, à le faire plonger dans un vase rempli d'eau (grav. 31). Dans ce cas l'eau alimente le greffon, qui ne tarde pas à pousser, et favorise ainsi sa soudure avec le sujet. Presque toujours ce greffon développe des racines dans l'eau. Mais on doit comprendre qu'il faut de temps en temps visiter les vases, afin de remplacer l'eau, qui est absorbée par le sarment-greffon et évaporée par

Gravure 31.

l'action de l'air. De cette manière on peut greffer des treilles dont les rameaux sont placés à une grande élévation au-dessus du sol; il suffit pour cela de suspendre la bouteille contenant le sarment-greffon près de la partie qu'on veut transformer.

Inutile de dire que lorsque les parties greffées sont bien soudées, on doit supprimer ou pincer peu à peu les sarments du sujet qui pourraient affamer ou gêner le sarment-greffon; l'année suivante, lors de la taille, on supprime à peu près toute la tête du sujet pour ne conserver que sa tige.

Greffe anglaise, dite en pied de biche (grav. 32, 33, 34). Pratiquée, comme la greffe en approche dont nous venons de parler, c'est-à-dire avec la base du greffon enterrée, la greffe anglaise peut aussi être employée avec avantage. La grav. 32 représente le sujet préparé pour recevoir le greffon (grav. 33);

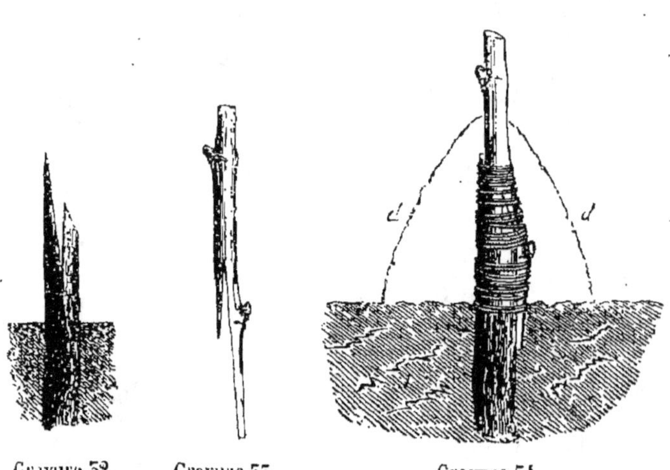

Gravure 52. Gravure 55. Gravure 54.

la gravure 34 montre l'opération terminée; on voit que la base du greffon est entrée dans le sol, soit qu'on ait fait l'opération au-dessous du niveau du sol, soit qu'on ait élevé le niveau en formant une butte indiquée par le trait d (grav. 34), soit, au contraire, qu'on ait dégagé un peu le sujet avant de greffer et qu'alors, tout naturellement, en rapprochant la terre, la greffe se trouve recouverte.

Greffe en fente. — Cette greffe, la seule à peu près dont les auteurs aient parlé, réussit assez bien lorsqu'elle est pratiquée dans le sol; mais dans certains cas elle peut avoir un petit inconvénient, car la partie greffée s'enracine et on a alors l'équivalent d'une plante franche de pied. Lorsqu'on a intérêt à ce que ceci n'ait pas lieu, voici comment on opère : on pratique la greffe à $0^m,15$ environ au-dessus de la surface du sol (grav. 35), et lorsqu'elle est terminée, on amoncelle de la terre que l'on prend autour du cep, de manière à former une butte, (a), qui recouvre le tout, moins l'œil terminal du greffon. De cette façon l'opération réussit assez bien; rien n'est alors plus simple, lorsque la reprise est assurée, que d'abattre la butte.

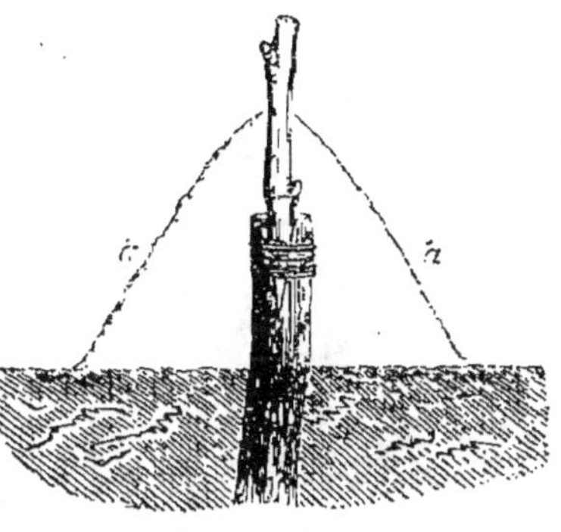
Gravure 35.

Au lieu de la greffe en fente ordinaire, on peut, afin de ne point fendre le sujet, pratiquer sur le côté de celui-ci, à l'aide du greffoir en forme de gouge (grav. 28), une sorte de petite entaille ou rainure dans laquelle on insère un greffon qui doit être d'une grosseur telle qu'il remplisse exactement la rainure du sujet; on ligature, puis l'on met un peu de cire, et l'opération est terminée.

Greffe dite à cheval (grav. 36, 37). — Cette greffe peut également être employée avec succès, mais on doit pour cela, prendre les précautions que nous venons d'indiquer en parlant de la greffe en fente, c'est-à-dire la recouvrir de terre.

Lorsque les greffes sont terminées, qu'elles sont liées, on recouvre les plaies avec du mastic à greffer, ainsi que cela se fait ordinairement. La grav. 56 montre le sujet ainsi que le greffon qui doit s'enfourcher

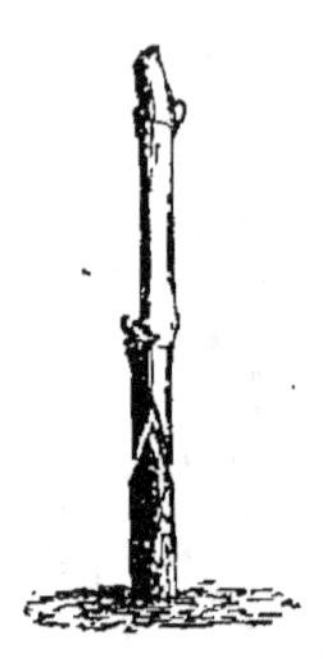

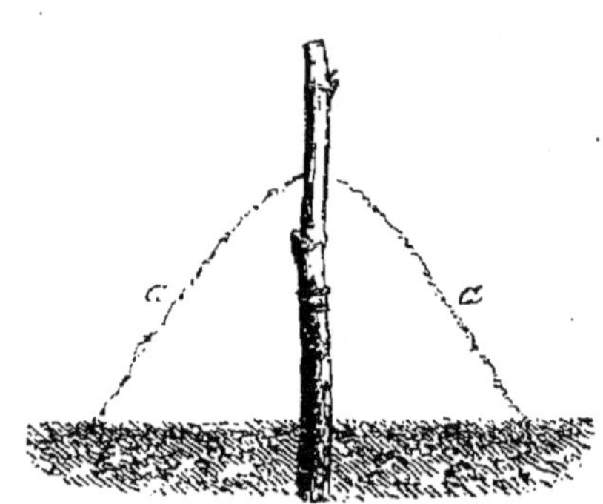

Gravure 56.   Gravure 57.

dessus ; la grav. 57 montre ces parties rapprochées, juxtaposées et liées.

Un auteur moderne, M. Boisselot, a récemment (*Revue horticole*, 1863) recommandé la greffe en fente de la vigne, pratiquée dans l'aisselle d'une bifurcation. Cet auteur assure que ce procédé est très-bon ; ne l'ayant jamais essayé, nous ne pouvons que l'indiquer. L'époque où il convient de pratiquer cette greffe, d'après M. Boisselot, est vers la fin de la végétation, « lorsque les feuilles commencent à jaunir. »

Greffe-bouture. — Il est un autre mode de greffage dont nous devons dire quelques mots, bien qu'au point de vue de la grande culture il ait peu d'importance, et que son emploi paraisse devoir se limiter

à l'horticulture proprement dite; c'est la *greffe-bouture*
herbacée (grav. 38). Pour l'exécuter on prend un sar-

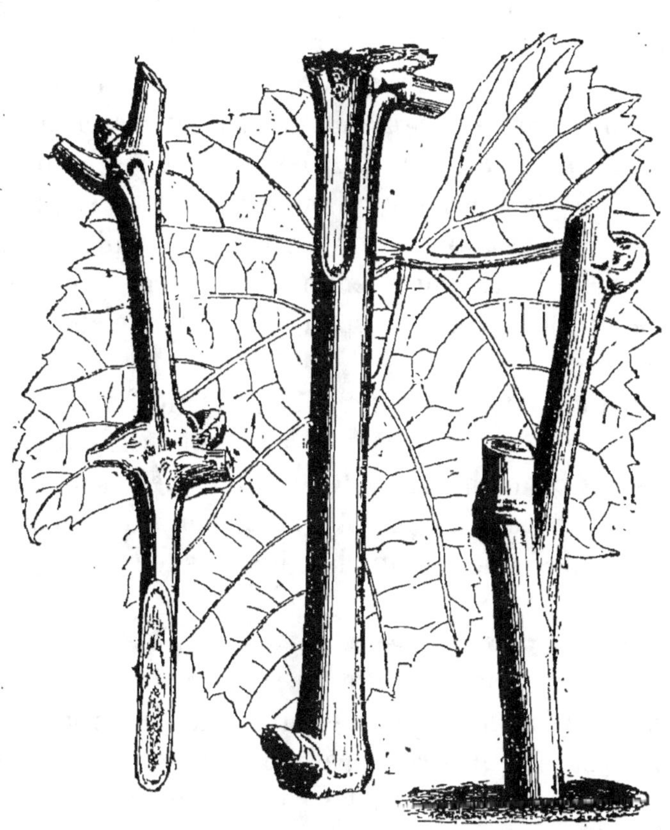

Gravure 38.

ment herbacé un peu gros, on en coupe une partie
longue d'environ 12 à 15 centimètres, pourvue au
moins de deux yeux, placés, l'un à la base, l'autre
au sommet, où doit se trouver une feuille. A cette
extrémité et au point opposé à la feuille on fait, avec

le greffoir-gouge, une entaille ou rainure dans laquelle on place un sarment-greffon herbacé, muni au moins d'une feuille; on ligature et l'on met, si l'on veut, un peu de cire. L'opération terminée, on plante les sujets dans de petits godets qu'on place ensuite sous cloche, où la reprise ne tarde pas à s'opérer.

Dans la gravure ci-dessus on distingue trois figures : la première, celle de gauche, représente le greffon préparé; la figure du milieu représente le sujet-bouture, au haut duquel on aperçoit l'entaille qui doit recevoir le greffon; enfin la troisième montre le greffon placé sur le sujet et celui-ci planté dans un pot.

Cette greffe doit être faite pendant l'été, lorsque les sarments sont déjà suffisamment résistants, mais d'assez bonne heure toutefois pour que la soudure du greffon avec le sujet et l'enracinement de celui-ci puissent s'opérer avant la chute des feuilles.

Observation relative à quelques greffes. — Lorsqu'on pratique la greffe en *pied de biche* ou bien la greffe *à cheval* et que le greffon est moins gros que le sujet, ce qui arrive presque toujours, il faut avoir soin de faire affleurer les parties sur l'un des côtés, de manière que la soudure puisse facilement s'opérer.

Époque où il convient de pratiquer les greffes. — L'époque qui paraît être la plus convenable pour greffer la vigne est le moment où celle-ci va entrer en séve, c'est-à-dire lorsqu'elle commence à pleurer, vers la fin de mars[1]. On a dû couper à l'avance les sarments destinés à servir de greffons et les conserver à l'abri de la grande sécheresse et du soleil. Ces sarments doivent avoir le bois bien nourri, bien plein, ils doivent être le moins moelleux possible et avoir les yeux rapprochés ; la partie inférieure des sarments, celle qui adhère au bois de l'année précédente, est donc ce qu'il y a de mieux. Inutile de dire que ceci s'applique aux greffes que l'on fait au printemps ; lorsqu'on greffe à la fin de l'été, on coupe les greffons au fur et à mesure qu'on en a besoin, en choisissant, ainsi qu'il a été dit précédemment, les sarments les mieux aoûtés et dont les yeux sont les plus rapprochés. Quant à la greffe herbacée, on la fait dans le courant de l'été, aussitôt que les bourgeons sont suffisamment résistants.

Quel que soit le mode de greffage qu'on emploie, il est très-urgent de faire en sorte qu'il y ait toujours un œil *à la base* du greffon, car non-seulement cet œil sera moins exposé à être cassé, mais c'est lui qui, pour ainsi dire en contact avec le sujet, développera le plus beau bourgeon de ceux que pourra émettre le greffon.

[1] C'est du moins cette époque qu'on a toujours indiquée, celle qui, dans le Midi, par exemple, paraît donner les meilleurs résultats. Cependant on ne peut guère douter qu'il en soit de la vigne comme de tous les autres végétaux, qu'il y ait aussi pour elle, suivant les conditions dans lesquelles on se trouve, des époques différentes où l'on peut pratiquer une même opération avec plus ou moins d'avantage. Reste donc à rechercher quelles sont ces époques. En ce qui concerne le centre et le nord de la France, la fin de l'été, la fin d'août, par exemple, nous paraît devoir être l'époque la plus convenable pour greffer la vigne. Nous en conseillons l'essai.

4.

L'opération de la greffe étant faite, on doit surveiller le développement des plantes qui y ont été soumises, de manière à favoriser la partie greffée; on devra par conséquent ôter tous les bourgeons inutiles qui pourraient affamer le sujet, et pratiquer des pincements là où ils sont nécessaires; on devra aussi veiller à ce que les parties greffées ne se rompent pas.

CHAPITRE III

CULTURE ET PLANTATION

—

Nous allons décrire les diverses opérations qu'on doit faire subir au sol avant et après la plantation de la vigne. Nous supposons, comme devant être planté en vignes, un sol nu, exploité par la grande culture.

La vigne devant durer un grand nombre d'années, il faut tâcher que les conditions dans lesquelles on la place soient appropriées à sa longévité. De plus comme ses racines s'enfoncent très-profondément, il faut aussi, autant que possible, que le terrain ait une certaine profondeur, ou du moins que le sous-sol soit assez perméable pour que les racines puissent le pénétrer. En disant que le sous-sol doit être perméable, nous ne prétendons pas dire qu'il doive être homogène, loin de là ; le sol peut être très-pierreux et le sous-sol rocheux, sans que la vigne en souffre, pourvu que la roche formant le sous-sol s'exfolie facilement et que le sous-sol offre des fissures dans lesquelles les racines pourront pénétrer et par où l'eau surabondante pourra s'écouler ; cependant dans les terrains en pente, où l'eau s'écoule facilement, la vigne pourra croître vigoureusement et durer longtemps même dans un sol arable peu épais avec un sous-sol tout à fait imperméable et même glaiseux.

Avant de parler de la plantation de la vigne, nous devons dire quelques mots du sol qui lui convient.

Quels sont les sols les plus favorables à la vigne ? Si l'on essayait de résoudre cette question d'après un examen général de la végétation de la vigne, on pourrait en conclure que tous les sols lui conviennent également. En effet, il n'en est guère ou plutôt il n'en est point dans lesquels elle ne puisse pousser. Mais comme, dans cet ouvrage, nous devons considérer la vigne au point de vue du produit, nous disons : Les sols calcaires légèrement argileux ou silico-argileux sont préférables ; ce sont, sinon ceux dans lesquels la vigne pousse le plus vigoureusement, du moins ceux dans lesquels le vin présente, en général, une qualité supérieure. Les terres volcaniques, schisteuses et même, dans certains pays, les terres ferrugineuses, sont aussi très-avantageuses pour établir des cultures de vignes et donnent souvent au vin des qualités toutes particulières. Toutefois, ce sont là des considérations générales auxquelles le climat et l'exposition pourront apporter de grandes modifications. Ainsi il peut arriver que tel sol, bien que moins bon que tel autre, donne de meilleurs produits, par ce fait seul qu'il est mieux exposé. Mais, toutes circonstances égales d'ailleurs, on constate que les terres pierreuses ou caillouteuses sont les plus favorables, et que celles qui sont situées en pente sont également de beaucoup préférables à celles qui sont situées en plaine.

D'une autre part, il n'est pas toujours facile, d'après l'inspection d'un terrain, d'affirmer quelle sera la nature des produits qu'il fournira; sous ce rapport, on remarque même des effets bizarres et qu'on ne peut expliquer. Ainsi, dans des conditions de sol et de climat en apparence identiques, et avec les mêmes cépages, on constate parfois des différences considérables dans la finesse, dans la force (vinosité) et surtout dans le *bouquet* des vins. Il suffit quelquefois, dans une même pièce de terre, plantée avec les mêmes cépages, d'avancer en avant ou en arrière, au nord ou au midi, à l'est ou à l'ouest, pour trouver dans les produits des différences très-sensibles, qu'on ne sait à quoi attribuer, qu'on ne peut que constater. Mais les terres profondes, fortes et froides, sont peu favorables à la vigne; si celle-ci y pousse beaucoup, les produits qu'elle donne sont généralement de mauvaise qualité.

Ajoutons à ce qui précède, et comme complément, qu'on trouve aussi des variétés de vignes, non-seulement de vigueur, mais de tempéraments très-différents, qu'il en est qui viendront bien dans certains terrains ou dans certaines conditions, tandis que d'autres n'y viendraient pas ou y viendraient mal, etc.

Ce sont là des détails dans lesquels nous ne pouvons entrer, des questions que la pratique seule peut résoudre.

Mais comme on est rarement libre de choisir le terrain qu'on veut planter en vigne, qu'on est obligé de le prendre comme il est, et là où il est, il faut donc, plutôt que de s'appesantir sur un fait auquel on ne peut rien, chercher, lorsque cela est nécessaire, quelles sont les modifications qu'on devra faire subir au sol, et surtout *choisir et bien approprier* les cépages qui, d'après la nature de ce sol, auront plus de chances de prospérer.

Quelle que soit la nature du sol que l'on destine à être planté en vigne, il est très-rare qu'on ne soit pas obligé de le défoncer, nous devons donc, avant d'aller plus loin, parler du *défonçage*.

Défonçage. — Le défonçage, lorsqu'il sera nécessaire, devra être plus ou moins profond, suivant la nature du sol et les conditions de climat dans lesquelles on est placé. Dans quelques cas même, *très-rarement*, on ne devra pas défoncer. Mais ces cas étant exceptionnels, on ne peut les prévoir c'est une question locale que la pratique seule peut résoudre[1]. Comme règle générale, nous ad-

---

[1] Dans les contrées méridionales, lorsqu'on a affaire à des terres brûlantes, reposant sur un sous-sol pierreux, par conséquent très-perméable à l'air, il y aura parfois avantage à ne pas défoncer. Mais, en général, et à moins que l'opération ne présente de très-grandes difficultés et ne devienne alors trop dispendieuse, on se trouvera bien de défoncer le sol dans lequel on veut planter la vigne.

mettons donc le défonçage. Cette opération étant connue à peu près de tout le monde, nous ne la décrirons pas dans ses détails. Nous dirons seulement qu'en opérant le défonçage du sol pour planter la vigne, on devra se garder d'ôter les pierres, à moins qu'il y en ait trop, ce qui est rare ; on pourra aussi enterrer en même temps dans le sol une bonne épaisseur de fumier ; pour *la plantation seulement*, il n'est pas nécessaire que le fumier soit bien décomposé, il suffit qu'il ne soit pas à l'état de paille sèche, qu'il soit bien imprégné d'humidité et d'urine, et qu'il ne soit pas en contact avec les racines ; mais, plus tard, quand on fumera la vigne, le fumier devra être bien pourri, souvent même il devra être à l'état de terreau. Lorsqu'on manque de fumier, on se trouve bien d'enterrer dans le sol une certaine quantité de végétaux herbacés. Le plus ordinairement on se sert pour cela de plantes appartenant à la famille des légumineuses, telles que trèfles, lupins, etc. et on en emblave préalablement le sol qu'on veut défoncer.

Les défonçages, surtout lorsqu'ils sont profonds, doivent être faits assez longtemps avant d'opérer les plantations ; autant que possible on doit les exécuter avant l'hiver, de manière que la terre, exposée à l'action de l'air et de la gelée, se sature d'éléments atmosphériques. En agissant ainsi, le sol sera affaissé et aura pris son niveau lorsqu'on effectuera la plantation.

La vigne redoutant l'humidité surabondante et surtout stagnante, il faut faire en sorte, lorsque le sol est très-compacte, de l'alléger et de le rendre perméable à l'air, premier agent de toute végétation. On se trouvera très-bien, lors du défonçage, de mélanger au sol une certaine quantité de pierres ou de matières ayant subi l'action du feu, telles que le mâchefer. Cette matière est précieuse, parce qu'elle est très-poreuse et qu'elle contient des principes actifs, qu'elle abandonne successivement par la décomposition lente qu'elle éprouve dans le sol, au contact de certains corps qui exercent sur elle une action dissolvante.

Contrairement à ce qui se fait presque toujours et partout, il faut avoir soin de tenir le terrain bien plat, excepté dans quelques circonstances exceptionnelles où la disposition en fosses et en billons deut présenter quelque avantage. Mais, en général, cette disposition doit être rejetée, parce qu'elle gêne les travaux ultérieurs, qu'elle augmente la besogne et par conséquent les frais, sans aucun avantage.

Admettant que le sol a été bien préparé, que sa surface est plate ou à peu près, il s'agit de procéder à la plantation.

DE LA PLANTATION

Aucune opération n'est plus importante que la plantation, aussi doit-on y apporter les plus grands soins, ne rien négliger pour qu'elle soit faite convenablement.

Il y a deux modes de plantation : l'un consiste à planter des boutures ; l'autre, à se servir de plants enracinés. On doit dans les deux cas planter la vigne *debout*; le procédé qui consiste à planter la vigne *couchée* est en général mauvais : nous essayerons de le démontrer plus loin au chapitre *Particularités*.

Époque où il convient d'exécuter la plantation. — On ne plante guère les vignes qu'au commencement du printemps, en mars, avril, parfois même en mai. Dans les terrains secs placés sous des climats brûlants, où la gelée est sans action malfaisante, où les pluies sont rares et où les printemps sont secs et hâleux, il y aurait un très-grand avantage à planter la vigne à l'automne; car alors les brouillards, les pluies, joints à l'absence de grand soleil, favorisent la reprise des plants qui, même pendant l'hiver, développent des radicelles si l'on a planté des plants enracinés, des bourrelets si l'on a planté des boutures; de sorte qu'au printemps les plants poussent avec vigueur et peuvent, sans souffrir, supporter la chaleur et les hâles.

Il ne faut pas oublier qu'il y a toujours avantage à planter à l'automne les végétaux ligneux à feuilles caduques. Il n'y a d'exception à cette règle que dans le cas où les plantes sont exposées à souffrir du froid, lorsque le terrain compacte, froid ou humide est susceptible d'être inondé l'hiver, ou bien encore lorsque l'on est placé dans un pays très-froid où le sol ne s'échauffe qu'assez tard au printemps. La vigne ne fait pas exception à cette règle générale, et nous ne craignons pas de dire que dans les pays où la chaleur est forte, où les printemps sont secs, on a avantage à planter le plus tôt qu'on peut, en septembre, par exemple [1].

Plantation des vignes à demeure à l'aide de plants enracinés. — Sous cette dénomination générale, nous comprenons tous les plants qui sont munis de racines, de quelque manière qu'on les ait obtenus.

Choix des plants. — Les plants jeunes et vigoureux obtenus par boutures sont ceux qu'on doit préférer. A défaut de plants obtenus par boutures, on peut employer des plants provenant de couchage, en ayant soin de bien les préparer et de les raccourcir, ainsi que nous l'avons dit précédemment, et que le démontre la gravure 24.

Quelle que soit leur origine, tous les plants doivent être sains, et autant que possible de même force; on doit, sans hésiter, rejeter ceux qui sont chancreux ou dont la végétation est chétive, parce que de pareils plants restent longtemps souffreteux et ne donnent souvent que des résultats médiocres.

---

[1] La végétation des ceps plantés à l'automne, comparée à celle de ceps plantés au printemps, présente une différence considérable à l'avantage des plantations automnales.

Si on fait usage de plants enracinés, on peut, pour avoir une réussite complète, planter dans le courant de septembre, avant que la végétation soit totalement arrêtée. On choisit alors un temps sombre pour faire cette opération, et, pour que les plants ne fatiguent pas trop, on supprime l'extrémité herbacée de leurs sarments. Il est bon aussi de couper ou de casser la plupart des feuilles, en conservant toutefois les pétioles, de manière à ne point affaiblir les yeux qui sont à leur base.

Distance à mettre entre les ceps. — Modes de plantation. — La distance à mettre entre les ceps n'a rien d'absolu; le plus souvent même elle paraît déterminée par l'habitude locale ou par l'intérêt plus ou moins bien entendu des propriétaires ; aussi le nombre des plants varie-t-il, selon les pays, de 4,000 à 50,000 à l'hectare.

Cette différence si considérable s'explique, sans se justifier toujours, par le mode de plantation qu'on adopte. Il y a même des circonstances où l'on dépasse les limites que nous venons d'indiquer; ainsi, par exemple, lorsqu'on veut cultiver la vigne en *joualles*[1], on plante parfois moins de 4,000 ceps par l'hectare ; au contraire, lorsqu'on cultive la vigne en *foule*, l'intérêt mal entendu des propriétaires peut faire porter les choses à l'extrême et faire mettre, dans un hectare, jusqu'à 50,000 ceps et quelquefois même davantage.

Bien qu'on ne puisse préciser d'une manière rigoureuse quel doit être l'espacement des plants, on peut dire que 10,000 ceps à l'hectare, placés à un mètre de distance l'un de l'autre, sont dans des conditions convenables pour prospérer. Il vaudrait encore mieux ne planter que 6,000 à 8,000 ceps par hectare, et les rapprocher un peu plus l'un de l'autre, de manière à laisser un peu plus de distance entre les lignes, afin qu'on puisse circuler plus librement entre chaque rang et faire les binages à l'aide d'un cheval et d'une sorte de râtissoire-charrue ou houe à

[1] On écrit parfois *joialles*, *jouailles*, *jouelles*, etc.

cheval (grav. 102). Pour planter 8,000 ceps par hectare en lignes espacées de 2 mètres environ, il suffirait de placer les ceps à 0^m,80 l'un de l'autre sur la ligne.

Si on voulait garantir la vigne contre la gelée, on pourrait planter les rangées deux par deux à des distances assez rapprochées l'une de l'autre, soit à 0^m,40 (grav. 39), de manière à réunir les sarments

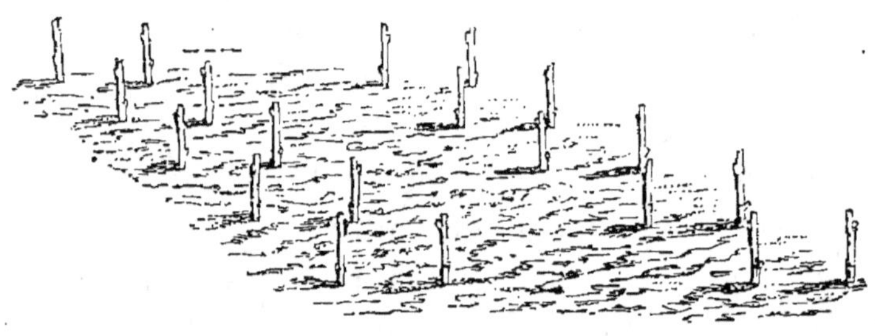

Gravure 39.

de deux lignes sous un même abri (grav. 113). Lorsque les gelées ne sont plus à craindre, on écarte un peu les sarments pour leur donner plus d'air, en faisant usage de *lattes* ou *baguettes mobiles* (grav. 82), dont nous parlerons plus loin, lorsque nous nous occuperons des différents moyens d'abriter la vigne.

C'est presque toujours par suite d'un faux calcul qu'on plante les ceps à des distances trop rapprochées, et le résultat qu'on obtient est toujours opposé à celui qu'on recherche : les frais de plantation et de main-d'œuvre de toutes sortes sont plus grands, les raisins, mal aérés et insuffisamment insolés, mûrissent mal, sont moins sucrés et moins vineux qu'ils ne

devraient l'être; les diverses façons, binages, pinçages, etc., sont aussi beaucoup plus difficiles à faire.
Au contraire, en espaçant davantage les plants, une
même surface de terrain est occupée par un plus petit
nombre de ceps, qui épuisent moins la terre, parce
que les racines, moins nombreuses, peuvent s'é-
tendre davantage; on a moins besoin de recourir aux
engrais, et les vignes durent beaucoup plus longtemps, tout en donnant des produits aussi abondants
et presque toujours meilleurs.

Nous trouvons dans un ouvrage ancien (1763)
intitulé : *Nouvelle méthode de cultiver la vigne*, un passage qui vient à l'appui de ce que nous disons contre
les plantations trop rapprochées; ce passage le voici :

«... La vigne étant une plante vivace dont les
racines s'étendent et s'allongent considérablement,
il en résulte qu'en *quelque terre que ce soit* on ne
peut mettre les pieds à moins de *quatre* pieds de
distance, en tout sens les uns des autres. Dans les
terres fortes, surtout dans celles qui sont humides,
je les aimerais autant à *cinq* qu'à quatre. Il est évi-
dent : 1° que partout, dans tous les pays et dans toutes
les terres, le grand espacement des ceps emploie
beaucoup moins d'échalas que si les vignes étaient
plus serrées et plus épaisses, comme elles le sont
généralement, ce qui est un premier objet d'économie; 2° que la culture des vignes espacées est beaucoup plus libre que si elles ne l'étaient pas; 3° que
les ceps espacés doivent être beaucoup plus forts,
plus robustes que ceux qui ne le sont pas, et de là
qu'ils ont beaucoup moins souvent besoin d'être pro-

vignés et fumés : ce qui est un second objet d'économie ; 4° que l'espacement qui donne des ceps plus
vigoureux dans une espèce de terre doit les donner
aussi plus vigoureux dans toutes les autres, et que
quoique la vigueur soit plus ou moins grande en
raison des différentes qualités des terres, elle est
cependant toujours beaucoup plus considérable que
si les ceps étaient bien moins écartés. C'est une vérité qui ne peut être contestée et de laquelle résulte,
clair comme le jour, la convenance générale de l'espacement plus grand des ceps pour toutes les terres
sans exception... »

Tel est à peu près notre avis. Ajoutons seulement
que les distances qu'il convient d'adopter doivent
être généralement en raison inverse de la qualité
du sol, c'est-à-dire que les ceps doivent être d'autant
plus rapprochés que le sol est moins bon. Il est clair
qu'il faut aussi tenir compte de la nature des cépages
qu'on veut planter.

Lorsque le terrain destiné à être planté a été préparé, c'est-à-dire défoncé ou simplement labouré et
fumé, on trace sur la superficie, *qui doit être plate*,
à l'aide d'un cordeau et d'un traçoir ou d'un bâton,
les lignes qui doivent servir de guide pour l'aligne-
ment des ceps ; puis on procède à la plantation.
Mais il y a encore une opération qui doit précéder
la plantation, c'est la préparation des plants dont
nous allons parler.

Préparation et mise en terre des plants enracinés.
— Les plants ayant été choisis comme nous l'avons dit

plus haut et ayant à peu près l'apparence que montre la gravure 40, on les *habille*, c'est-à-dire qu'on en raccourcit de beaucoup les racines et qu'on enlève celles qui se trouvent trop distantes de la base et comme échelonnées sur le pivot, de manière à ne conserver que le faisceau qui est à la base; le plant ainsi préparé est représenté par la grav. 41. Cette sorte de toilette terminée, on procède à la plantation, qu'on exécute, soit avec une houe ou

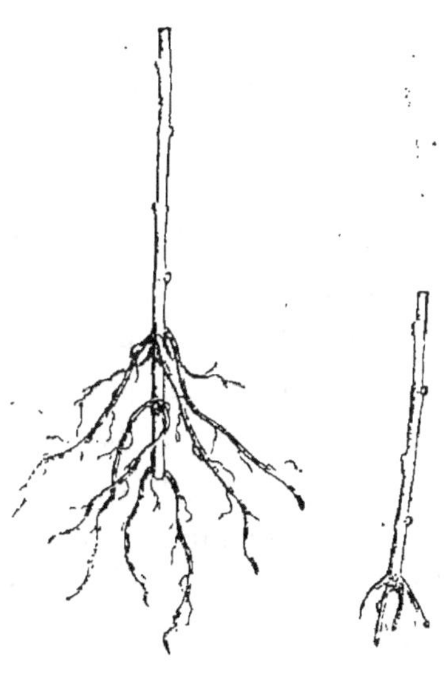

Gravure 40.   Gravure 41.

sorte de piochon lorsque les plants ont beaucoup de racines, soit à l'aide d'un plantoir, ce qui est plus simple, plus expéditif et souvent aussi bon. Dans le premier cas, après avoir ouvert un trou, on y place un plant en ayant soin d'écarter un peu ses racines pour qu'elles ne soient pas pressées l'une contre l'autre, et afin de leur faire prendre la direction oblique qui leur est naturelle; on rapproche la terre, on la tasse avec le pied, puis on passe à un autre cep.

Lorsqu'on plante au plantoir, l'opération est exactement la même que s'il s'agissait de repiquer des légumes; on fait un trou à la place indiquée avec un fort plantoir qu'on agite de manière que ce

trou soit suffisamment évasé pour qu'on puisse
y introduire le plant; on y place celui-ci et on presse
fortement la terre autour afin de le consolider. Ce
travail terminé, on rabat les plants s'ils sont trop
longs, à moins que les yeux ne soient très-rapprochés; on n'en laisse jamais plus de deux en dehors
du sol.

Une chose importante qu'on ne peut jamais trop
recommander, c'est de ne point laisser les plants
exposés au soleil avant de les mettre en terre; on
doit les tenir un peu humides, et les couvrir soit
avec des paillassons, soit par tout autre moyen, et
ne les prendre qu'au fur et à mesure du besoin. Il
est essentiel aussi de praliner les plants (voir notre
Encyclopédie horticole, page 415). A cet effet, on a
près de soi un seau évasé contenant un *pralin*,
composé en grande partie de substances azotées
(bouse de vache, terre franche, eau ou purin) mélangées de manière à former une bouillie un peu épaisse
dans laquelle on trempe les racines. Ce travail, qui
n'exige ni temps ni dépenses appréciables, est très-
utile; il assure la reprise des plants et ses effets
sont tellement favorables à la végétation, qu'on ne
devrait jamais le négliger.

Plantation des boutures en place ou à demeure. —
Au point de vue de la plantation, les boutures peuvent se partager en deux sections : l'une comprend
les boutures faites avec des sarments plus ou moins
longs (crossettes, chapons, grav. 6, 7); l'autre section comprend les boutures faites avec un seul œil

et nommées *boutures-semis* (fig. 8 à 14). Parlons d'abord des boutures de la première section.

Sans revenir sur ce que nous avons déjà dit de la préparation des boutures, nous rappellerons seulement qu'on ne doit point les laisser sécher; il faut, au contraire, les planter au fur et à mesure qu'on les sort de la terre ou de l'eau dans laquelle on a mis tremper leur base. Si l'on veut praliner les boutures, ce qui est *toujours très-bon*, on opère ainsi qu'il a été dit ci-dessus en parlant des plants enracinés. Ces observations sont générales; elles s'appliquent à toutes les plantations.

Ainsi que nous l'avons déjà dit, les plants doivent toujours être placés en lignes, suivant le tracé qui a dû en être fait d'avance, *debouts, jamais couchés*. A chaque endroit désigné pour recevoir un cep, on ouvre un trou avec le plantoir, on y place la bouture verticalement à la profondeur de 12 à 15 centimètres environ [1], puis on tasse fortement la terre autour de la bouture.

[1] Sous le rapport du développement et de la durée, on peut, avec raison, comparer une plante quelconque obtenue par bouture à une autre plante obtenue de graine. Personne n'ignore que les plantes viennent d'autant mieux que leur collet est plus rapproché de la surface du sol, et l'on sait aussi que, au point de vue physiologique, la base d'une bouture est l'équivalent du collet d'une plante quelconque obtenue de graine; par conséquent il faut faire en sorte que la base des plants, d'où doivent naître les racines (qui est alors le point de départ des deux systèmes, ascendant et descendant), soit le plus possible rapprochée de la surface du sol. On obtient, par ce mode de plantation, un avantage considérable, non-seulement au point de vue de la végétation et de la durée des plants, mais encore au point de vue de la fructification, qui se trouve hâtée de beaucoup. On peut poser comme axiome que la mise à fruit des

Lorsque l'opération est terminée, les plants doivent avoir deux yeux au-dessus de la surface du sol, comme le représente la gravure 42, et cela quelles que soient leur nature et leur origine (bouture, couchage ou chevelée, etc.).

Gravure 42.

On a souvent discuté pour savoir combien on doit mettre d'yeux en terre lorsqu'on plante des boutures. Cette question ne peut être résolue d'une manière absolue; cela dépend de l'éloignement des yeux. Ainsi lorsqu'il s'agit de sortes très-vigoureuses, dont le bois est gros et dont les yeux sont très-éloignés les uns des autres, si l'on voulait mettre en terre plusieurs yeux, il faudrait parfois enfoncer les boutures jusqu'à 40 centimètres et même plus, ce qui, dans beaucoup de cas, serait une trop grande profondeur. Si on emploie des crossettes, comme les yeux du bas sont extrêmement rapprochés, en plaçant les boutures à 12 centimètres dans le sol il y a au moins trois yeux enterrés. Si l'on tient à poser une règle générale, on peut dire que le nombre le plus convenable d'yeux qu'il convient de mettre en terre, lorsqu'on plante des boutures, est deux.

Plantation à demeure des boutures à un œil, dites boutures-semis. — La forme de ces boutures, si diffé-

ceps est en raison inverse de leur enfoncement dans le sol; ainsi plus on plante profondément, plus la fructification se fait attendre.

rentes de celles dont nous venons de parler, indique suffisamment que la plantation doit se faire aussi un peu différemment, et qu'elle exige quelques soins particuliers.

Les boutures étant préparées comme le montrent les gravures 8, 10, 12, et la terre étant défoncée ou labourée, fumée et tracée, là où il doit y avoir un plant, on creuse soit avec une binette, soit avec une houe, une petite fossette, en ayant soin d'ameublir la terre si elle n'est pas suffisamment meuble ; on procède à peu près comme s'il s'agissait de planter des haricots; on dépose au fond du trou une bouture à plat, l'œil placé en dessus, et l'on recouvre d'environ 2 centimètres de terre, qu'on presse plus ou moins avec la main suivant sa consistance; si la terre est très-légère, on doit la tasser plus fortement et on peut alors le faire avec les pieds.

Pour être plus sûr de la réussite, on peut planter deux boutures au lieu d'une, et l'année suivante, si toutes les deux ont poussé, on enlève la moins belle, qui peut alors être employée comme plant. Si le terrain n'était pas convenablement préparé ou bien s'il était de mauvaise qualité, il y aurait avantage à faire une sorte de compost avec du terreau et de la bonne terre, que l'on mettrait autour des boutures, absolument comme cela se pratique lorsqu'on plante certains légumes.

Comme en raison de leur volume les boutures-semis doivent être très-peu enterrées, et que la couche de terre qui les recouvre peut devenir ensuite insuffisante, rien n'empêche de creuser une sorte de fos-

sette ou d'auget (grav. 43) au fond duquel on place
la bouture qui, recouverte un peu comme l'indique

Gravure 43.

le pointillé, présente l'aspect que montre la gravure 43; lors des premiers binages, qu'on fera quand
les bourgeons seront développés, on remplira la fosse,
ce qui mettra le sol à peu près de niveau, et enter-
rera le cep d'environ 10 à 12 centimètres, suivant le
besoin et les conditions dans lesquelles on se trouve
placé.

Ce mode de bouturage, très-recommandé aujour-
d'hui, est loin d'être nouveau; ainsi que nous l'a-
vons dit précédemment, il est employé en Angleterre
depuis un temps immémorial, mais on ne l'applique
guère que comme procédé horticole. Il paraît que
l'idée première de le pratiquer dans la grande culture
est due à un Français, M. Hudelot, qui, après divers
essais, assure que la réussite est parfaite et que les
résultats, surtout au point de vue de l'avancement
de la fructification, sont au-dessus de tout ce qu'on
peut espérer par tout autre système. Si ces faits sont
vrais, c'est donc à M. Hudelot que la viticulture est
redevable de cette application. Quant à nous, bien
que nous connaissions depuis longtemps ce mode de

multiplication, nous ne pouvons le recommander comme pouvant être appliqué *en grand* à la viticulture, les divers essais que nous en avons faits n'ayant pas été favorables.

Il est bien clair que si l'on plantait en pleine terre des boutures plus réduites encore, celles qui sont fendues par moitié (grav. 12), ou celles qui sont réduites à l'œil seul (grav. 14), les précautions devraient être encore plus grandes. Mais, nous ne saurions trop le répéter, tous les modes de plantation avec des boutures à un œil, qui peuvent être très-bons pour constituer des pépinières, nous paraissent ne devoir être admis dans les plantations à demeure qu'avec une très-grande réserve. Nous sommes d'autant plus en droit de faire cette observation, que nos essais comparatifs en pleine terre ont toujours été à l'avantage des boutures avec sarments et que la végétation de ces dernières, du moins la première année, a toujours été supérieure à celle des boutures à un œil.

Plantation de la vigne en fosses. — Si nous parlons de ce mode de plantation, encore trop employé, ce n'est guère que pour le proscrire. En effet, ce procédé, surtout lorsqu'on fait les fosses très profondes, sans qu'il y ait eu défonçage et assainissement du sol, est de tous le plus mauvais : cela se comprend facilement, car on place les racines dans les conditions les plus défavorables, dans une terre froide, *sans amour*, comme disent les cultivateurs. Lorsque le sol est compacte, c'est une sorte de cercueil dans lequel on place la vigne avant qu'elle soit morte. Lorsqu'on plante en fosses, les plants (boutures, chevelées, etc.) doivent être plus longs, puisqu'une partie doit être couchée à peu près horizontalement; l'extrémité doit être relevée presque verticalement, de manière à avoir au moins un œil en dehors du sol.

On peut objecter que dans certaines localités du Midi on plante très-profondément, souvent même avec une longue barre de fer. Mais dans ces conditions la température est toujours très-élevée, les pluies sont rares, le sol est fortement aéré, puisqu'il est souvent composé de roches plus ou moins exfoliées; pour toutes ces raisons, on ne peut guère employer d'autre mode de culture, et la plantation en fosses, en apparence contraire aux lois de la végétation, est très-rationnelle. Il n'y a pas de règle sans exceptions.

Plantation des vignes dans des conditions exceptionnelles. — Lorsque le terrain dans lequel on veut planter des vignes est, par sa nature ou par sa position, dans des conditions exceptionnelles et désavantageuses, on peut encore en tirer parti par la culture de la vigne, pourvu toutefois que le climat ne s'y oppose pas, mais alors on est souvent obligé de mettre en œuvre des moyens qu'il est à peu près impossible de prévoir et d'indiquer. C'est à la pratique seule, qui se trouve en face des difficultés, de chercher à les surmonter.

Ainsi, par exemple, si le sol, placé en pente très-rapide, est composé de roches à peine désagrégées, on peut faire intervenir la pioche, la pince ou le levier en fer, à l'aide desquels on fait des trous

plus ou moins profonds, puis on plante les boutures,
qui doivent être légèrement écorcées et pralinées.
Dans ce cas, il n'y a pas à hésiter, il faut planter à
l'automne, et, au lieu d'un sarment-crossette, il est
bon d'en mettre deux; à la fin de l'année, si les deux
sarments ont poussé et qu'on juge à propos d'en supprimer un, on enlève le plus faible qu'on coupe entre deux terres, afin de ne point fatiguer celui qu'on
conserve. Dans cette circonstance il y aura souvent
avantage à mettre autour des boutures, au moment
de la plantation, un peu de compost, formé de bonne
terre et d'engrais bien consommé, dont l'action ac-
célère la reprise des boutures qui trouvent dans le
compost une nourriture substantielle jusqu'à ce
qu'elles aient atteint une certaine force.

La plantation des vignes au moyen de boutures au
lieu de plants enracinés est trop peu usitée. Ce mode
de plantation est cependant très-avantageux, parce
que le travail se fait vite et qu'il est moins dispendieux. En effet, lorsque le terrain est labouré et
tracé, deux hommes peuvent en planter plus d'un
hectare par jour et non-seulement les boutures s'enracinent l'année où on les plante, mais encore, si
l'opération préparatoire a été bien faite, elles poussent autant que pousseraient des plants enracinés [1].
En outre, les plantations faites avec des boutures,

[1] Nous connaissons un champ qui, à l'automne de 1862, a été
planté ainsi que nous venons de le rapporter, c'est-à-dire avec des
boutures-crossettes, écorcées et pralinées; les ceps qui en proviennent ont aujourd'hui des sarments de 1^m,50 à 2 mètres de hauteur; ils sont gros, bien nourris et quelques-uns même portent des
raisins.

lorsqu'elles sont bien soignées, ont l'avantage d'être
plus tôt en rapport et souvent de durer plus longtemps
que celles qui sont faites avec des plants enracinés;
cela est facile à comprendre : les boutures n'étant
point relevées développent dans le sol leurs premières
racines, qui se constituent bien, deviennent fortes et
s'enfoncent comme le feraient les racines de plantes
issues de graines. C'est surtout dans les terrains secs
et arides, là où il y a peu de fond, qu'il est avantageux
de planter des boutures, et si le climat et les conditions le permettent, il faut les planter avant l'hiver.

**Inconvénient des plantations faites trop profondé-
ment.** — Chacun des deux systèmes, *ascendant* et *descendant* (tige et racines), d'un végétal quelconque a
un rôle particulier à jouer : rôle plus ou moins complexe dont il est à peu près impossible de se rendre
un compte exact. En général, c'est dans les racines
les plus rapprochées de la surface du sol que paraît
se passer le plus important phénomène de la vie végétale; ce sont elles aussi qui prennent le plus grand
développement, et toutes les fois qu'on transplante un
végétal quelconque, si on le place trop profondément
dans le sol, au lieu d'augmenter, ces racines dépéris-
sent et le végétal languit : la vigne est dans ce cas;
aussi lorsqu'on plante profondément, voici ce qui se
passe : les racines inférieures s'affaiblissent et péris-
sent parfois, ainsi que la partie qui les porte, tandis
qu'il s'en développe au-dessus qui deviennent d'autant plus fortes qu'elles sont plus rapprochées de la
surface du sol; ce sont ces dernières qui prennent

alors un grand développement et qui, presque seules, nourrissent le cep. C'est ce que démontrent les gra-

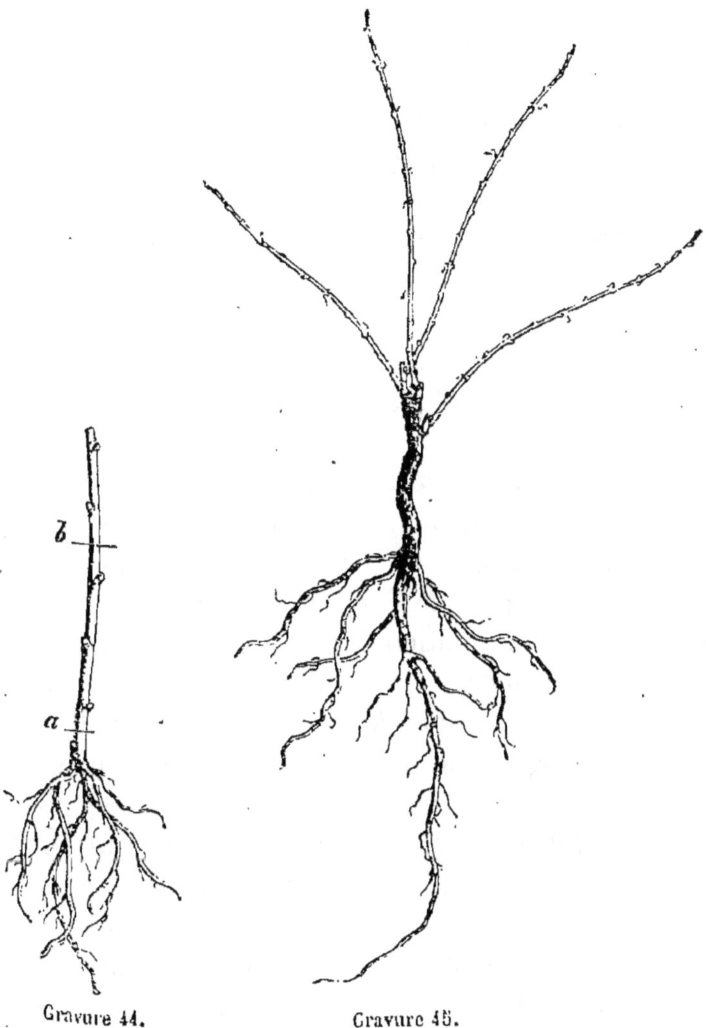

Gravure 44. Gravure 45.

vures 44 et 45. Ainsi la gravure 44 représente une bouture-crossette qui, enterrée trop profondément (jusqu'au point *b* au lieu de l'être seulement jusqu'au point *a*), a produit, au bout de quelques années, le résultat que montre la gravure 45. On voit que la première couronne de bonnes racines a disparu, que le sarment s'est affaibli, et qu'il s'est formé, au contraire, presque à fleur du sol, un fort collier de racines. Ce fait est d'autant plus saillant qu'on enterre plus profondément le cep.

Que dans certains cas il y ait avantage à planter profondément, en d'autres termes qu'il y ait quelques exceptions à la règle générale, cela n'a rien d'étonnant, mais ce sont des exceptions qui confirment la règle au lieu de la détruire.

Orientation ou disposition des lignes de ceps. — On a quelquefois discuté sur la question de savoir quelle direction on doit donner aux lignes, direction qu'on nomme l'*orientation*. On a rarement le choix de l'orientation et, le plus souvent, ce sont les circonstances qui en décident. En général, la meilleure direction à adopter pour les lignes de ceps, lorsqu'on le peut, est celle du sud au nord, parce qu'alors toutes les parties des vignes sont plus également frappées par le soleil, surtout lorsqu'il est dans toute sa force. Toutefois, ce sont là des principes généraux qui peuvent être modifiés d'après le climat et les conditions dans lesquelles on est placé. Ainsi, dans les pays très-chauds, il pourra être avantageux, dans certains cas, d'orienter les ceps de manière que les raisins soient protégés contre le soleil.

Entretien et soins à donner aux vignes pendant les premières années qui suivent la plantation. — Les travaux à faire subir au sol après la plantation consistent en binages; on ne donne jamais de labours, si ce n'est parfois des labours superficiels. Plus loin, dans un chapitre spécial, nous dirons pourquoi nous rejetons les labours.

Il y aura toujours avantage à recouvrir le sol d'une couche de substances légères et poreuses qui arrêtent l'évaporation et empêchent les herbes de pousser, tout en laissant pénétrer l'air dans l'intérieur de la terre. La tannée [1], la tourbe même, seules ou mélangées, peuvent servir à cet usage. Les résidus de charbon de terre, l'escarbille, le mâchefer, pulvérisés, conviennent également. Il ne faut pas oublier que les racines de la vigne ne redoutent pas les pierres qui se trouvent dans le sol; au contraire, dans toutes les terres un peu compactes où elles font défaut, on ne doit point craindre d'y mettre des décombres, si l'on en a à sa disposition; ces matières contiennent toujours des plâtras qui allégent et aèrent le sol, et sont, par leur nature, très-favorables à la vigne.

Les binages qui se font le plus souvent à la main, avec la houe à bras ou la ratissoire, peuvent aussi

---

[1] La tannée neuve, c'est-à-dire sortant des cuves, très-chargée d'acides et de diverses autres substances plus ou moins corrosives, est mauvaise *si on l'introduit dans le sol*. De plus, elle peut, dans certains cas, donner naissance à des champignons qui, en s'attaquant aux racines de vignes, peuvent avoir de funestes conséquences. Il est donc prudent de n'employer que celle qui a séjourné assez longtemps à l'air, et de ne point l'enterrer, si ce n'est lorsqu'elle est déjà très-décomposée, et pour ainsi dire réduite en terreau.

être exécutés à l'aide d'un cheval lorsqu'on a planté les ceps à des distances suffisantes ; c'est même là qu'il faut arriver, afin de diminuer les frais de main-d'œuvre. A l'exception de quelques nettoyages, les soins à donner à la vigne sont à peu près nuls la première année de plantation, pendant laquelle on la laissera pousser à volonté.

Remplaçage des plants. — Quelques soins que l'on apporte à la plantation, il y a toujours des plants qui meurent ou qui languissent et qu'il ne faut pas conserver ; on doit donc toujours être en mesure de les remplacer ; à cet effet, on doit avoir à sa disposition, en pots, un certain nombre de plants, de manière à pouvoir, en tout temps et en toute saison, en planter là où il est nécessaire. Par ce moyen, on évite les lacunes sans avoir recours au provignage, procédé défectueux que l'on doit éviter autant que possible.

Lorsqu'on n'a pas de ceps en pots, il faut employer de jeunes plants, bien vigoureux et bien enracinés, qu'on arrache de la pleine terre ; on les replante tout de suite là où il en manque. Il est clair que dans ce cas on doit bien préparer le sol, l'ameublir et le modifier au besoin, en y mélangeant du fumier bien consommé (du terreau), de manière à activer la végétation des ceps qu'on plante pour qu'ils puissent se défendre et rattraper même ceux qui les environnent.

On peut aussi, au lieu de plants enracinés, se servir de boutures pour opérer les remplaçages. Dans ce cas, on choisit de bon bois, bien mûr, on en plonge la base dans l'eau pendant quelques jours, puis on écorce la partie inférieure, et on les plante en leur donnant ensuite le plus de soins possibles. Si on voulait regarnir des vignes un peu âgées, on pourrait faire des couchages à l'aide de sarments pris sur les ceps voisins, en suivant la méthode que nous indiquons plus loin en traitant du rajeunissement des vieilles vignes.

CHAPITRE IV

TAILLE ET CONDUITE DE LA VIGNE

Pour se rendre bien compte des divers modes de
taille auxquels on soumet la vigne, pour pouvoir en
comprendre l'importance et en prévoir les résultats,
il est bon, il est même indispensable de connaître
les principes essentiels sur lesquels reposent ces
opérations. Quelques observations préliminaires nous
paraissent donc nécessaires.

Établissons d'abord, comme principe fondamental,
un premier fait qu'on résume par ces expressions
banales applicables à tout : « Pour récolter, il faut
semer ; pour obtenir des fruits, il faut d'abord obtenir des fleurs : » expressions que dans cette circonstance nous pouvons traduire par ceci : Pour avoir
des fleurs, puis des fruits, il faut, avant tout, avoir
du bois ; en d'autres termes, il faut chercher, le
mieux et le plus vite possible, à constituer le cep,

c'est-à-dire à en former la charpente. C'est là le point de départ.

Il ne faut jamais oublier non plus que, dans tout végétal, les deux systèmes *aérien* et *souterrain*, quoique très-différents, par leurs caractères physiques et organiques de même que par leurs fonctions, sont néanmoins étroitement liés l'un à l'autre ; lorsqu'il y a affaiblissement de l'un, l'autre s'en ressent toujours plus ou moins. Donc, lorsqu'on mutile continuellement la vigne dans sa partie externe, l'affaiblissement aérien qui se produit détermine l'affaiblissement souterrain.

Quoique le raisin vienne sur le bois d'un an, par conséquent sur les bourgeons, les yeux dont ces derniers proviennent se sont formés l'année qui précède leur développement ; on aura donc d'autant plus de chance d'avoir de beaux bourgeons, par conséquent plus de raisins, que le bois sera plus mûr et que les yeux seront mieux constitués, ou, comme l'on dit dans la pratique, qu'ils seront mieux nourris. Or, ces qualités seront d'autant mieux atteintes que les yeux seront accompagnés d'une partie qui appellera vers eux une plus grande quantité de séve.

Rappelons aussi que chaque œil d'un sarment de vigne, considéré dans son ensemble, contient trois autres yeux secondaires ou sortes d'*embryons-gemmaires* (V. p. 9 et 10). Ajoutons que tout œil vient toujours à la base d'une feuille qui le protége (grav. 2, 3), que cette feuille, en excitant la végétation, en modifiant, par son élaboration, les sucs séveux contenus dans le végétal, joue encore un autre rôle important : celui de *mère-nourrice*; c'est donc elle qui attire vers l'œil tous les sucs qui l'alimentent : aussi pendant la végétation doit-on ménager avec soin toutes les feuilles des bourgeons et tout particulièrement celles qui accompagnent les yeux sur lesquels on fonde quelque espoir, pour en obtenir, soit une branche de remplacement, soit une branche fruitière.

Des différents yeux placés entre une feuille et le bourgeon qui la porte, l'un d'eux (le plus intérieur) se développe toujours l'année où il apparaît, et presque en même temps que le bourgeon sur lequel il se forme. Cette sorte de bourgeon anticipé (grav. 46, *a, a, a*), que, suivant les lieux, on nomme *entre-feuillé, entre-cœur, contre-bourgeon, faux bourgeon, redruge*, etc., est également une nourrice pour l'œil principal, aussi doit-on bien se garder de l'arracher comme on le fait si souvent; il faut seulement le pincer au-dessus de la première

Gravure 46.

ou de la deuxième feuille (grav. 46, *b, b, b*), de manière qu'il n'affame pas, mais qu'il *nourrisse* l'œil qui est à sa base. Si cependant ce bourgeon entre-feuille était placé sur une partie destinée à être supprimée lors de la taille, il n'y aurait aucun inconvénient à l'arracher.

Ce que nous venons de dire du rôle que jouent les feuilles et les *bourgeons-nourrices* (entre-feuilles) est tellement vrai, que si on arrache ces organes, l'œil principal ne se constitue pas, il reste petit et ne donne plus tard qu'un bourgeon relativement faible. Quant aux autres yeux contenus dans l'axe de la feuille, excepté un, ils sont petits, latents, presque rudimentaires ; le plus généralement même ils ne se développent pas, à moins que le bourgeon principal, à la base duquel ils se trouvent, vienne à être détruit. Dans ce cas, un de ces yeux prend ordinairement un certain développement et on le voit quelquefois donner des fruits ; on le nomme *sous-bourgeon*. Dans certaines variétés, les sous-bourgeons se développent fréquemment, mais ils ne fructifient pas toujours.

Afin de compléter ces indications préliminaires, il est nécessaire d'étudier un peu le développement ou le mode d'évolution de la vigne. Comme pour tous les autres végétaux, la séve de la vigne tend toujours à s'élever verticalement, à gagner le sommet des ceps dans lesquels elle circule ; il en résulte que les yeux qui avoisinent le sommet d'un sarment sont toujours les mieux nourris, et par conséquent les plus propres à la fructification. Aussi est-il rare que ces yeux manquent de donner des fruits, tandis que les bourgeons provenant des yeux inférieurs en sont souvent dépourvus (surtout dans certaines variétés). Cela explique l'avantage que présente la taille dite à *long bois* et en justifie l'emploi.

La vigne ne produisant généralement de fruits que sur le bois de l'année précédente (que les vignerons nomment *bois franc*), il est indispensable de faire produire du bois nouveau chaque année ; d'où résulte la nécessité d'obtenir, en même temps que des raisins, des sarments pour remplacer ceux qui ont fructifié. De tout ceci, il résulte aussi que les sarments qui naissent directement, spontanément pour ainsi dire, sur du vieux bois et que l'on nomme *gourmands*

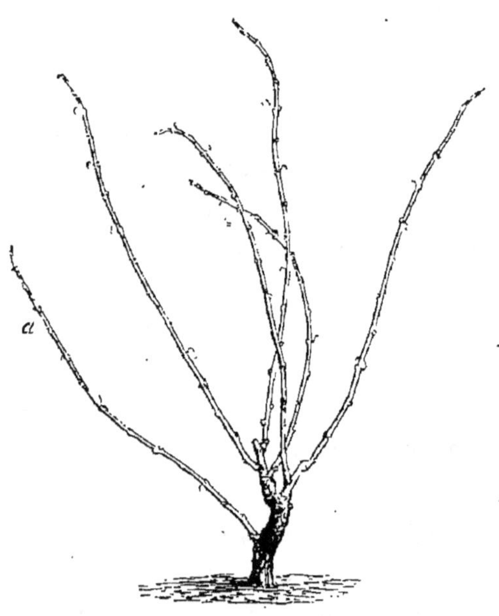

Gravure 47.

(grav. 47, *a*, 89, 90, *a*), n'ont pas chance de donner du raisin, si ce n'est exceptionnellement.

Abordons maintenant la question de la taille proprement dite, et, pour que les faits s'enchaînent, et afin d'établir un certain ordre dans le travail, nous allons faire un retour en arrière et reprendre la vigne à la fin de la première année de plantation, c'est-à-dire lorsqu'elle a déjà fait une pousse.

La vigne comprend un très-grand nombre de variétés de tempéraments et de vigueurs très-diverses à qui, par conséquent, on ne peut appliquer les mêmes traitements; de plus les conditions dans lesquelles on se trouve peuvent aussi avoir une certaine influence et déterminer des modes de taille différents. Aussi vouloir, comme certains professeurs de viticulture, n'adopter qu'un système, partout et toujours, c'est faire fausse route et se préparer des déceptions.

Nous ne suivrons pas une telle marche et nous ferons connaître, sinon tous, du moins les principaux systèmes de taille, en les divisant en deux catégories : l'une qui comprendra tous les modes de taille dits *à coursons* ou *à court bois;* l'autre qui renfermera les divers modes dits *à long bois.* Nous commencerons par la seconde catégorie.

Bien qu'il soit difficile, d'après la simple inspection d'un cep, de pouvoir dire d'une manière absolue quel est le mode de taille qui lui conviendrait le mieux, on peut néanmoins, dans beaucoup de cas, en examinant son bois, juger quelle est la taille qui pourrait lui être appliquée avec le plus d'avantage. Ainsi, par exemple, toutes les variétés dont les sarments sont gros et dont les yeux sont très-distants pourront être soumis à la taille *à long bois;* cela ne veut pas dire que parmi ces variétés il n'en est pas quelques-unes qui rapporteraient aussi du raisin si on les taillait à court bois, c'est-à-dire *à coursons*, mais qu'on peut, sans crainte, leur appliquer la taille à long bois qui, pour ces variétés, sera la plus avantageuse.

Il est aussi, parmi les variétés de vignes cultivées, certaines dont les sarments sont petits, qui s'accommodent très-bien de la taille à long bois; telles sont la plupart des variétés connues sous la dénomination générale de *pinots*. Pour d'autres, au contraire, la taille à coursons convient mieux; tels sont les *gamays*, qui, loin d'être semblables entre eux, sont comme les pinots de natures et de tempéraments très-divers. En général, presque toutes les variétés de vigne s'accommodent de la taille à long bois, lorsqu'on ne donne aux sarments que des dimensions relatives, en rapport avec leur vigueur et avec leur nature.

Pour nous entendre sur les choses, tâchons d'abord de bien nous rendre compte de la valeur des mots dont on se sert pour les exprimer, de manière à préciser et à éviter les équivoques ou les confusions. Expliquons ce qu'on entend par le mot *système*[1].

---

[1] Nous déclarons ici qu'en fait de système nous n'avons aucun parti pris, et que nous n'en admettons aucun d'une manière absolue. Quoi qu'on en dise, le meilleur système sera toujours celui qui, toutes circonstances égales d'ailleurs, donnera le plus de produits d'une manière continue en dépensant une moindre somme d'argent ou de travail. Rien, à notre avis, en fait de sciences naturelles appliquées, n'est mauvais comme l'absolutisme. L'homme absolu semble se poser en dehors de l'humanité et jeter aux autres ce défi prétentieux : « Seul, je dis la vérité; seul, j'ai raison; hors de mon système il n'y a rien de bon. »

On nomme *système* les diverses combinaisons à l'aide desquelles, en se fondant sur certains principes, on vise à obtenir les meilleurs résultats, eu égard aux ressources dont on dispose, et aux conditions dans lesquelles on se trouve placé. Or, si nous recherchons quels sont les principes sur lesquels repose la taille de la vigne, nous trouvons qu'il n'y en a vraiment qu'un d'absolument essentiel : c'est D'OB-TENIR CHAQUE ANNÉE DU JEUNE BOIS ; c'est là, en effet, le point important de la taille de la vigne, puisque c'est sur le jeune bois que vient le raisin, donc : *pas de jeune bois, point de raisins.*

Ce sont les conséquences de ce principe général qui constituent les *systèmes;* de là un principe unique, mais des applications infinies.

<h3 style="text-align:center">PREMIÈRE DIVISION</h3>

<h3 style="text-align:center">TAILLE DITE A LONG BOIS</h3>

Dans la *taille à long bois* les sarments destinés à la production des raisins sont conservés très-longs. Ce mode de taille, qui peut s'appliquer à toutes les formes possibles, convient aussi à presque toutes les variétés de vigne ; il est surtout très-bon, — ou plutôt c'est le seul bon — pour les variétés dont les raisins ne se montrent que vers les parties moyennes des sarments. *Taille à long bois* se dit par opposition à *taille à coursons* ou à *crochets.* C'est dans ce mode de taille que rentre le *système dit Hooibrenk* dont nous allons d'abord parler.

6.

Système Hooibrenk. — Le *système Hooibrenk* consiste dans l'inclinaison régulière et successive des sarments, afin d'en faire développer de plus en plus vigoureux et de donner en même temps plus de force à la souche, tout en régularisant le développement des sarments.

L'inclinaison n'est pas de l'invention de M. Hooibrenk; elle est connue et pratiquée depuis longtemps, ou pour mieux dire, de tout temps; ce qu'on lui doit, c'est de l'avoir vulgarisée en la soumettant à des règles, et d'en avoir fait, pour ainsi dire, la base d'une théorie.

Ce système, ainsi que nous l'avons dit, repose sur l'inclinaison des sarments. Comme principe, il n'est pas nouveau; sous ce rapport, il est aussi ancien que le monde; on pourrait donc tout simplement l'appeler système à branches inclinées; mais, alors, ce mot n'aurait rien de précis, puisque dès qu'on s'écarte de la ligne verticale, on a une inclinaison, et que celle-ci, comprise entre la verticale et la perpendiculaire, comprend 178 degrés (de 1 à 179). Pour s'entendre sur les choses il faut d'abord s'entendre sur les mots. Or, comme M. Hooibrenk a fixé cette inclinaison à 112 degrés, nous adoptons la désignation de *système Hooibrenk* pour préciser et pour indiquer une inclinaison *au-dessous* de l'horizontalité d'environ 112 à 120 degrés. Nous reconnaissons donc que M. Hooibrenk, pas plus que M. Guyot, n'a inventé l'inclinaison; tous deux s'en sont servis comme base en la précisant : ce sont deux *perfectionneurs*.

Le degré d'inclinaison qu'assigne M. Hooibrenk

est de 112 ½ degrés, c'est-à-dire de 22 ½ degrés au-dessous de l'horizontalité. Tout en acceptant ce principe, nous en rejetons les conséquences *absolues*, c'est-à-dire rigoureuses dans leur application ; nous croyons qu'au point de vue de la régularité du développement des sarments on peut aller de 112 à 130 degrés ; quand on veut, par exemple, affaiblir la végétation d'une partie quelconque au profit d'une autre, on peut même pousser l'inclinaison beaucoup plus loin.

Si l'on ne doit pas admettre de règles absolues, c'est surtout lorsqu'il s'agit de faits physiologiques. En effet, bien qu'un principe soit rigoureusement vrai, ses conséquences peuvent être variables, quand on a affaire à des individus de nature différente, qui vivent dans des milieux également différents, c'est-à-dire dans des conditions de sol et de climat qui ne sont pas les mêmes. Aussi nous pensons que M. Hooibrenk, en admettant ce chiffre de 112 ½ degrés, a voulu seulement préciser l'inclinaison qui lui a donné les meilleurs résultats dans ses expériences, mais qu'il n'a point prétendu qu'on ne pût s'écarter de cette inclinaison, soit en plus, soit en moins. S'il en était autrement, cette recommandation serait ridicule.

Nous ne pouvons non plus admettre, ainsi que l'indiquent certains viticulteurs, qu'une inclinaison de 45 degrés au-dessus et 45 degrés au-dessous de l'horizontalité (ce qui fait une différence de 90 degrés, — le *quart du cercle*, par conséquent — produise des résultats tout à fait identiques : ce serait pousser les choses à l'extrême et autant vaudrait dire qu'il n'y a aucune règle.

Ceci posé, examinons le système Hooibrenk, en prenant la vigne après la première année de sa plantation.

Si, pendant cette première année, la végétation a été très-bonne, on a dû obtenir un résultat à peu près semblable à ce que montre la gravure 48.

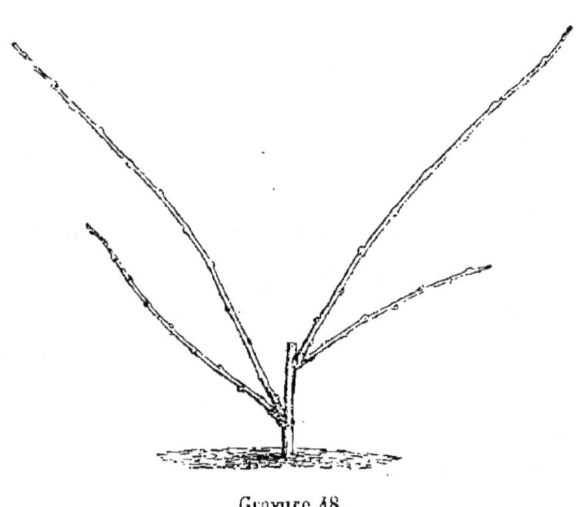

Gravure 48.

Nous avons dit que, pendant la première année de plantation d'une vigne, on ne doit point y toucher; qu'on doit, au contraire, la laisser pousser en toute liberté. Il en est autrement de la deuxième année; et, comme on cherche à obtenir des sarments de plus en plus vigoureux, il faut, pour atteindre ce but, nourrir fortement la mère; on y arrive en inclinant les sarments de l'année précédente au-dessous de l'horizontalité et en les maintenant dans cette position, à l'aide de crochets, ou par tout autre moyen, de manière que la séve attirée par les organes foliacés se trouve, par le fait de l'inclinaison, refoulée vers la tige et fasse développer, de la base des parties inclinées, des sarments gros et vigoureux (grav. 50, *a*, *a*), qu'on maintiendra à peu près verticalement à l'aide de tuteurs ; les bourgeons entrefeuilles qui se développeront (mais que nous ne figurons pas ici afin de ne point trop compliquer le dessin) seront pincés, soit à une, soit à deux feuilles. S'il arrivait que les sarments *a*, *a* prissent une longueur démesurée, on pourrait les pincer lorsqu'ils ont atteint 1^m,50 à 2 mètres environ.

Lors de la première taille, au lieu d'incliner les quatre sarments que montre la gravure 48, il faut abaisser fortement les deux sarments inférieurs et tailler sur le premier œil, *a*, *b* (fig. 49) des branches

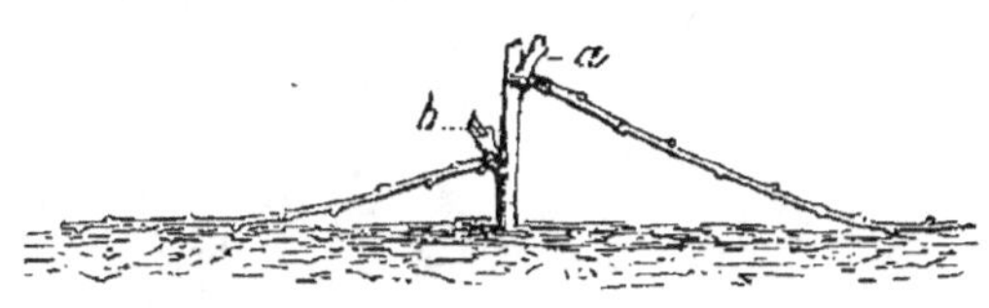

Gravure 49.

supérieures qui, bien nourries, produiront les deux sarments *a*, *a* (grav. 50).

Toutefois, si ces sarments inférieurs n'étaient ni assez forts ni assez longs pour pouvoir être inclinés, on supprimerait les branches grêles, puis on abaisserait complétement les autres sarments en les atta

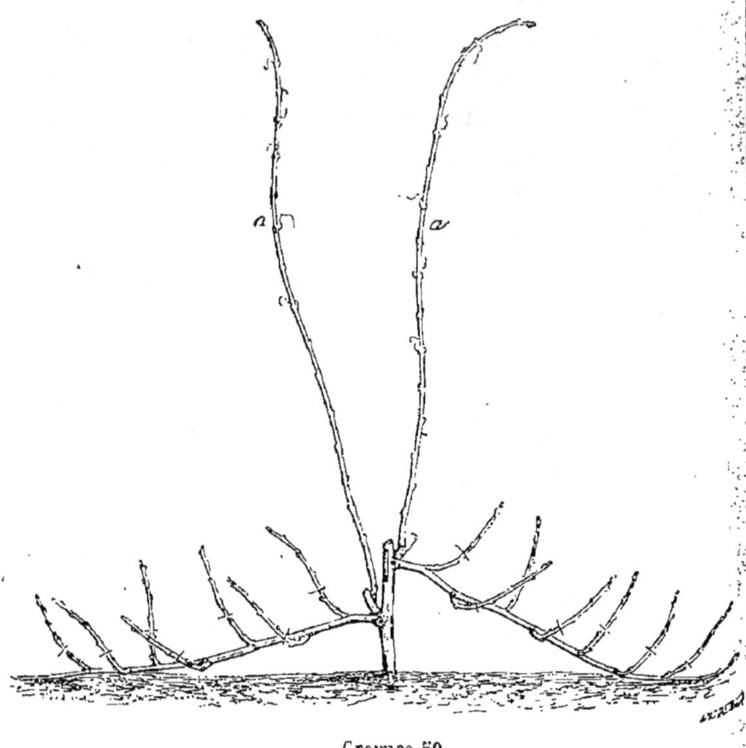

Gravure 50.

chant au pied du cep (grav. 51), de manière qu'ils
ne profitent plus, mais qu'ils
servent seulement à attirer la
séve vers les yeux qui sont à
leur base, afin d'en activer le
développement; et même, lorsque les sarments sont courts,

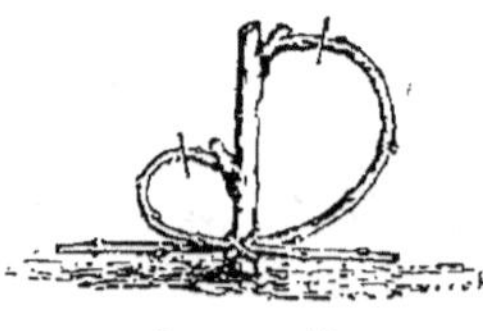

Gravure 51.

si le cep est bien enraciné, on peut tailler les deux
ou trois plus forts sur un seul œil, ainsi que l'indi-

quent les petits traits de la gravure 51. Dans un très-grand nombre de cas, ce dernier procédé est de beaucoup préférable.

L'inclinaison des branches dont nous venons de parler pouvant jouer un rôle important dans la culture de la vigne, nous croyons devoir entrer à ce sujet dans quelques détails, afin de bien faire comprendre l'influence qu'elle peut exercer.

La séve tendant toujours à monter, une branche placée verticalement en reçoit davantage et par suite pousse plus qu'une branche placée obliquement; de même une branche oblique pousse plus vigoureusement qu'une branche horizontale et ainsi de suite, à mesure qu'on s'éloigne davantage de la direction verticale. Ceci est vrai non-seulement pour les branches, mais encore pour leurs ramifications. En s'appuyant sur ces principes on peut, pour ainsi dire à volonté, régler le développement des branches d'un arbre, puisque, suivant qu'on élèvera ou qu'on abaissera ces branches, leur végétation sera augmentée ou affaiblie dans une proportion presque équivalente.

Or, ce qui est vrai pour les arbres l'est également pour la vigne.

Lorsqu'on observe les divers phénomènes qui se passent dans les végétaux soumis à l'inclinaison, on remarque que la végétation se ralentit aux extrémités des branches inclinées, à mesure que l'inclinaison augmente, pour se porter vers le centre; en même temps, les yeux placés sur la partie inclinée se développent successivement; lorsque cette inclinaison atteint certaines limites, la végétation est plus régu-

lière; mais si on les dépasse beaucoup, l'effet produit peut être tout différent[1].

On a cru reconnaître que l'inclinaison de 112 à
120 degrés est, en général, la meilleure, c'est-à-dire
celle qui détermine le développement le plus régulier des branches, et qui est en même temps la plus
favorable à la fructification. Mais, il est bien entendu
que ce degré d'inclinaison n'est pas tellement rigoureux qu'on ne puisse, suivant les circonstances,
s'en éloigner en plus ou en moins. Au point de
départ de l'inclinaison, la séve tend toujours à faire
irruption; il semble qu'elle éprouve là quelque difficulté à circuler dans la branche; et de même qu'un
cours d'eau qui rencontre un obstacle cherche à le
renverser, de même la séve tend à percer l'écorce
au point où commence la courbure, et à transformer
les yeux qui s'y trouvent en bourgeons vigoureux.
On profite de cette tendance pour faire développer des
branches là où l'on en a besoin; il suffit pour cela
de faire partir l'inclinaison de ce point.

Comme la vigueur des bourgeons qui se développent près du point de départ de la partie inclinée
est, en général, d'autant plus grande que l'inclinaison est plus prononcée, lorsqu'on n'aura d'autre
but que d'obtenir des scions vigoureux, on pourra
abaisser beaucoup plus les branches ainsi que le
montre la gravure 51.

Il faudra avoir soin de faire l'inclinaison à angle à

[1] Il est bien clair que tous ces faits ne se produisent pas avec une
exactitude rigoureuse et mathématique. Il y a bien, comme toujours,
des exceptions qui, loin de détruire la règle, la confirment.

peu près régulier, et cela quel que soit le degré d'ouverture de cet angle, et le moins près possible d'une partie oblique (grav. 52, *a*) ; sans cela il peut arriver que les yeux placés sur cette dernière ne se développent pas ou se développent très-faiblement, de sorte qu'on aurait une partie dénudée et alors point de branche de remplacement ; il pourrait aussi en résulter que la branche de remplacement se développât loin de l'endroit où l'on en a besoin.

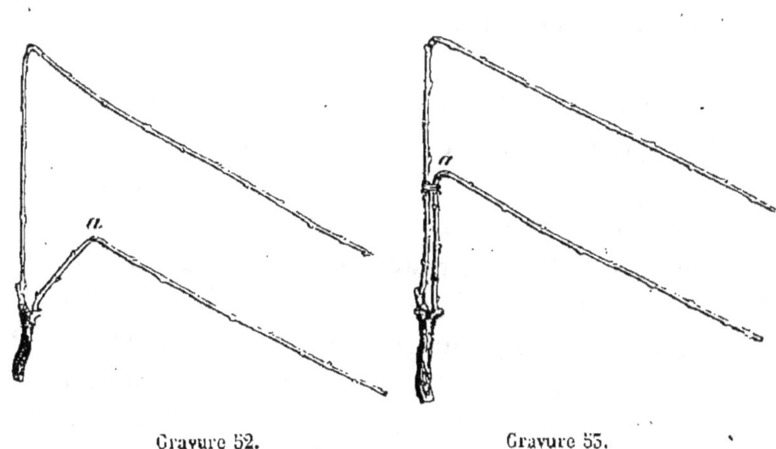

Gravure 52.   Gravure 53.

Si par exemple, à une place déterminée, on avait besoin d'une branche de remplacement et que là il n'existât pas de sarments, on en prendrait un plus bas, qu'on ferait monter verticalement jusqu'à l'endroit où doit se trouver la branche, puis, à partir de là, on lui ferait décrire un angle régulier (grav. 53, *a*).

Il est facile de comprendre maintenant l'avantage

7

qu'on peut retirer de l'inclinaison des branches. Il va
sans dire que les branches de remplacement seront
prises le plus près possible du point de départ des
branches fruitières qu'elles doivent remplacer.

Dans toutes les circonstances où l'on vise à obtenir
des branches de plus en plus fortes, il ne faut jamais
oublier que les feuilles sont des organes excitateurs
par excellence; si, comme l'ont dit certains auteurs,
on peut comparer les feuilles aux poumons des plantes, c'est surtout pour les feuilles de la vigne que
ce rapprochement peut être fait avec le plus d'exactitude.

Quant aux branches inclinées, comme elles ne
servent très-souvent que d'instruments nourrisseurs
(du moins pendant les deux premières années), on
doit leur laisser remplir ce rôle aussi complétement
que possible, c'est-à-dire leur laisser développer autant de feuilles qu'elles voudront. Si cependant ces
branches développaient des bourgeons assez vigoureux
pour affaiblir celles qu'on cherche à protéger, on
pincerait sévèrement ces bourgeons ; au besoin même
on les supprimerait, afin que les rôles ne s'interver-
tissent point, et que ces branches, de *nourrices*
qu'elles doivent être, ne deviennent point *nourris-*
sons.

Ce que nous venons de dire, relativement à l'*édu-*
cation des ceps, est essentiellement basé sur l'inclinaison successive des sarments, qui a pour but de
renvoyer la séve vers le centre et de déterminer la
production de sarments de plus en plus gros, en un
mot, de constituer les ceps ; c'est cette inclinaison

successive qui fait tout particulièrement la base du *système Hooibrenk*.

Nous devons aussi dire quelques mots du système le plus ordinairement suivi. Voici en quoi il consiste. En admettant que, la première année, on ait obtenu ce que montre la gravure 48, lors de la taille, on supprime complétement les deux sarments inférieurs, pour ne conserver que les sarments supérieurs, qu'on taille à deux yeux ; ces yeux, lors de leur développement, produisent deux beaux sarments. On maintient ces sarments avec un tuteur ; on pince les entre-feuilles ainsi que les autres bourgeons qui peuvent se développer, afin de favoriser les deux sarments principaux qui pourront être arrêtés lorsqu'ils auront atteint 1^m,50 environ de longueur. Ce sont ces sarments sur lesquels, l'année suivante, on assied la taille. Chaque année on opère de la même manière, en augmentant le nombre de coursons, suivant le besoin et la force des ceps.

Cette taille, très-simple et très-bonne, est celle qu'on pratique à peu près partout ; suivant les localités, on y fait de petites modifications qui ne constituent pas des règles spéciales. Du reste, nous en parlerons plus loin, et, afin d'être mieux compris, nous appuierons notre dire de quelques gravures.

Revenons aux divers systèmes de taille à *longs bois* en commençant par celui de M. Hooibrenk dont les principes viennent d'être exposés.

Si la plantation a été bien faite et que les ceps soient vigoureux, on pourra déjà récolter passablement de raisins la troisième année de plantation.

Les opérations à faire la troisième année étant à peu près les mêmes que celles qu'on a faites pendant la seconde, il est inutile de les décrire ; ce à quoi il faut arriver, c'est à obtenir des branches de remplacement de plus en plus fortes. Mais, tout en cherchant, par l'abaissement successif des branches, à obtenir des sarments de plus en plus vigoureux, il faut éviter la confusion ; on doit donc, chaque année, supprimer les vieilles branches, que l'on remplace par de jeunes sarments, à moins que ceux-ci ne soient point assez forts ; dans ce cas, on taille ces sarments faibles sur coursons, soit à un œil, soit à deux yeux, et l'on conserve les branches inclinées, en leur faisant subir un traitement analogue.

Jusqu'à la troisième pousse de la vigne, les travaux d'abaissage et de pinçage ont été faits particulièrement dans le but de faire produire des sarments de plus en plus gros ; mais voici le moment arrivé où il faut s'arranger de manière à régulariser la production et le nombre des sarments, afin d'obtenir du bois et du fruit A cet effet, on ne laisse plus produire que la quantité de longs sarments dont on a besoin, et l'on pince tous les autres à deux feuilles au-dessus de la dernière grappe, de manière à concentrer une grande partie de la séve vers les raisins, et que le surplus passe au profit des branches de remplacement.

Ainsi qu'on a pu le voir, un des points les plus importants de la taille de la vigne, surtout dans la taille à longs bois, est d'avoir chaque année des sarments de remplacement. Il peut cependant arriver que, malgré tous les soins (par exemple, lorsque la végétation est faible), ces sarments fassent défaut la première année d'inclinaison. Dans ce cas, on conserve les parties inclinées, et on les taille sur courson (grav. 54 *a*). La

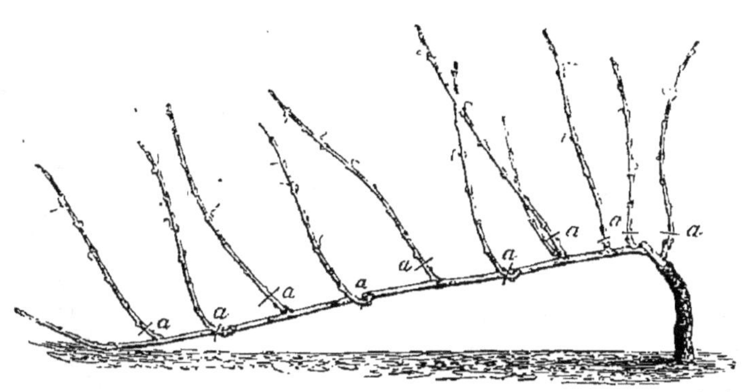

Gravure 54.

deuxième année, on peut être assuré du résultat, si on pince sévèrement tous les bourgeons de la branche à fruit au-dessus de la dernière grappe (gravure 55 *a*), et si on protége, au contraire, celui ou ceux des plus vigoureux qui se trouvent le plus rapprochés de la base, c'est-à-dire du point de départ de la branche à fruit ; ces bourgeons protégés formeront alors les branches de remplacement *bb* (grav. 55).

A partir de cette époque, les ceps doivent être bien constitués et la souche bien établie. C'est alors que, chaque année, on ne laisse que le nombre de sarments nécessaire pour atteindre le but qu'on se propose, en opérant pour les autres sarments ainsi qu'il a été dit précédemment

En général, il faut de trois à quatre ans pour qu'un cep soit bien constitué ; mais, cette durée n'a rien d'absolu ; elle peut être plus ou moins longue, suivant que la végétation est plus ou moins rapide. Ainsi, lorsque la deuxième année de plantation, le sarment

Gravure 55.

principal a été long et gros, on peut, à la taille suivante, arrêter la hauteur de la souche, qui sera déterminée par l'inclinaison du sarment ; cette souche devra donc tout naturellement être plus ou moins

élevée, suivant le but qu'on se propose et les conditions dans lesquelles on se trouve placé.

Bien qu'à l'aide des principes qui viennent d'être
décrits, on puisse établir à peu près toutes les formes
imaginables, nous croyons néanmoins devoir en représenter quelques-unes des principales. Ainsi on

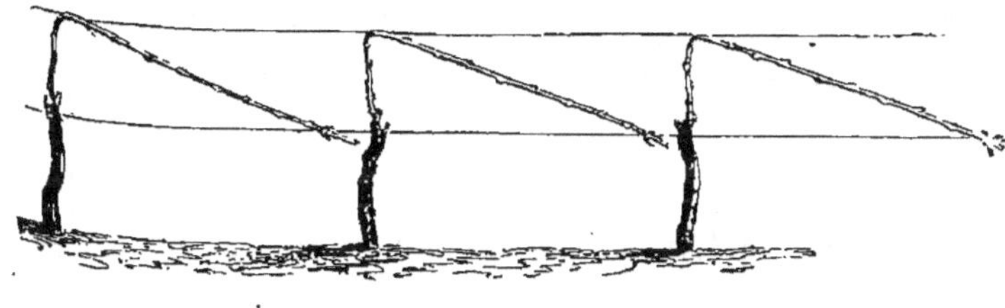

Gravure 56.

pourra avoir les branches fruitières disposées du même
côté (système unilatéral, grav. 56, 57), ou bien ces

Gravure 57.

branches pourront se diriger des deux côtés de la tige
(système bilatéral, grav. 58).

On peut aussi cultiver la vigne le long de fils de
fer disposés sur une ou sur plusieurs rangées (gravures 56, 57, 58).

Si, tout en conservant ces dispositions, on veut

cultiver la vigne sans fil de fer et éviter des frais, on
peut planter les ceps sur les lignes, de manière à

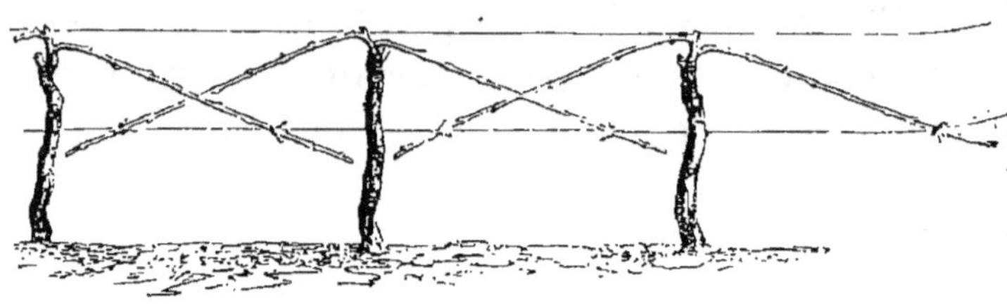

Gravure 58.

pouvoir attacher les branches fruitières d'un cep au
cep voisin (grav. 59). Dans l'un comme dans l'autre

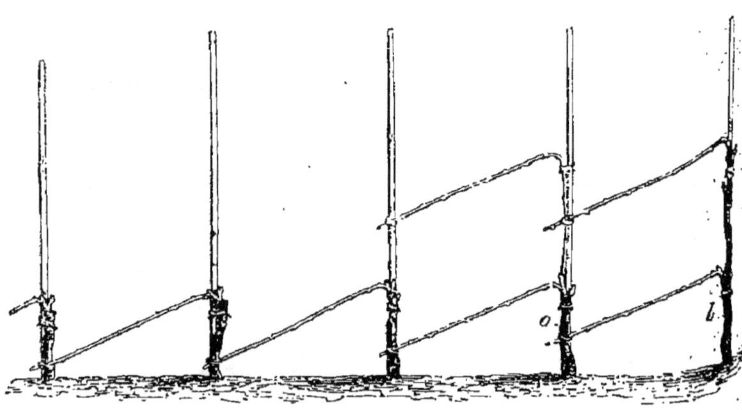

Gravure 59.

cas, on pourra avoir, soit une, soit deux branches
fruitières. Dans ce dernier cas, la dernière branche
fruitière pourra prendre naissance dans le voisinage
de la première, se prolonger verticalement, puis être
inclinée à la hauteur convenable, tel qu'on le voit

sur le pied *a* (grav. 59); ou bien elle pourra être prise plus haut, sur une partie plus âgée qui sera la continuation du cep, et alors inclinée presque dès son point de départ, ainsi que le montre le cep *b* de la même gravure. Mais on pourra aussi, afin d'éviter les confusions qui résultent parfois du croisement des branches fruitières, incliner celles-ci du même côté, et cela quel que soit le nombre de branches fruitières qu'on adopte.

Quelle que soit la forme adoptée, les principes restent les mêmes ; il n'y a toujours que des pinçages à faire sur les branches coursonnes et à réserver autant de branches de remplacement qu'il y a de branches fruitières, en se rappelant toutefois que, lorsque des branches de remplacement viennent à manquer, on conserve les anciennes branches fruitières, qu'on taille sur courson, mais alors qu'il est parfois bon d'incliner un peu plus ces dernières, afin de faciliter la sortie des branches de remplacement.

Voici encore un autre mode de taille à longs bois, pouvant être appliqué, pour ainsi dire, sans frais. Ce procédé est une modification du système Hooibrenk; on le doit à M. Duchêne-Thoureau, propriétaire-vigneron à Châtillon-sur-Seine. Quoiqu'il ait beaucoup d'analogie avec les précédents ainsi qu'avec un autre procédé très-ancien (les *piques*), il diffère néanmoins des uns et de l'autre.

Système Duchêne-Thoureau. — Voici en quoi consiste ce système : le cep étant taillé, avec ou sans coursons (ici nous en supposons un), mais avec un

long bois (grav. 60 *a*), on fait une torsion à ce dernier, par exemple au point *b*, de ma-
nière à incliner le sarment, à partir
de cette torsion, pour en amener l'extrémité en terre et former avec le sol
un angle bien prononcé d'environ 115
degrés (grav. 61). En opérant cette torsion, on devra faire en sorte que les
yeux se trouvent sur les côtés du long
bois, et non les uns en dessus et les
autres en dessous ; cela, du reste, est
facile, les sarments de vigne étant un
peu déprimés et ayant les yeux placés
presque distiquement de chaque côté
de la partie élargie. Si l'on craignait
que le long bois s'enracinât, on pourrait, ainsi qu'on le fait parfois pour les
piques, supprimer l'œil de l'extrémité;
mais cela n'est pas nécessaire, car, la
vigueur étant un peu affaiblie par la
torsion, l'enracinage a très-rarement
lieu.

Au bout de peu de temps, le pli est
pris, et il se forme à l'angle une sorte

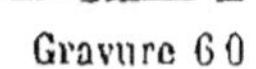

Gravure 60

d'ankylose, de manière que le sarment conserve son
inclinaison, lors même qu'il est arraché du sol. Il
est inutile de dire que tous les travaux de surveillance, tels que le pinçage des bourgeons fructifères,
les soins nécessaires pour obtenir des branches de
remplacement, etc., devront être donnés en temps
opportun ; en un mot, il faut, chaque année, procé-

der, pour cette forme, absolument comme il a été dit précédemment.

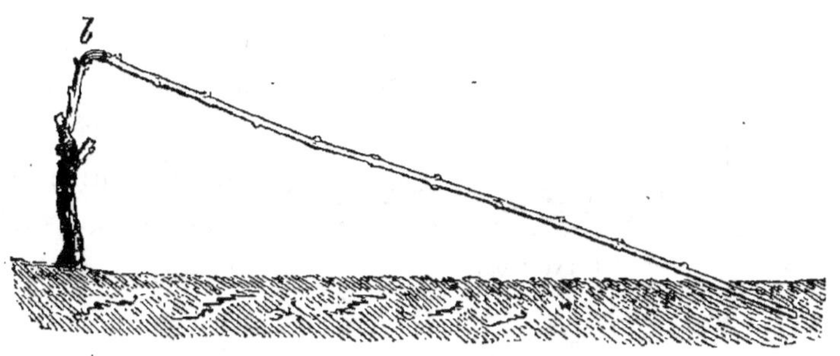

Gravure 61.

Il y a certaines variétés de vignes dont le bois, très-gros, très-moelleux et sec, se plie difficilement, de sorte qu'il ne serait guère possible d'incliner les sarments sans les rompre. Dans ce cas, il faut, auparavant, les tordre légèrement au point d'où doit partir l'inclinaison.

Système dit des piques. — Ce mode de conduite de la vigne, pratiqué dans certaines localités depuis un temps immémorial, a une très-grande analogie avec ceux dont nous venons de parler (dont il paraît être le point de départ), mais tout particulièrement avec le système imaginé par M. Duchêne-Thoureau, dont il diffère surtout en ce sens qu'il n'y a pas d'angle et qu'on ne pratique point la torsion de la branche fruitière.

La seule différence que présente ce système se trouve dans la disposition des longs bois qui, lors de la taille, au lieu d'être inclinés sous un angle régulier d'environ 115°, sont courbés et forment un arc

Gravure 62.

de cercle plus ou moins prononcé (grav. 62), pour s'abaisser ensuite à peu près perpendiculairement vers le sol, dans lequel ils s'en-

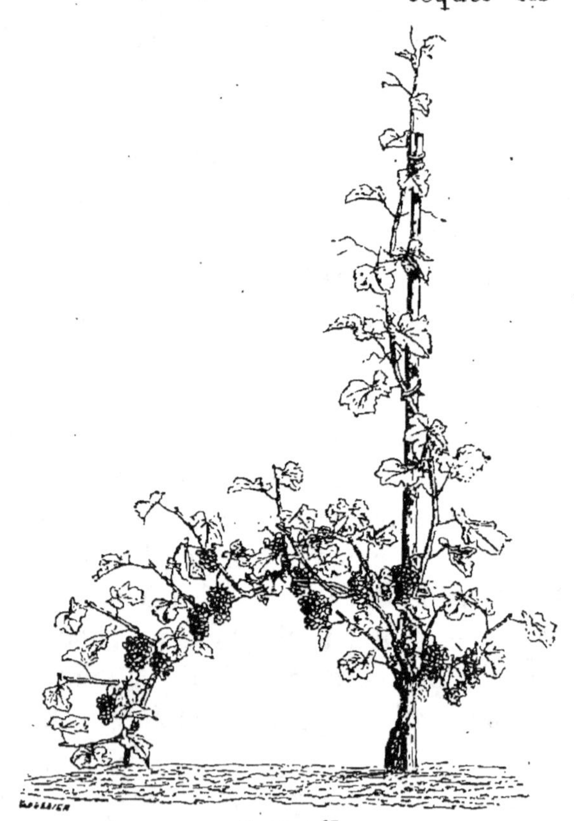

Gravure 63.

foncent par leur extrémité, d'où le nom de *pique-*

Tous les bourgeons qui se développent le long du sarment courbé sont pincés à une ou à deux feuilles au-dessus de la dernière grappe (grav. 63). Quant au sarment de remplacement, il est pris à la base de la pique, sur un œil de celle-ci, ou mieux sur l'un des yeux des coursons, car, dans ce cas aussi, on peut, avec le long bois, conserver quelques coursons pour avoir des fruits. Un tuteur placé au pied du cep sert à attacher les sarments de remplacement.

On est dans l'habitude, pour empêcher la partie du sarment qui est enterrée de développer des racines, d'en enlever tous les yeux avec la serpette avant de les mettre en terre.

Ce système, lorsqu'il est pratiqué avec soin, donne d'excellents résultats ; sa simplicité d'exécution le met à la portée de toutes les intelligences. On en voit de très-beaux exemples dans les vignes près de Saint-Cloud.

Système Guyot. — Ce système qui, comme les précédents, repose sur le renouvellement annuel des longs bois, consiste à obtenir chaque année, et pour chaque cep, au moins deux sarments, dont l'un, destiné à porter du fruit, est abaissé et placé horizontalement, tandis que l'autre, qu'on taille sur deux yeux, doit donner une branche de remplacement en même temps qu'il peut donner quelques grappes de raisin. Les autres coursons, lorsqu'il y en a, doivent être traités comme on a l'habitude de le faire, afin d'en obtenir des raisins.

La qualification que porte ce mode de taille vient

de ce qu'il a été recommandé tout particulièrement par M. Guyot, qui l'a vulgarisé et généralisé en le faisant reposer sur des principes qui permettent de le raisonner et, pour ainsi dire, d'en prévoir les résultats.

N'ayant pas à revenir sur la plantation, non plus que sur le mode d'éducation des ceps, il nous sera facile, en peu de mots et à l'aide de deux gravures seulement, de faire comprendre ce mode de taille.

Gravure 64.

Cela nous sera d'autant plus facile qu'il ne diffère du *système Hooibrenk*, que nous avons décrit, que par la disposition des branches fruitières, qui sont placées horizontalement au lieu d'être abaissées d'au moins 22 degrés au-dessous de l'horizontalité.

Ainsi un cep étant donné (grav. 64), on taille les petits sarments soit à un œil, soit à deux yeux, ou bien, s'ils sont inutiles, on en fait la suppression totale. Des deux sarments principaux *a*, *b*, l'un est taillé à courson pour en obtenir une branche de remplacement; l'autre, qu'on allongera d'environ 50 centimètres, sera placé horizontalement (grav. 65), soit sur un fil de fer, soit sur une gaulette, soit tout simplement en attachant son extrémité à un piquet, ou bien encore au cep voisin. Tous les autres soins consistent à surveiller le développement des sarments, à supprimer ceux dont on n'a pas besoin, à pincer les autres à une ou à deux feuilles au-dessus de la dernière grappe, et surtout à protéger les sarments de remplacement. On opère exactement de même les années suivantes, c'est-à-dire qu'on supprime la branche qui a porté des fruits, et qu'on la remplace par celle qu'on a laissée pousser dans ce but, de manière à obtenir de nouveau ce que montre la grav. 65.

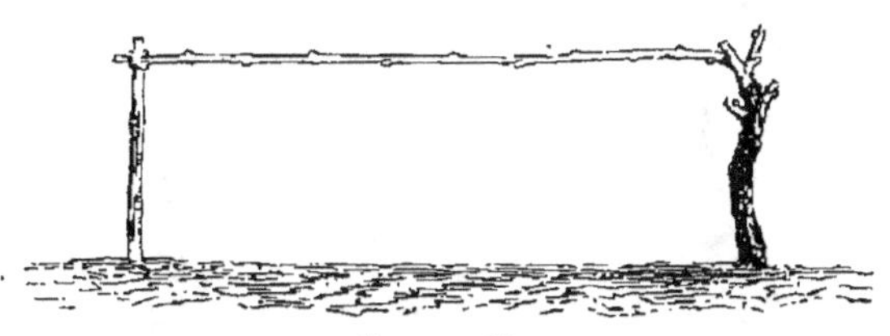

Gravure 65.

De même que dans tous les autres systèmes de taille à longs bois, s'il arrivait qu'une branche de remplacement vînt à manquer, on pourrait conserver la branche fruitière, que l'on taillerait sur coursons, ainsi que nous l'avons déjà dit.

Système en arceaux ou en lunettes. — Bien que reposant sur les mêmes principes que les précédents, ce système en est néanmoins distinct. Indépendamment des coursons, chaque cep présente un ou deux longs bois, qui, d'après la position qu'on leur fait prendre, présentent à peu près toutes les inclinaisons.

Le nom par lequel on désigne cette taille vient de
la position que l'on fait prendre aux longs bois ou
branches fruitières qui représentent une sorte de
cercle (grav. 66), ou même deux cercles opposés

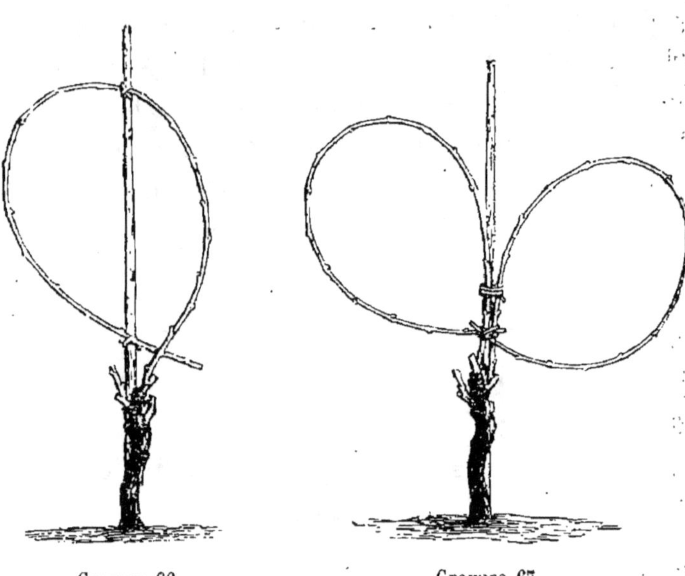

Gravure 66.   Cravure 67.

l'un à l'autre (lorsqu'il y a deux sarments) (grav. 67),
d'où l'allusion à une paire de lunettes. Il est bien
clair que cette régularité dans la disposition des deux
longs bois n'existe pas toujours, et qu'il arrive fréquemment que l'un est plus élevé que l'autre.

Pour obtenir cette forme, on commence par constituer la tige ou membre, puis on tire quelques coursons qu'on traite pour avoir du raisin. Lorsque le
cep est bien établi, indépendamment des coursons,
on conserve un long bois que l'on contourne sur lui-

même en rattachant son extrémité à un tuteur (grav. 66). Chaque année on recommence un travail analogue en rapprochant un peu la branche de remplacement, de manière à ne pas prolonger outre mesure le membre et à lui conserver, au contraire, à peu près les mêmes dimensions. Les branches de remplacement, de même que les branches fruitières, sont traitées comme il a été dit ci-dessus.

De même que pour toutes les autres formes, on conserve, suivant la force du cep, une ou deux branches de remplacement; de là un ou deux arceaux (grav. 66, 67). Lorsqu'on conserve deux longs bois, on se trouve bien, pour éviter la confusion, de mettre deux échalas, afin d'attacher et d'isoler les branches de manière que les raisins reçoivent le plus possible de lumière et de soleil.

Dans les endroits où la gelée est à craindre, là où elle peut exercer ses ravages, on laisse les longs bois flotter librement dans l'air, et on ne les attache que lorsque la gelée n'est plus à redouter.

Tous les autres travaux consistent à surveiller le développement, à arrêter les sarments trop vigoureux lorsqu'ils ont dépassé les dimensions qu'on recherche, à supprimer les parties inutiles ou qui font confusion, à pincer les bourgeons fructifères à un œil ou à deux yeux au-dessus de la dernière grappe, à protéger et à attacher les branches de remplacement, qui, l'année suivante, doivent à leur tour être arquées.

Quant aux coursons, il va de soi qu'on doit chercher à les raccourcir de temps à autre, en taillant sur les bourgeons qui repercent parfois près de leur base (grav. 89 *a*), et qu'on en diminue ou qu'on en augmente le nombre en raison des besoins.

Système Aubry ou en S. — Le mode de culture que nous qualifions de *système Aubry*, est pratiqué depuis un certain nombre d'années par M. Aubry, vigneron très-intelligent, demeurant à Thorigny, près Lagny (Seine-et-Marne); c'est un système très-simple et très-bon qui tend à se répandre de plus en plus. On lui donne parfois aussi le nom de *système en* S, parce que les longs bois, par les courbes successives qu'on leur fait subir, rappellent un peu la forme de cette lettre (grav. 68).

Pour pratiquer ce système, après avoir élevé l'unique tige ou membre à la hauteur où on désire l'avoir, on tend un fil de fer *a a* sur lequel on incline les branches fruitières, dont on relève l'extrémité de manière à leur faire décrire soit une, soit plusieurs courbes, suivant la longueur des sarments ; chaque cep porte également un échalas (grav. 68), après lequel on attache les branches de remplacement ; ou bien encore on soutient celles-ci soit à l'aide d'un autre fil de fer, soit par tout autre moyen.

Cette forme est avantageuse tant au point de vue du produit qu'au point de vue de la végétation ; les avantages qu'elle présente sont principalement dus à la position des sarments, dont les courbes successives modèrent l'ascension de la séve et l'empêchent de s'emporter ; la séve excite alors plus régulièrement le développement de tous les yeux des sarments. Un autre avantage qui résulte de l'usage de cette forme,

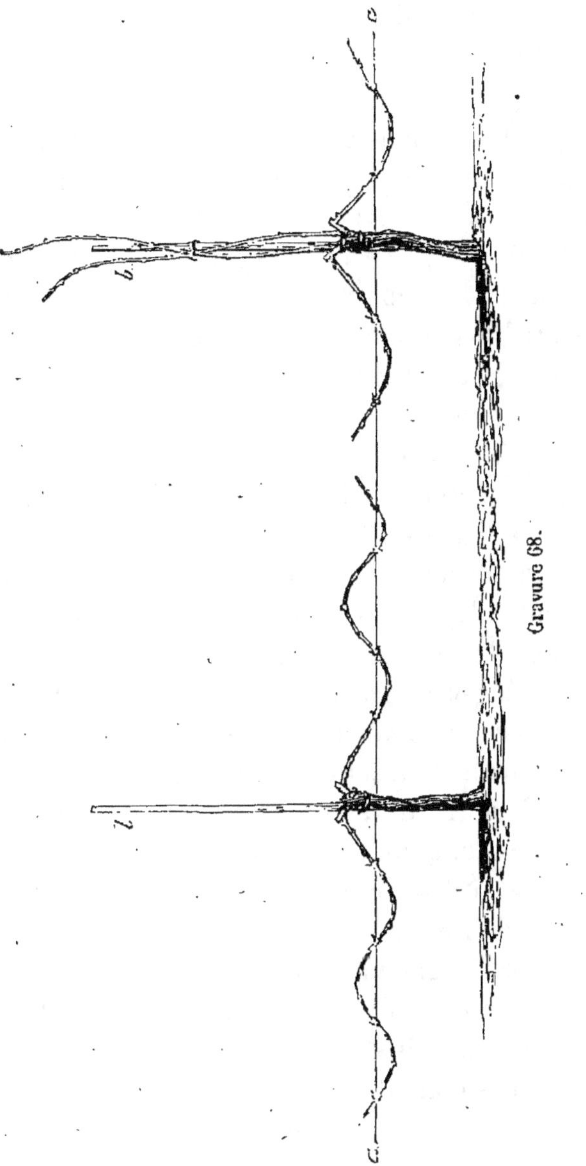

Gravure 68.

c'est que les courbes multiplient considérablement

les surfaces, de sorte qu'un long sarment n'occupe relativement qu'une petite étendue.

Les principes sur lesquels repose le *système Aubry* sont les mêmes que ceux que nous avons indiqués précédemment, c'est-à-dire que, chaque année, on doit s'assurer le nombre de branches de remplacement dont on a besoin. On peut aussi, en dehors de ces branches, conserver un ou deux coursons qui donnent des raisins. Quant aux rangées de fil de fer, il va sans dire qu'on pourrait en augmenter le nombre suivant le besoin et les conditions dans lesquelles on se trouve placé. Si, par exemple, on voulait palisser les bourgeons fructifères, il est bien clair qu'il faudrait une seconde ligne de fil de fer. Il est aussi bien entendu que le pinçage des bourgeons doit être régulièrement exécuté d'après les principes indiqués précédemment, et que les branches de remplacement doivent être protégées et attachées avec soin. Mais s'il arrivait par hasard que quelques-unes ne se développassent pas, ou bien qu'elles fussent trop faibles, on conserverait les branches fruitières qu'on taillerait alors sur coursons, à moins toutefois qu'il y ait avantage à revenir tout de suite sur un courson placé près du point de départ de l'inclinaison.

On peut également avoir deux longs bois par chaque cep et les disposer soit du même côté (système unilatéral), soit des deux côtés (système bilatéral). Si les ceps étaient bien éloignés les uns des autres et que les sarments fussent très-longs, on pourrait leur faire décrire plusieurs courbes de manière à représenter plusieurs S placées à la suite les unes des autres.

Système Delaville aîné. — L'auteur de cette méthode de culture de la vigne, M. Delaville aîné, lui a donné le nom de *vigne en cordon bisannuel*, nom que nous n'adoptons pas, parce qu'à nos yeux il n'a rien de caractéristique. En effet, tous les modes de taille à longs bois, ou plutôt tous les modes de taille imaginables peuvent être dits *bisannuels*, puisqu'on n'obtient de raisins que sur du bois qui prend sa deuxième année, et que ce bois n'en donne qu'une fois. Quant au mot *cordon*, il n'a pas non plus de signification particulière, un cordon pouvant être oblique, horizontal, penché, etc.; il y a plus, ce mot cordon emporte avec soi l'idée d'une chose droite, ce qui n'a pas lieu ici tant s'en faut. Ce système, auquel nous donnons le nom de son inventeur, a beaucoup de rapport avec le *système Aubry*, que nous venons de décrire; il en diffère néanmoins notablement par la disposition qu'on fait prendre aux sarments. Voici en quoi il consiste :

Dans une plate-bande adossée à un mur, on plante de jeunes ceps, à 0^m,35 l'un de l'autre. La première année, lorsque la végétation est bien partie, on fait choix, sur chaque cep, d'un beau sarment dont on favorise le développement; on pince les autres ainsi que les entre-feuilles; on palisse verticalement le sarment conservé, afin de ne pas gêner sa croissance. L'année suivante, on rabat tous les ceps à 0^m,20 environ du sol, sur un bon œil duquel devra sortir un sarment vigoureux qu'on doit protéger, en faisant subir des pinçages à ceux qui pourraient se développer auprès de lui; on pince également, à un ou à deux yeux, tous les entre-feuilles ou contre-bour-

geons qui se développent sur le sarment principal
qui, cette fois, au lieu d'être palissé verticalement, le
sera en zigzag ou en serpenteaux (grav. 69), de manière

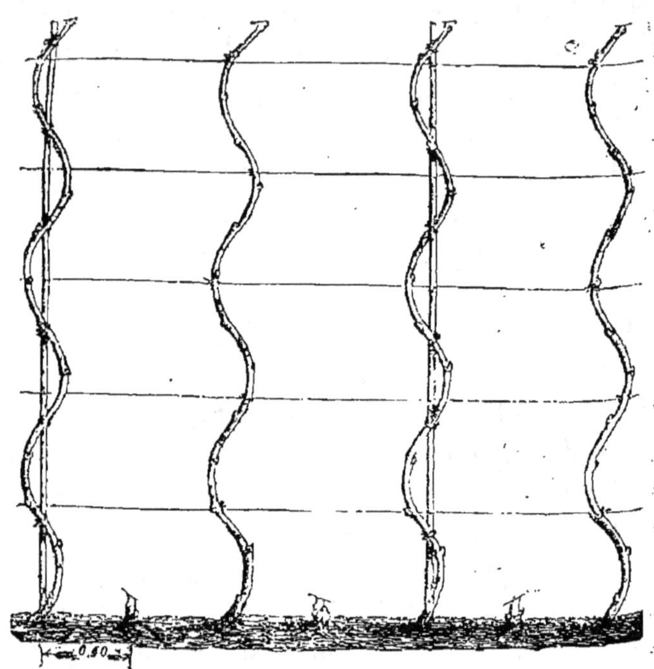

Gravure 69.

que les courbes, en modérant l'ascension de la sève,
nourrissent mieux les yeux, qui, alors, sont plus disposés à donner des raisins.

A la troisième année on taille à 0^m,30 environ du
sol, alternativement, un cep sur deux (grav. 69). Les
autres sont conservés presque entiers pour produire
du raisin, ainsi que le montre la gravure 70. Quant
aux ceps qui ont été taillés (on pourrait dire *rabat-*

tus), ils doivent, à leur tour, produire des sarments destinés à fructifier l'année suivante; on les traitera donc ainsi qu'il a été dit ci-dessus et que le montre la gravure 70.

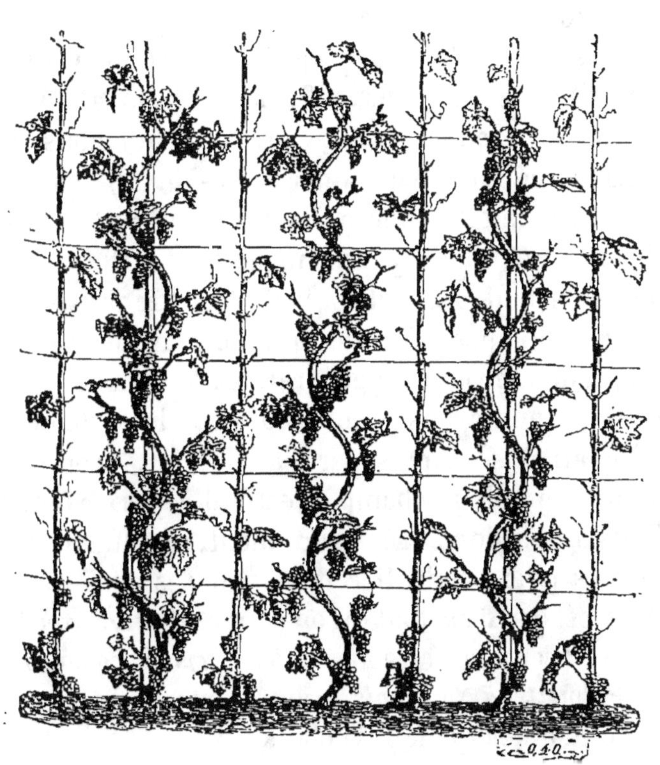

Gravure 70.

Voici comment M. Delaville, à qui nous empruntons ces détails, termine son article :

« A l'approche des gelées, je coupe à 0^m,50 du sol mes pieds de vigne chargés de leurs grappes, et dans toute leur longueur : je les porte au fruitier ou je les

place dans de grandes bouteilles pleines d'eau; je
palisse mes brins le long des murs d'un fruitier, et
pendant tout l'hiver je coupe des raisins frais comme
s'ils étaient sur la treille. »

N'ayant pas cultivé la vigne d'après ce mode, nous
ne garantissons rien de ce qui vient d'être dit; nous
en laissons toute la responsabilité à M. Delaville, qui
l'a fait connaître dans la *Revue horticole* (1863, p. 9);
et qui en a donné les deux gravures que nous reproduisons ici sous les numéros 69-70. S'il nous était
permis d'émettre une opinion sur ce système, nous
dirions que nous y reconnaissons certains inconvénients dont la gravité suffirait pour le proscrire.

Les principes généraux que nous avons posés s'appliquent à la vigne en général, mais les conséquences
que nous en avons tirées (sauf pour le système Delaville aîné) sont plus particulièrement propres aux
vignes en plein champ, c'est à-dire aux vignobles.
Nous allons donc, très-brièvement, indiquer quelques
formes plus particulièrement propres aux espaliers.
Il en est deux surtout qu'on peut pratiquer avec beaucoup d'avantage; ce sont : la *Thomery-Rocquencourt* et
la *Palmette à sarments inclinés*, sur lesquelles nous
allons donner quelques détails.

Forme Thomery-Rocquencourt. — Pour établir
une vigne d'après cette forme, on plante le long d'un
mur, dans un sol bien préparé, sans les coucher, à
environ 0^m,40 l'un de l'autre, des jeunes ceps bien
portants. Comme, pendant les deux premières années, on ne tient pas à la régularité, on s'attache

seulement à obtenir des sarments vigoureux, longs et bien nourris, et, à mesure qu'ils sont suffisamment forts, on les attache à la place qu'ils doivent occuper.

Pour éviter les tâtonnements, pour ne pas faire, comme on dit, de fausses coupes, on fera bien de tracer sur le mur le dessin que devra former la treille, ou, mieux encore, d'établir contre le mur un treillage a, a, a, etc., qui ait exactement la forme de celle que devra prendre la treille (grav. 71); de cette manière le travail deviendra facile. Un coup d'œil jeté sur la gravure ci-contre fera mieux comprendre ce système que toutes les explications que nous pourrions donner : contre le treillage a, a, a, on voit les pieds de vigne b, b, b. Chaque année on conserve sur ces ceps, et au point convenable, un bourgeon dont on favorise le développement, et qui deviendra branche de remplacement d, d, d, etc.; cette branche doit partir de la base de la partie inclinée, et le plus près possible du point où commence la courbure, par exemple aux points c, c, c, etc. Si cependant l'œil le mieux placé pour constituer une branche de remplacement était trop faible, ne se développait point ou se développait mal, on prendrait le bourgeon le plus voisin, par exemple le bourgeon e, cep A, sauf à faire développer plus tard un autre bourgeon à la place qu'il doit régulièrement occuper. Si, contre toute probabilité, il ne s'en développait aucun de convenable, on conserverait entière toute la partie inclinée, que l'on taillerait alors sur courson, ainsi qu'il a été dit précédemment et que le démontre la grav. 54.

Les branches de remplacement seront traitées

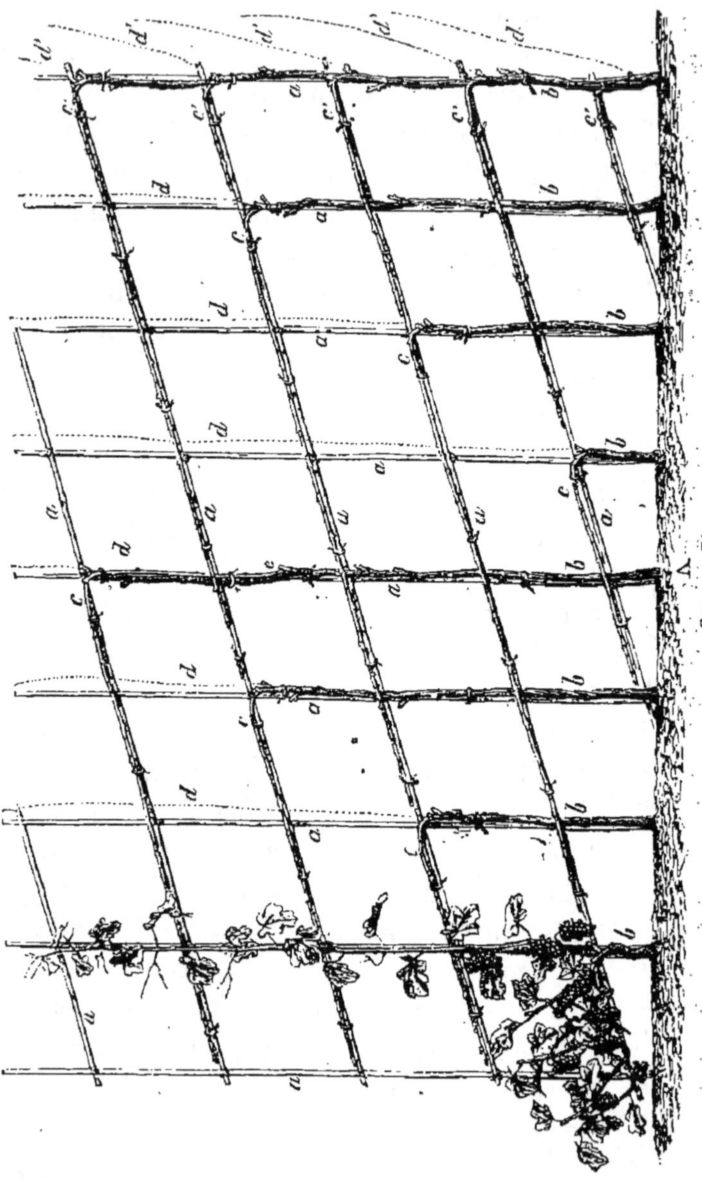

Gravure 71.

comme d'habitude, c'est-à-dire qu'on n'en supprimera que la partie supérieure des entre-feuilles, à moins toutefois que certaines branches aient une longueur démesurée et qu'elles puissent faire confusion; dans ce cas, on en arrête l'élongation, lorsqu'elles ont acquis la longueur dont on a besoin. Quant aux bourgeons fructifères qui se développent sur les branches inclinées, on les pince à une ou à deux feuilles au-dessus de la dernière grappe, aussitôt que celle-ci est apparue, et on les palisse lorsqu'ils sont assez forts.

On peut aussi, afin de garnir complétement le treillage, prendre sur le dernier cep placé à gauche du dessin autant de sarments qu'on en a besoin, et les incliner de manière à avoir les branches fruitières représentées par les lettres $c'c'c'$ et en faisant ensuite chaque année développer près de leur base des branches de remplacement $d'd'd'$, etc.

Afin de ne pas trop charger le dessin et de ne point trop compliquer les détails, nous n'avons indiqué le développement foliacé que sur l'un des ceps, sur celui qui, dans la gravure, est placé le premier à droite. Quant aux autres branches de remplacement, elles sont seulement indiquées par un trait pointillé; on les attache soit au treillage, soit à des fils de fer. Il va sans dire que, si les ceps sont très-élevés, on peut tirer dessus quelques coursons qu'on pince sévèrement et qu'on tient courts, dans le seul but d'avoir des raisins, en ayant soin toutefois d'éviter la confusion et de laisser assez d'espace pour que toutes les grappes puissent être suffisamment insolées.

Palmette à sarments inclinés. — Cette forme, des plus simples et des plus faciles à pratiquer, bonne au point de vue du produit, a encore l'avantage d'être expéditive ; on peut, par son emploi, obtenir en six ans des résultats qu'on n'obtiendrait parfois point en douze ans par les moyens ordinaires. Pour expliquer la formation d'une palmette à branches inclinées, nous ne répéterons pas tout ce qui a rapport aux travaux qui concernent la plantation ; nous n'indiquerons pas, non plus, les divers traitements qu'on doit faire subir aux plants pendant les premières années ; nous supposerons ceux-ci âgés de trois ans, et ayant développé chacun un beau sarment (grav. 72, *a*). Lorsqu'ils sont ainsi développés, on supprime complètement les deux sarments qui sont à la base, ou bien on les taille, soit à un œil, soit à deux yeux, pour avoir du raisin, et constituer même des bras si ces yeux sont bien placés pour cela ; quant au sarment vertical *a*, il doit être incliné ainsi que le montre la gravure 60, mais il ne doit pas être tordu. Pendant l'été, les yeux se développent en bourgeons et on obtient alors ce

Gravure 72.

qu'on voit dans la gravure 73. On laisse les bourgeons *a*, *a*, *a*, etc., se développer en liberté, à moins toutefois qu'ils prennent des dimensions démesurées, auquel cas on les arrête à la longueur qu'ils devront avoir lorsqu'ils seront arrivés à l'état de branches fruitières, mais on en pince les entre-feuilles.

Gravure 73.

Vers la fin de l'été, lorsque tous les bourgeons sont bien développés, qu'ils sont suffisamment aoûtés, on peut relever cette branche inclinée et la placer verticalement, et l'on a alors ce que montre la gravure 74. Les bourgeons latéraux, *a*, *a*, *a*, *a*, etc., seront dressés, penchés, etc., suivant le besoin, et même, s'ils sont faibles, on pourra les laisser pousser en toute liberté, et, dans ce cas, pour empêcher qu'ils se cassent, on les attache lâchement afin de n'en pas gêner la croissance. Il ne faudrait pas, dans l'unique but d'obtenir une parfaite régularité, s'exposer à rompre ces bourgeons; l'essentiel est de les avoir, car lorsqu'ils seront bien aoûtés, rien ne sera plus facile que de leur faire prendre telle direction qu'on voudra.

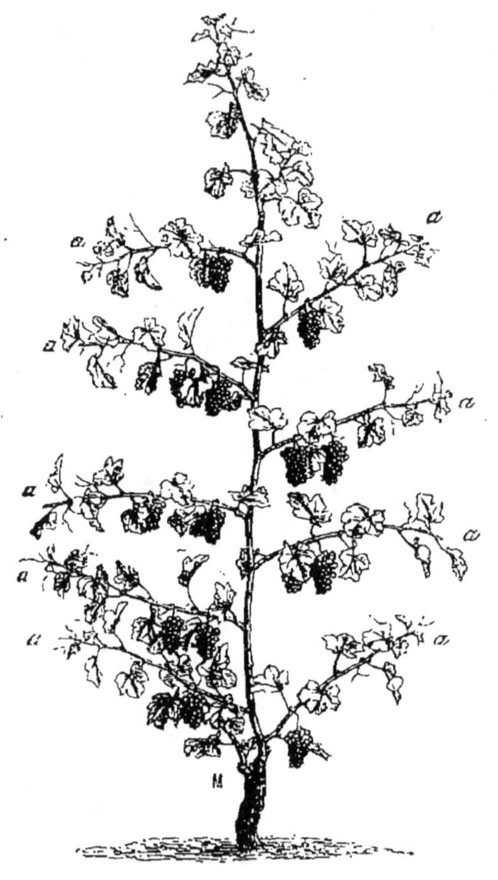

Gravure 74.

Quant au sarment terminal, il ne faut presque jamais l'arrêter, ou du moins il faut le laisser pousser très-long, puisque c'est de lui que dépend l'extension de la palmette. Lors de la taille, on conserve tous les sarments latéraux pour constituer les bras de la palmette en les inclinant de manière à avoir à peu près ce que montre la gravure 75. On laisse ces bras

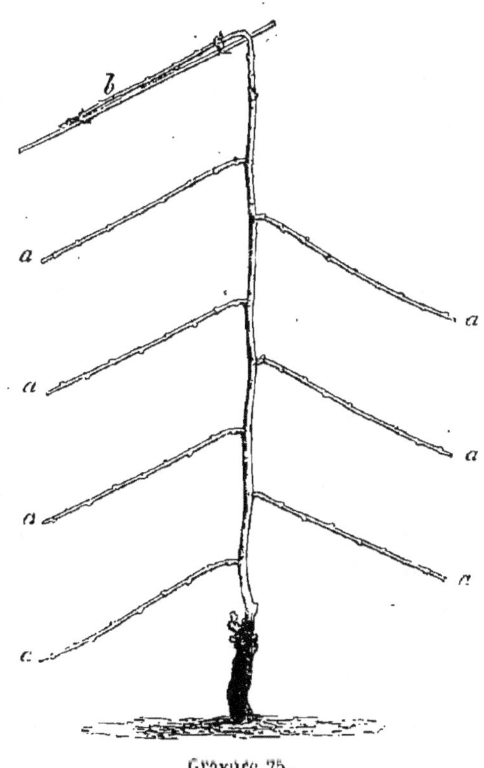

Gravure 75.

entiers, ou bien, s'ils sont trop longs ou trop faibles, on les rogne à la longueur convenable, suivant le cas. Si parfois ces bras étaient trop serrés, on pourrait en supprimer quelques-uns; si au contraire ils ne l'étaient pas suffisamment, qu'il existât des vides, il n'y aurait pas à s'en préoccuper, car, par le fait de l'inclinaison, la séve, refoulée vers la tige, ferait développer sur celle-ci un grand nombre de bourgeons parmi lesquels on prendrait ceux dont on a besoin. Chaque année, à l'époque de la taille, lors du dressage, on devra incliner non-seulement les sarments latéraux (grav. 75, *a*), mais même le sarment terminal vertical *b* (même gravure), de manière à en faire développer tous les yeux en bourgeons, ainsi qu'on l'a fait la première année, afin de prolonger la palmette. On traite ce sarment incliné absolument comme on a fait de celui de l'année précédente, c'est-à-dire qu'on le relève verticalement lorsque ses bourgeons seront développés, de manière à constituer les bras de la palmette dans cette nouvelle partie. Pour faciliter le relevage de la branche terminale inclinée, on a soin, lorsqu'on incline au moment de la taille, d'y mettre une petite gaulette, *b*, de manière que le tout se tenant, on n'est pas exposé à le rompre lorsqu'on le relève vers la fin de l'été, après l'évolution des bourgeons. Lorsqu'on ne tiendra pas à aller très-vite dans la formation des palmettes, on pourra se dispenser d'incliner le sarment axe; seulement, au lieu de le laisser pousser presque indéfiniment, on l'arrêtera lorsqu'il aura une certaine longueur en rapport avec sa force, de manière qu'à peu près tous les yeux qu'il porte, bien constitués, puissent se développer l'année suivante.

Chaque année, à l'époque de la pousse, on doit s'assurer un bon bourgeon pour remplacer chacune des branches fruitières inclinées; on doit prendre ces bourgeons aussi bas que possible, c'est-à-dire au point de départ, même de la branche à remplacer (grav. 76, *a*). Tous les autres bourgeons fructifères

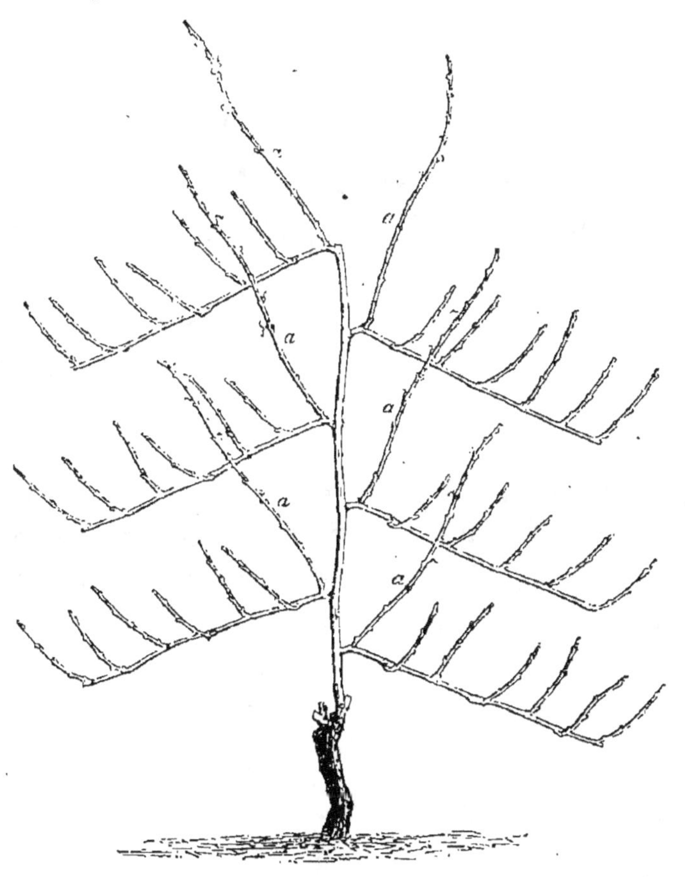

Gravure 76.

sont pincés à une ou à deux feuilles au-dessus de la dernière grappe; les entre-feuilles sont également pincés soit à un œil soit à deux yeux. Toutefois, s'il arrivait qu'une branche de remplacement vint à manquer, on conserverait la branche fruitière inclinée, bien qu'elle ait fructifié, et on taillerait sur courson (grav. 77, *a*, *a*, *a*, *a*, etc.); ou bien encore

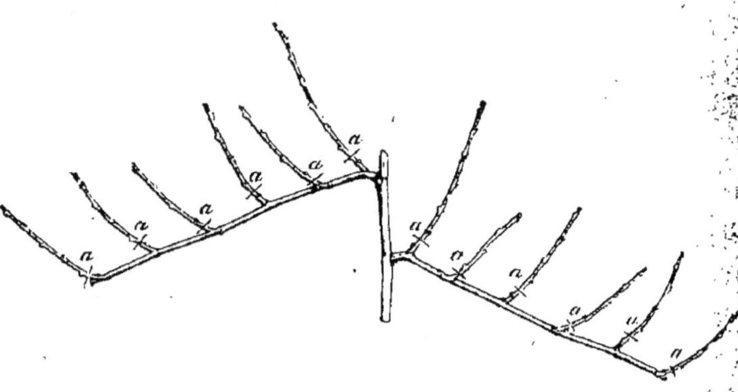

Gravure 77.

on supprimerait tous les sarments maigres, l'on ne conserverait que les plus gros, dont les yeux sont bien nourris, on les rognerait à une longueur convenable, et on les coucherait sur la partie inclinée à

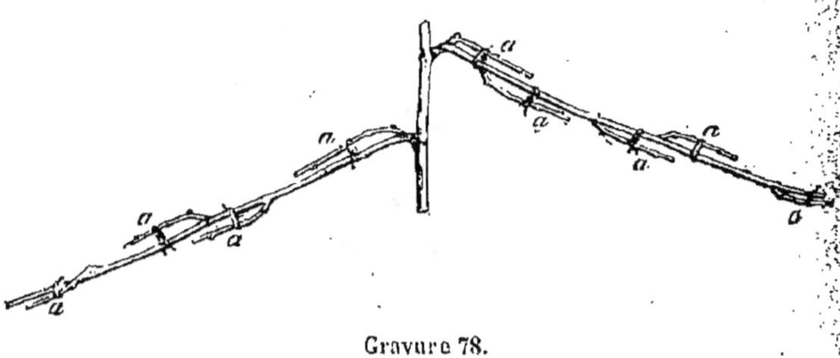

Gravure 78.

venable, et on les coucherait sur la partie inclinée à laquelle on les attacherait (grav. 78, *a*).

La distance à mettre entre chaque cep, lorsqu'on veut former des *palmettes à sarments inclinés*, doit être en moyenne, de 1^m,50, de manière que les branches fruitières, placées de chaque côté de la tige, puissent atteindre environ 0^m,60 à 0^m,75.

Si la branche terminale inclinée, qui doit prolonger la palmette, ne se développait pas bien, on choisirait, pour la remplacer, le bourgeon le mieux placé, dont on favoriserait le développement; lors de la taille on inclinerait ce bourgeon à la hauteur nécessaire, et on le traiterait ainsi qu'il a été dit ci-dessus.

A la suite de la palmette à branches inclinées, et de la *forme Thomery-Rocquencourt*, se place tout naturellement une forme intermédiaire, le *cordon horizontal à branches fructifères inclinées* (grav. 79).

Cordon horizontal à branches fructifères inclinées. — Pour obtenir les sarments sur ce cordon de vigne en T, on opère absolument comme pour en obtenir dans toute autre circonstance, c'est-à-dire qu'on pince les bourgeons, dont on n'a pas besoin, soit à une, soit à deux feuilles au-dessus de la dernière grappe, et qu'on laisse pousser davantage les sarments que l'on destine à servir de branches de remplacement, en ayant soin, sur les uns comme sur les autres, de pincer les entre-feuilles.

Afin de bien faire comprendre le travail, sans cependant trop multiplier les dessins, on a seulement taillé et dressé l'un des côtés (le droit) du cep, représenté par la gravure 79, c'est-à-dire qu'on en a en-

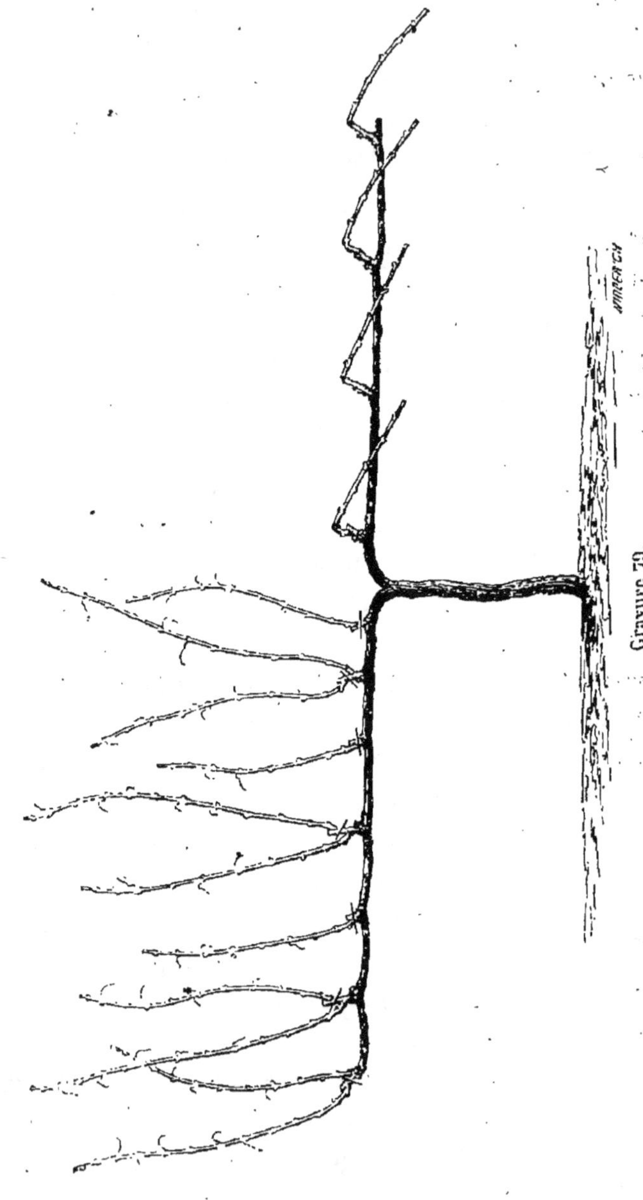
Gravure 79.

levé tout ce qui était inutile, et qu'ensuite on a attaché les bons sarments (branches fruitières) sur la mère, en leur faisant décrire un angle d'environ 115°. Le côté gauche, au contraire, auquel on n'a pas touché, c'est-à-dire qu'on n'a point dressé, laisse voir quelques parties inutiles qu'on avait conservées parce qu'elles portaient du raisin, mais qu'on devra supprimer soit afin de conserver les distances, soit parce qu'elles sont disgracieuses, contraires aux règles, et qu'elles déterminent de la confusion ; les autres sarments seront ensuite taillés, ainsi que l'indiquent les traits, puis inclinés comme le sont ceux du côté droit. Les suppressions à faire sont indiquées par un trait. Toutes les autres opérations, on doit le comprendre, sont exactement les mêmes que celles qu'on applique à la forme *Thomery Rocquencourt*. Chaque année on fait développer une branche de remplacement le plus près possible de la base de la branche fruitière inclinée ; et si, par hasard, quelques-unes d'elles faisaient défaut, on conserverait les vieilles qu'on taillerait alors sur courson ; ainsi qu'il a été dit plus haut.

Cette forme, qui n'est qu'une modification apportée au cordon ordinaire, a néanmoins sur celui-ci l'avantage de mieux nourrir la tige, et ensuite d'être plus productive, chose facile à comprendre, puisque, au lieu de tailler, comme on le fait, sur l'œil le plus près de la base du sarment, par conséquent sur le moins bien nourri, on choisit les meilleurs sarments qu'on conserve plus longs, de sorte que l'on peut être certain d'obtenir du raisin en même temps qu'une branche de remplacement. On peut également, si

Gravure 80.

l'emplacement le permet, planter les ceps plus rapprochés pour en former des cordons horizontaux avec branches fruitières inclinées (grav. 80). Cette dernière forme ne diffère donc de ce qu'on nomme *Thomery* que par la disposition et le traitement des branches fruitières.

Pour rendre la démonstration plus claire, nous avons figuré, dans une partie seulement afin de ne pas trop charger le dessin, l'évolution des yeux de la branche fruitière et le développement de la branche de remplacement ; tous les bourgeons produits par les branches fruitières ont été pincés à une feuille au-dessus de la grappe, ou, lorsque celle-ci faisait défaut, ils ont été supprimés.

Il faut, lorsqu'on pratique ces sortes de taille à sarments inclinés, avoir soin que les coursons soient suffisamment distants, et que les sarments fructifères ne soient pas trop longs, car alors on obtiendrait une très-grande quantité de petits bourgeons, portant peu de belles branches de remplacement, et il en résulterait de la confusion, ce qu'on doit toujours éviter. Le pinçage des branches fruitières doit être fait exactement ; quant aux sarments de remplacement, ils devront être tenus plus courts en raison de l'espace restreint qu'ils doivent occuper. On dira peut-être que cette forme est disgracieuse ; c'est notre avis : aussi, n'est-ce pas au point de vue de l'ornement que nous la recommandons.

Observation sur la taille à longs-bois. — Bien que la vigne pousse avec une telle vigueur, que tous les yeux placés sur un sarment très-long peuvent se développer lorsqu'on les incline d'une certaine manière, il y a cependant des limites qu'il ne faut pas dépasser. Ainsi, lorsque les sarments sont par trop longs, les bourgeons qu'ils émettent restent grêles et ne s'aoûtent pas suffisamment, de sorte que les raisins qu'ils portent ne sont pas nourris et restent petits, sont plus aqueux et, par conséquent, plus mous. De plus, ces sarments maigres sont peu propres à être coursonnés; et, si l'on n'a pas obtenu de branche de remplacement, la récolte suivante peut être plus ou moins compromise; en général, il vaut toujours mieux multiplier davantage les longs-bois et en restreindre les dimensions en longueur.

PROCÉDÉ MIXTE

Procédé mixte de la taille à longs-bois. — La taille à longs-bois, tout le monde le reconnait, est beaucoup plus fructueuse que la taille à coursons; mais certains vignerons assurent que le raisin produit par ces longs-bois est moins bon que celui produit par les coursons, et que, par conséquent, on n'en obtient que du vin de qualité inférieure. Si le fait était bien démontré et que la différence fût considérable, il y aurait peut-être un moyen de concilier ces deux choses. Ce moyen consisterait à avoir, chaque année, sur les ceps une partie de jeune bois, et une autre de bois plus âgé qu'on taillerait alors sur coursons; c'est un système *mixte* dont nous allons dire deux mots. Il n'est pas nécessaire, pour le faire comprendre, d'entrer dans de longs détails, ce que nous avons dit précédemment sur différents modes pouvant s'appliquer à celui-ci. Ainsi, par exemple, lorsqu'on aura deux branches fruitières, on pourra en remplacer une chaque année, tandis qu'on coursonnera sur l'autre (grav. 81). Si,

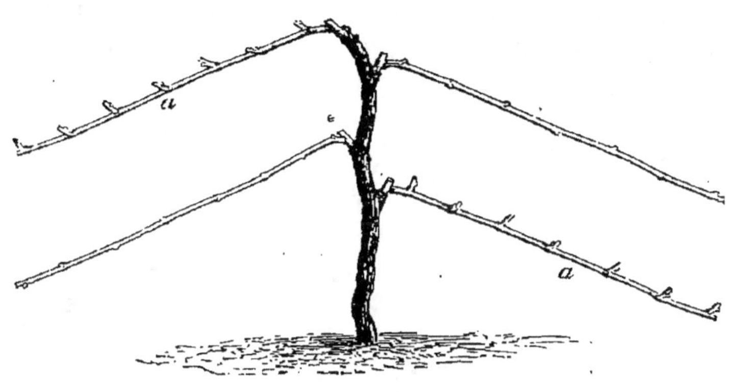

Gravure 81.

au contraire, on en a quatre ou un plus grand nombre, l'opération sera la même, seulement elle sera double. Si l'on n'en a qu'une, la modification ou plutôt l'équilibre pourra être rétabli par quelques coursons. La disposition des branches fruitières n'a aucune importance. Ainsi, celles-ci pourront être inclinées soit du même côté, comme le démontrent les gravures 56, 57, 59 ; elles pourront l'être des deux côtés, comme le démontrent les gravures 58 et 81. Il va de soi aussi qu'on devra faire développer chaque branche de remplacement à la base de celle qui a été coursonnée, puisqu'elle doit la remplacer.

Nous avons déjà dit quelques mots d'une modification que, dans certains cas, on peut apporter à la taille à longs-bois pratiquée en plein champ; la modification dont il s'agit, sur laquelle nous allons revenir, consiste dans l'emploi des *lattes mobiles*.

On donne le nom de lattes mobiles à des sortes de gaulettes contre lesquelles on attache les longs-bois qui deviennent alors mobiles et qu'on peut diriger à volonté (grav. 82). Ces lattes permettent de lever ou

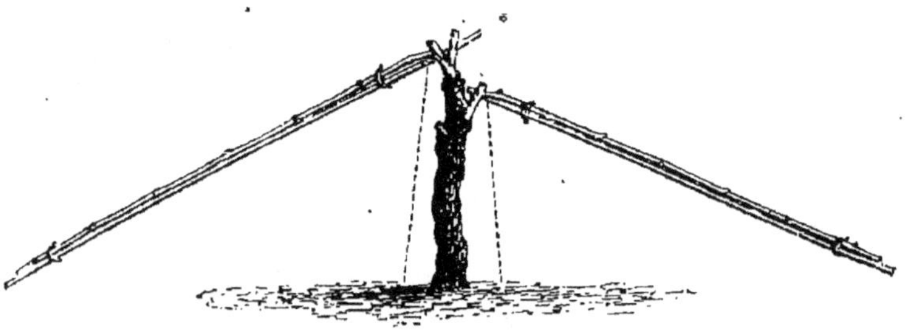

Gravure 82.

d'abaisser les branches, de les écarter ou bien de les resserrer dans un sens ou dans un autre, suivant le besoin qu'on en a. Ainsi, la gravure 82 nous montre les deux longs-bois écartés; les lignes ponctuées de cette figure nous montrent ces mêmes longs-bois resserrés et placés près de la tige. Cette idée, des plus ingénieuses, appelée à rendre d'importants services, a été, nous le croyons, inventée par M. Hooibrenk.

OBSERVATION RELATIVE A LA CONDUITE DE LA VIGNE D'APRÈS L'INCLINAISON DES SARMENTS. — Si nous donnons quelques développements à l'exposé de la méthode basée sur l'inclinaison des sarments, ce n'est pas parce que cette méthode a été recommandée par tel ou tel auteur, mais parce que nous la croyons plus rationnelle au point de vue physiologique. Mais nous ne la donnons pas comme devant être *exclusivement* pratiquée; nous n'en donnons *aucune* comme telle, bien convaincu que les traitements doivent varier suivant les conditions dans lesquelles on se trouve, et la nature du sol ou des cépages qu'on cultive.

Nous devons encore faire observer, — et nous ne saurions trop insister sur ce point, — que, tout en recommandant les longs-bois inclinés, nous ne sommes pas partisans des longueurs démesurées, ce que sembleraient indiquer plusieurs de nos gravures; si nous avons parfois un peu exagéré les dimensions des ceps, c'est pour faire mieux ressortir les faits; les conditions dans lesquelles on se trouve, le but qu'on se propose, la vigueur des ceps ainsi que la grosseur des sarments, sont et seront *toujours* les meilleurs guides. Comme il s'agit, en définitive, d'obtenir des produits, il faut toujours concilier les dépenses avec les *résultats obtenus*, et la *première condition*, pour atteindre ce but, est l'économie de la main-d'œuvre; dans un très-grand nombre de cas, lorsqu'il s'agit de vignes en plein champ, on peut laisser les sarments très-longs, de manière que l'extrémité repose sur le sol, et, très-souvent même, pénètre dans le sol; mais alors, les derniers bourgeons touchant la terre, on les supprime et il ne reste que ceux qui, placés plus haut, seront plus aérés, plus insolés et plus à l'abri de l'humidité; l'extrémité de sarments ne sert alors que de point d'appui.

Système H. Gourdain. — A vrai dire, cette manière

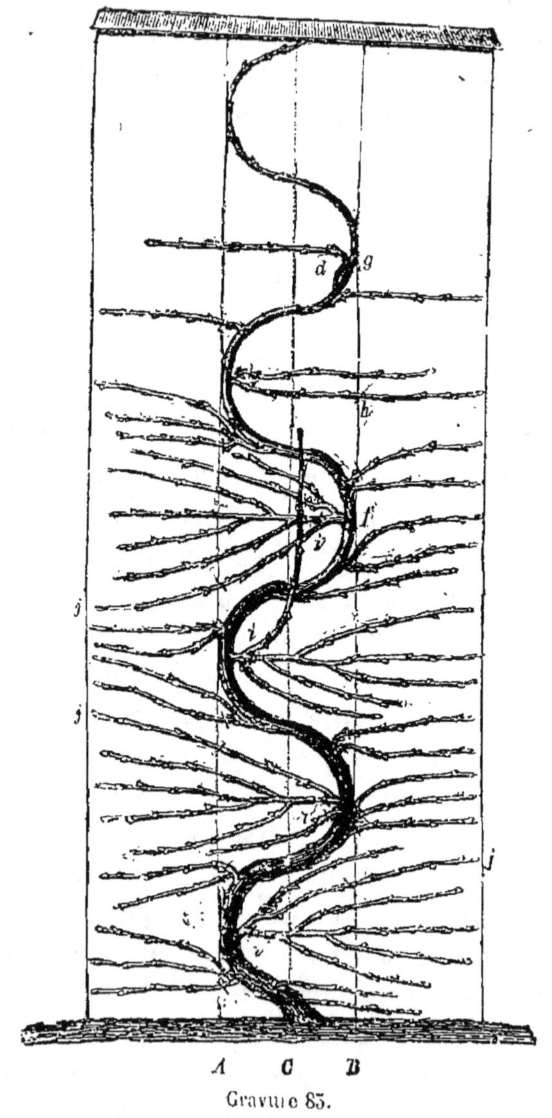

Gravure 85.

de cultiver la vigne ne mérite pas le nom de système;

elle se fond, quant à la forme générale, d'une part, avec *le système Aubry*, de l'autre, avec *le système Delaville* que nous avons décrits plus haut. C'est un mode intermédiaire entre ces deux systèmes et qui se rattache aussi à la taille *à longs-bois* et à *coursons*.

Cette méthode a été préconisée par M. II. Gourdain et décrit par lui dans *la Revue Horticole*; le dessin que nous reproduisons (grav. 83) est celui qu'il a donné à l'appui de sa description.

D'après l'auteur, chaque cep doit occuper une largeur de 1^m,20; il est placé au centre de cet espace, indiqué par la ligne pointillée; parallèlement et de chaque côté de celle-ci, on tire une ligne qui sert de guide pour l'extension à donner aux courbes.

Lorsque les ceps sont bien repris, c'est-à-dire après un ou deux ans de plantation, on les taille à deux ou à trois yeux au-dessus du sol, de manière à obtenir des bourgeons vigoureux parmi lesquels on choisit le plus beau qu'on palisse en serpentaux pour former la tige ; on pince les autres, pour les transformer plus tard en coursons, ou bien on les supprime s'ils sont inutiles. L'année suivante on taille la tige un peu au-dessus de la première courbe. A mesure que les bourgeons latéraux se développent et qu'ils sont assez longs on les palisse de chaque côté de la tige, en les pinçant au-dessus de la dernière grappe ; on laisse le bourgeon terminal se développer, on l'arrête s'il s'allonge par trop, et on en pince les entre-feuilles ainsi que cela se fait ordinairement.

Le traitement des années suivantes est le même que celui que nous venons d'indiquer. Tous les sarments seront taillés sur coursons, excepté celui qui se trouve au centre de chaque courbe qu'on taille à longs-bois. Si ce sarment faisait défaut, on devrait, pendant l'été, conserver et protéger le bourgeon le plus rapproché de l'endroit où il doit se trouver, ainsi qu'on le voit par exemple à la dernière courbe, et l'écarter comme le montre la grav. 83; les bourgeons qui naissent sur ces longs-bois doivent également être pincés. Pour éviter le grand allongement de ces coursons, destinés à la production annuelle de longs-bois, il faut à chaque taille revenir sur un beau sarment inférieur qu'on a dû protéger dans ce but, qui, à son tour, devient le long-bois fruitier. Chaque année on allonge la tige d'une courbe; si pourtant le cep était très-vigoureux, bien garni de coursons, on pourrait allonger davantage. Le pinçage, le palissage, le rognage, etc. doivent être faits suivant les règles ordinaires. Ces opérations, du reste, doivent être subordonnées au but que l'on veut atteindre, ainsi qu'aux conditions de végétation des ceps : ainsi il est bien clair que les parties faibles, dont on aurait besoin, devront être protégées et maintenues verticalement afin qu'elles puissent prendre de la force. Quant aux coursons, on les rapproche au besoin sur leur sarment le plus inférieur, de manière qu'ils ne prennent pas trop de longeur.

DEUXIÈME DIVISION

TAILLE A COURSONS OU A CROCHETS

Cette forme de taille est dite à *coursons* ou à *crochets*, parce que les branches fruitières sont taillées très-court (de un à trois yeux, plus rarement quatre yeux); souvent, il se trouve sur une même branche charpentière deux de ces coursons, qui forment une sorte de fourche ou de *crochet*; de là est venu le nom donné à ce mode de taille.

De même que la taille à *longs-bois*, la taille à *coursons* peut être appliquée à toutes les formes. On peut aussi, dans certains cas, modifier ces formes en y faisant, partiellement et momentanément, entrer l'inclinaison telle qu'on la pratique dans la taille à longs-bois; mais cette modification ne s'applique guère que sur les vignes que l'on conduit en cordons.

Vignes conduites en cordons, taillées sur coursons. — Notre intention, en parlant de la vigne cultivée en cordons, n'est pas de décrire à fond ce système qui est en général très-bien entendu, et que tout le monde connaît; nous ne parlerons que d'une addition qu'on peut y apporter, et qui nous paraît avoir une certaine importance. Cette addition est relative à la formation des cordons, quelle que soit la direction qu'on leur donne; elle est basée sur le principe fondamental dont nous avons parlé : l'inclinaison des sarments au-dessous de l'horizontalité.

Tous les viticulteurs, tous les jardiniers savent, par expérience, que si l'on allonge un sarment au delà de certaines limites, lorsque ce sarment occupe la position horizontale, les yeux du sommet, seuls, se développent vigoureusement, tandis que ceux de la base ne se développent pas, ou bien ils se développent mal. Lorsque, au contraire, le sarment est incliné d'une certaine façon, tous ou presque tous les yeux se développent assez régulièrement. Par conséquent, lorsqu'on voudra aller vite dans la formation des cordons, on devra incliner le sarment terminal au-dessous de l'horizontalité à peu près, comme le montre la gravure 84, *a*. Pendant la végétation,

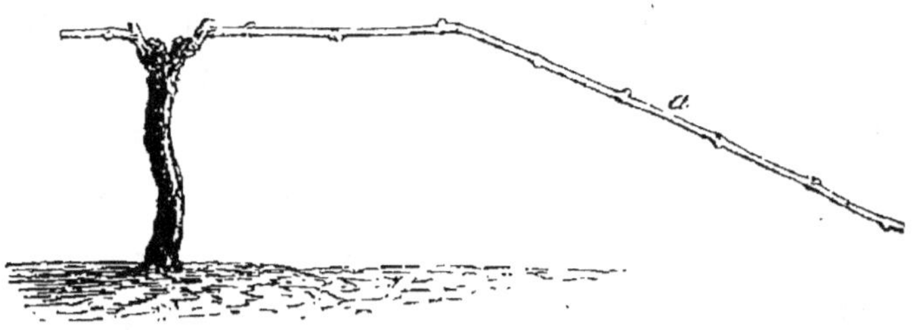

Gravure 84.

tous les yeux se développent, de sorte qu'à la fin de l'année on aura dû obtenir ce que montre la gravure 85 ; chaque année on agira comme il vient d'être dit. De cette manière, non-seulement on va plus vite, mais le cordon est toujours mieux garni de coursons. L'opération du pinçage et celle du palissage sont aussi les mêmes que celles que nous avons précédemment indiquées; quant à la taille, on la fait soit à un, soit à deux yeux, en ayant soin chaque fois

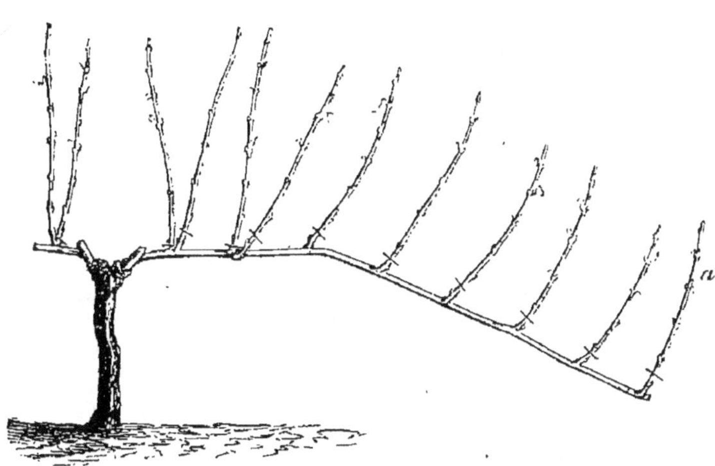

Gravure 85.

de rapprocher sur l'œil le plus bas, de manière à ne point trop allonger les coursons; le sarment terminal *a*, destiné à prolonger le cordon, sera taillé plus ou moins long en raison de sa vigueur, et il sera incliné à son tour, tandis que la partie qui avait été inclinée l'année précédente, sera ramenée à l'horizontalité pour continuer le cordon.

Culture de la vigne en espalier, dite à la Thomery. — Bien que ce mode de culture soit peu pratiqué, nous croyons devoir en dire quelques mots. Nous n'avons pas jugé nécessaire de le représenter par un dessin, attendu que la gravure 80 peut donner une

idée très-exacte de la disposition des ceps, conduits d'après ce système, à cette différence près
que les parties fruitières sont des coursons qu'on
taille chaque année à un œil, quelquefois à deux

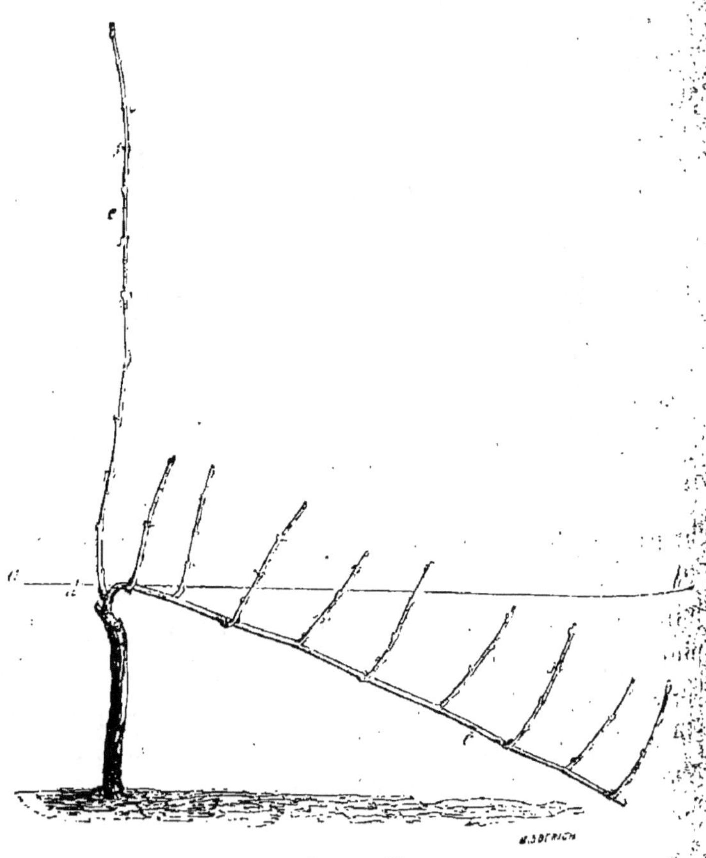

Gravure 68.

yeux. Tous les autres travaux d'entretien, de surveillance, etc., sont toujours les mêmes : pincer, attacher, rogner, etc.

Ce mode de conduite de la vigne tend de plus en plus à disparaître, parce que chaque cep ne devant former qu'un cordon, si un cep pousse peu, il en résulte des vides; en outre, un espalier Thomery est long à établir, et, pour éviter que les cordons ne se dégarnissent de coursons, il faut chaque année n'allonger que très-peu les sarments qui doivent prolonger ces coursons.

Gravure 87.

Quoique la manière de former les cordons soit, en général, fort bien entendue, nous croyons devoir faire connaître un mode particulier qu'on peut employer avec avantage pour former le T, c'est-à-dire le point de départ de deux cordons, lorsqu'ils doivent être opposés. Ainsi supposons que, sur la ligne *a*, *b*, (grav. 86), on veuille établir un cordon double; c'est-à-dire formant le T, et qu'on n'ait qu'un sarment vigoureux, on inclinera ce sarment ainsi qu'on le voit en *c*, de manière que, au point de départ de l'inclinaison, se trouve un bon œil, *d*. Pendant l'été, on pincera tous les bourgeons qui se développeront sur le sarment incliné, et l'on favorisera au contraire le bourgeon, *e*, produit par l'œil *d*. L'année suivante, on abaissera le sarment de gauche, *e*, jusque sur la ligne *a*, *b*, et on relèvera la branche *c* sur la même ligne, après l'avoir taillée sur coursons, de manière que, sans avoir perdu de temps, et tout en récoltant du raisin, on aura deux cordons parfaitement opposés (grav. 87).

Observation générale sur les vignes conduites en cordons. — Toutes les fois que, par une cause quelconque, le prolongement d'un cordon n'a pas bien poussé et qu'il est maigre, etc., au lieu de le supprimer, il vaudrait souvent mieux l'incliner fortement à partir de l'endroit qui est faible, de manière à faire développer, près du point de départ de l'inclinaison, un sarment vigoureux que l'on maintient verticalement et qui sert à remplacer la partie du cordon qui est en souffrance, absolument comme nous le conseillons pour rétablir les vieilles vignes (voir plus loin le chapitre *Restauration*). Et encore, s'il arrivait que, cette première année, on n'obtienne point ce sarment vigoureux, on attendrait l'année suivante, où il se développerait indubitablement; dans ce cas on taillerait à coursons la partie inclinée, ainsi que nous l'avons dit plusieurs fois déjà.

Arrivons maintenant à la taille sur courson, de forme buissonneuse, à celle qu'on applique le plus généralement aux vignes en plein champ, et, pour ne point faire de redites, prenons le cep lorsqu'il est constitué, c'est-à-dire lorsqu'il forme souche (gr. 88).

Taillé sur courson. — A l'époque de la taille, on

commence par nettoyer le cep, c'est-à-dire par enlever tous les sarments inutiles ou trop faibles qu'on avait conservés, parce qu'ils portaient des raisins ; puis,

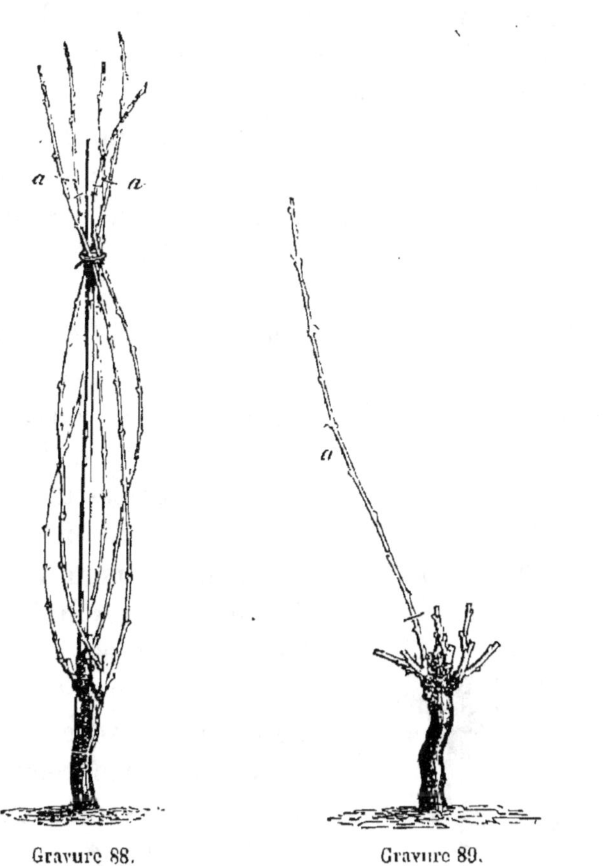

Gravure 88.   Gravure 89.

suivant la force et la vigueur des plants, suivant aussi la nature du sol et du cépage, on choisit deux, trois ou quatre des sarments les plus beaux et les mieux pla-cés, qu'on taille à deux ou trois yeux (grav. 89). Dans beaucoup de localités on a l'habitude de laisser à chaque cep, indépendamment des coursons, un long bois *a* qu'on nomme *haste*, *gaule*, etc., etc.; lorsqu'on ne conserve pas de long-bois, on taille sur courson, plus ou moins long, ainsi que l'indique le trait, ou bien on le supprime complétement, s'il n'est pas nécessaire.

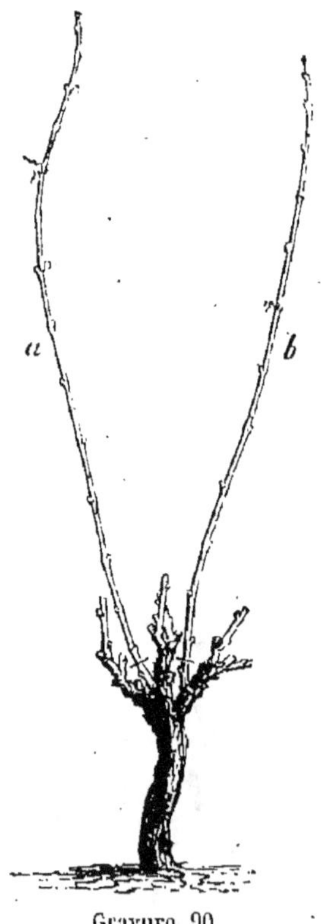

Gravure 90.

Les divers autres traitements que l'on doit faire subir à la vigne, lorsqu'on la soumet à ce mode de taille, sont à peu près les mêmes que ceux que nous avons déjà fait connaître; ils consistent à surveiller le développement des yeux, à pincer les bourgeons fructifères à une ou bien à deux feuilles au-dessus de la dernière grappe; à supprimer, lorsqu'ils n'ont pas de raisins, ceux qui sont grêles, mal placés, ou qui font confusion; à protéger, au contraire, et à attacher au besoin ceux qui, vigoureux et bien nourris, doivent servir pour établir la taille l'année suivante; ceux-ci doivent être arrêtés lorsqu'ils ont atteint une certaine longueur (grav. 88 *a*, *a*).

Chaque année on opère de la même manière, en multipliant les coursons à mesure que cela est nécessaire; toutefois il ne faut pas abuser de cette augmentation, car, avant tout, il faut que les raisins soient suffisamment aérés. Il faut aussi, à chaque taille et afin de ne pas trop allonger les coursons, revenir sur le bourgeon inférieur: Mais comme, malgré cela et quoi qu'on fasse, les coursons s'allongent toujours, on profite de la présence d'un bourgeon adventif développé sur le vieux bois (grav. 90 *a*, *b*) pour abaisser le courson. Mais, comme ces bourgeons ne sont pas *francs*, qu'ils donnent peu de raisin, on les taille sur l'œil le plus rapproché de sa base, de manière à obtenir un sarment *franc* sur lequel on reviendra à la taille suivante.

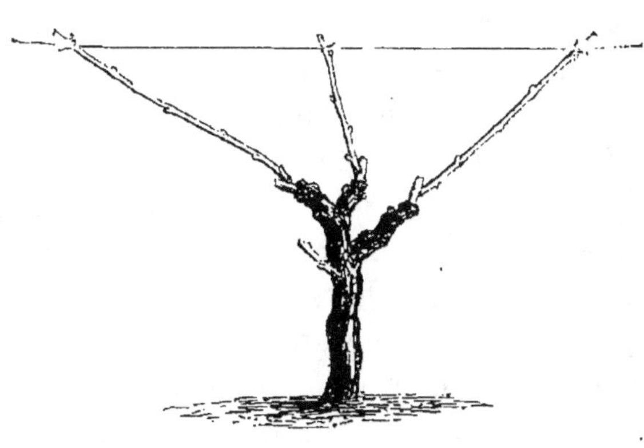

Gravure 91.

Les tailles basses, à coursons, sont aussi susceptibles de varier considérablement, quant à la forme; ainsi, dans certaines localités du Bordelais, on les dirige parfois de manière à leur faire prendre la forme d'une sorte d'éventail à deux, trois ou même quatre branches, qu'on taille un peu long et qu'on palisse ainsi que les bourgeons qu'ils développent, soit sur des gaulettes disposées en sorte de petits treillages, soit sur des fils de fer (grav. 91). Dans certaines localités, on laisse pousser les principaux sarments qu'on lie ensemble près du sommet, de manière à en former une sorte de cône.

En tout état de cause et quel que soit le mode de taille qu'on adopte, on se trouvera bien, dans les expositions où les gelées sont à craindre, de laisser aux ceps vigoureux un long-bois (grav. 89 *a*) qu'on pourra supprimer lorsque le mauvais temps sera passé, s'il n'y a pas eu d'accidents et si le cep est suffisamment chargé. On comprend, en effet, qu'il y aura toujours plus d'espoir avec huit ou dix yeux qu'il y en aurait avec un ou avec deux.

Les vignes en plein champ, généralement destinées à la production du vin, sont parfois cultivées en lignes continues, plus ou moins élevées; c'est à peu près l'analogue de ce qu'on nomme en horticulture, des contre-espaliers. Dans ce cas on a à choisir, pour soutenir les vignes, entre des treillages en bois et des fils de fer, qu'on place sur deux ou sur trois rangées et contre lesquels on dispose les ceps. Ce mode est toujours l'un des meilleurs, parce que les raisins, recevant plus directement l'air et la lumière, mûrissent mieux et sont alors de meilleure qualité. D'une autre part, cependant, il faut éloigner suffisamment l'un de l'autre ces contre-espaliers pour que le soleil puisse frapper les ceps des lignes voisines.

Les formes qu'on emploie dans cette circonstance sont ordinairement celle en cordons ou bien celle en *palmette* simple, double, etc. La première, dont nous avons déjà parlé, est trop connue pour que nous nous y arrêtions de nouveau ; nous allons seulement dire quelques mots de la seconde (gravure 92). Nous ne reviendrons pas non plus sur les principes fondamentaux qui s'appli-

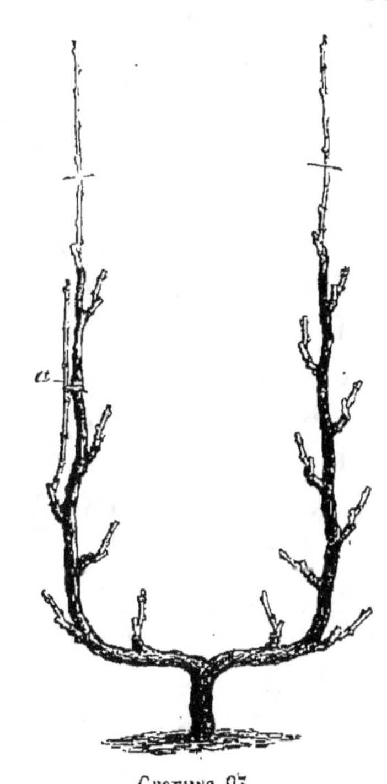

Gravure 92.   Gravure 93.

quent à l'éducation première des ceps, non plus que

sur les différents moyens de plantation ; nous dirons seulement de cette dernière qu'elle doit être régulière, et que la distance des ceps doit être en rapport avec l'extension et avec la forme qu'on veut donner à la palmette. Lorsque le treillage est bas et qu'on veut former une palmette simple, on peut planter les ceps à 0^m,40 environ, de distance ; si l'on veut, au contraire, une palmette double (grav. 93), cette distance pourra être doublée ; il en sera de même si la palmette doit s'élever très-haut, si, par exemple, elle était placée le long d'un mur. A mesure que la palmette grandit, il faut veiller à ce qu'elle soit bien garnie de coursons ; mais, comme la séve tend toujours à monter et à abandonner les parties inférieures qui alors se détruisent, il faut donc, pour remédier à cela, si l'on ne veut pas employer l'inclinaison, n'allonger que très-peu chaque année le sarment-axe. Toutefois cet allongement n'a rien de rigoureusement déterminé ; comme toujours, il est subordonné à la vigueur et à la nature des ceps. Quant au mode d'opérer, il est des plus simples : coursonner de chaque côté de la tige, puis prendre chaque année, sur les coursons, le bourgeon le plus bas, afin de ne pas trop allonger.

Malgré ce soin, on est forcé de rapprocher de temps à autre ; pour cela, on profite des bourgeons adventifs qui percent souvent sur le vieux bois et sur lesquels on vient asseoir la taille, ainsi que nous l'avons dit précédemment et que le démontre la gravure 89.

L'ébourgeonnage, le pinçage, le palissage, etc., se

ront pratiqués au besoin ; on se guidera, pour faire ces opérations, sur les principes que, plus d'une fois déjà, nous avons fait connaître.

On peut aussi, par le fait seul de l'inclinaison du sarment supérieur (du sarment-axe), maintenir la séve dans les parties inférieures de la palmette, et cela, tout en augmentant la production ; pour cela, au lieu de tailler ce sarment-axe à un ou à deux yeux, ainsi qu'on le fait ordinairement, on l'incline à partir du point *a* (grav. 94), où on l'aurait coupé. De cette manière, tous les yeux de la partie inclinée se développent et donnent des bourgeons qu'on pince au-dessus de la grappe, de sorte que tout le raisin qu'on en obtient est, pour ainsi dire, autant de trouvé, puisqu'on l'aurait supprimé. A la taille suivante, toute cette partie inclinée sera coupée tout près du point de départ de l'inclinaison, comme l'indique le

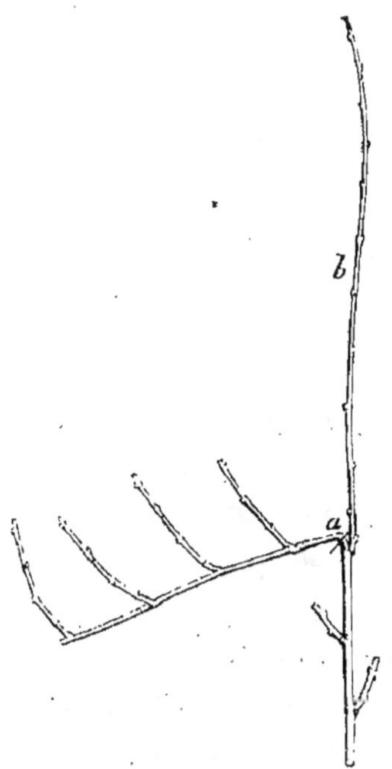

Gravure 94.

trait ; et le bourgeon *b*, le plus rapproché de celle-ci, dont on aura dû favoriser le développement, sera maintenu dans la position verticale, autant que cela sera nécessaire, pour allonger la tige ; puis, si cela est jugé utile, il sera incliné, à son tour, absolument comme on l'a fait l'année précédente pour le sarment qui, après avoir fructifié, a été coupé ; dans le cas contraire, on le taillerera soit à deux, soit à trois yeux ou plus, suivant que cela sera jugé convenable. Cette modification, très-importante et très-avantageuse, peut être appliquée, pour ainsi dire, à toutes les formes; elle a l'avantage de concentrer la séve dans les parties inférieures et d'augmenter, sans frais, la production au bénéfice même du cep.

Quant à la palmette double (grav. 93), c'est une forme très-avantageuse, surtout lorsque les supports (murs, treillages, etc.) ont peu de hauteur, parce qu'alors, en divisant la tige, qui forme comme deux artères dans lesquelles circule la séve, celle-ci est moins fougueuse et, partant, plus facile à diriger.

Palmette double. — Les diverses opérations de la taille, du coursonnage, du pinçage, etc., etc., sont absolument les mêmes que celles que nous avons indiquées pour la palmette simple ; il n'y a de différence que dans le point de départ des bras. Pour former ceux-ci, rien n'est plus simple ; les gravures 86 et 87 vont nous servir de démonstration.

Dans la gravure 86, on voit que l'œil qui, lors de l'inclinaison de la branche, s'est développé vigoureusement et a produit le bourgeon *e*, se trouve exactement opposé à la partie inclinée, de sorte qu'il suffit de l'abaisser à l'horizontalité et d'en relever l'extrémité à la distance où l'on veut que commence la partie verticale de la palmette. Quant à la partie inclinée, elle sera taillée sur coursons, ramenée également à l'horizontalité, puis relevée aussi à son extrémité pour former l'autre bras de la palmette, de sorte qu'on aura quelque chose d'analogue à ce que montre la gravure 87, avec cette différence que l'extrémité des parties latérales, à partir de *a a*, par exemple, seront relevées verticalement.

Si l'équilibre n'existait pas entre ces diverses parties, on le rétablirait par les moyens connus. Mais, comme les bras de la palmette doivent être bien gar-

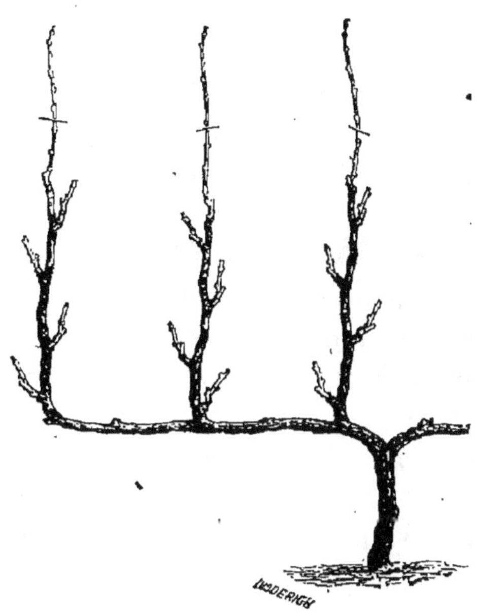

Gravure 95.

nis de coursons, et qu'il peut arriver que quelques uns d'entre eux fassent défaut, il faut remédier à cet état de choses, ce qui est très-facile. Pour cela, là où il existe des vides, on laisse développer à la base un sarment vigoureux qu'on attache sur le côté du bras où la lacune existe (grav. 93 a), et sur lequel on prend les coursons dont on a besoin.

Il va sans dire aussi que le nombre de bras que doit avoir la palmette n'a rien d'absolument fixe, et qu'au lieu de deux ou trois il pourra être de quatre et même plus. Les conditions dans lesquelles on se trouve et le but qu'on se propose seront donc les seuls guides. Dans le cas où l'on voudrait mettre un grand nombre de branches verticales, on aurait une sorte de candélabre (grav. 95).

Il y a encore un mode particulier de conduite et de taille de la vigne dont nous devons parler. C'est celui qu'on nomme *système Trouillet*, du nom de son inventeur.

Système Trouillet. — Ce système, qui est à peu près à la vigne ce que le pincement continu est aux pêchers, consiste à pincer les bourgeons à mesure qu'ils se développent à une ou bien à deux feuilles au-dessus de la dernière grappe, de manière à avoir les raisins très-rapprochés de la souche, et de pouvoir ainsi se passer de tuteurs. On taille sur coursons, absolument comme on le fait pour les formes précédentes. Comme tous les systèmes possibles, celui-ci n'a qu'une valeur relative ; ainsi, très-bon pour certains cépages qui produisent à bois *courts*, tels que les *gamays* ou les sortes analogues, il est moins bon pour certaines variétés à très-gros bois et à gros grains dites *raisins du Midi* ; il peut même être mauvais pour des variétés délicates ou qui poussent peu, ou pour d'autres qui ne donnent du raisin que sur les yeux du milieu des sarments, etc.

Pour établir ce système, voici comment on procède :

Les ceps ayant été plantés en lignes comme nous l'avons dit ailleurs, on a dû les laisser pousser à peu près en liberté la première année. La deuxième année, lors de la taille, on met à chaque cep un petit tuteur, de la hauteur qu'on devra donner à la tige, puis on supprime complétement les petites ramilles pour ne conserver que deux ou trois sarments des plus gros et des mieux disposés. Pour commencer à former la tête du cep, on taille ces sarments à un œil ou bien à deux yeux (grav. 96), ou bien on les renverse et on les attache ainsi que le montre la gravure 51. Si le cep n'avait poussé qu'un seul beau sarment on le

Gravure 96.

taillerait pour établir une bifurcation, à la hauteur où l'on veut former la tête ; et s'il n'était pas suffisamment haut pour former cette tête, là où elle doit être, on le rabattrait sur l'œil placé un peu au-dessous de manière à avoir un sarment vigoureux qu'on pincerait lorsqu'il aurait atteint la hauteur désirée afin d'obtenir des ramifications vigoureuses sur lesquelles on pourrait asseoir la taille. Si la première année de plantation la végétation était très-grande, on pourrait même, aussitôt que le sarment serait assez long pour former la tige, l'arrêter pour lui faire produire des ramifications.

Lorsque les bourgeons se développent, si quelques-uns portent des raisins, ce qui arrive parfois, on les pince à deux feuilles au-dessus de la grappe, ceux qui n'en ont pas sont également pincés. Les entrefeuilles ne tardent pas à se développer, on les pince également, successivement, à deux feuilles, de manière que par suite des bifurcations, et sans jamais arrêter com-

Gravure 97.

plétement la séve on la concentre sur les yeux inférieurs qui, mieux nourris, sont rendus plus fertiles. La gravure 97 fait voir le résultat qu'on obtient dans une campagne sur un bourgeon soumis à ces pince-ments successifs. S'il y avait confusion, on pourrait suppri-mer un certain nombre d'entrefeuilles, ou bien les rabattre à une feuille, mais alors on doit opérer par-tiellement et successivement afin de ne pas arrêter la séve sur tous les points à la fois et d'éviter de très-fortes réactions sur le système souter-rain.

Gravure 98.

En procédant ainsi qu'il vient d'être dit, on obtiendra, lors de la taille de la troisième année, quelque chose d'analogue à ce que montre la gravure 98. Cha-que année on taille sur coursons, à deux yeux, en augmentant chaque fois le nombre de coursons, en rapport avec la force du cep. Mais ici comme toujours on doit éviter la confusion. Pour éviter l'allongement indéfini des branches charpentières ou coursonnes on profite, ainsi que nous l'avons dit, lorsque cela est nécessaire, de la présence d'un bourgeon adventif inférieur aux coursons, sur lequel on revient soit tout de suite s'il n'y a pas de raisin, soit à la taille suivante, soit même la seconde année en le préparant pour cela (voyez les gravures 89 et 90).

Ce système, très-simple et très-facile à appliquer, d'un bon rapport et en même temps très-économique et généralement bon, n'est pas entièrement nouveau; il se relie à d'autres avec lesquels il se confond sur plusieurs points. En effet, il a beaucoup de rapports avec ce qui se pratique dans certains départements de la France où on cultive la vigne sur souche plus ou moins élevée, sans échalas. Toutefois nous devons dire que là, en général, le travail n'est pas raisonné; on ne fait pas de pincements réguliers et le plus souvent même, lorsque la taille est terminée, on ne fait plus guère d'autre opération que le rognage. C'est donc en réalité à M. Trouillet, qui par son observation et ses soins intelligents a rendu ce procédé pratique et applicable dans beaucoup de cas, qu'en doit revenir l'honneur, et il est de toute justice de le nommer *système Trouillet*.

Deux autres modes de taille à coursons dont nous devons dire aussi quelques mots, sont la conduite de la vigne en *hautains*, et celle en *pyramide*.

Vignes en hautains. — Le premier de ces systèmes a une telle analogie avec le *système Trouillet* que pour le décrire au long, nous n'aurions pour ainsi dire qu'à nous répéter. Le traitement des branches coursonnes est absolument le même; il ne diffère que par la hauteur de la tige qui peut atteindre jusqu'à 1^m,50. Mais comme il faut un temps plus ou moins long avant d'arriver à cette hauteur et pouvoir former la tête, on peut donc, avant d'en arriver là, établir quelques coursons que l'on supprime plus tard lorsque la tête est formée.

Conduite de la vigne en pyramide. — La forme en pyramide ne diffère de la palmette simple (grav. 92) que parce qu'au lieu de présenter une surface plane, elle forme une sorte de cône plus ou moins compacte, par la disposition des branches coursonnes qui, au lieu d'être placées de chaque côté de la tige, distiquement pour ainsi dire, sont disposées alternativement tout autour d'elle.

Pour établir une pyramide de vignes on opère comme il a été dit plus haut de la palmette, et les coursons sont traités exactement comme ceux des vignes en hautains, excepté qu'au lieu d'être réunis et de constituer une sorte de boule, ils sont superposés et pour ainsi dire échelonnés sur toutes les parties de l'axe. Cette forme est de beaucoup préférable à celle en *hautains* ou *tétards*, parce que les raisins, plus aérés, mûrissent mieux. Comme pour cette dernière, on devra soutenir la tige à l'aide d'un tuteur. Les diverses opérations d'été, tels que pinçage, ébourgeonnage, etc., se feront comme nous l'avons indiqué en parlant du *système Trouillet*. Quant à la tige, comme on peut l'obtenir successivement par l'allongement annuel de l'axe, et qu'on pourra faire cet allongement tout en récoltant du raisin, le temps de la former pourra être plus ou moins long sans qu'il y ait à cela d'inconvénient.

On pourra aussi commencer à coursonner plus bas que ne devront être placés plus tard les branches inférieures de la pyramide, puisque chaque année, à mesure qu'on s'élèvera, on pourra supprimer un certain nombre de coursons des plus inférieurs. Quant au premier mode de formation des pyramides, nous n'avons pas cru devoir en parler, parce que ce que nous avons dit de la palmette simple peut lui être appliqué et que la gravure 92 peut aussi servir de guide. En effet, il suffira d'établir des coursons sur toutes les parties de la tige au lieu de n'en avoir que sur deux côtés. Quant aux coursons, il est bien clair qu'ils devront être plus ou moins nombreux, de manière à maintenir la régularité et la forme tout en évitant la confusion.

Dans la culture de la vigne, soit en hautains, soit en pyramide, la hauteur des tiges sera déterminée d'après les conditions de sol, d'exposition et surtout de climat, sous lesquelles on se trouve; car, la maturité, en général, est d'autant plus prompte que les raisins sont plus rapprochés du sol. Quant aux distances, elles devront, comme toujours, être en rapport avec le climat, la nature du sol et celle des cépages; en général, les ceps devront être plantés à environ $1^m,50$ en tout sens, ou mieux à 1 mètre de distance sur des lignes espacées entre elles de 2 mètres.

Les diverses formes de taille que nous venons de décrire ne sont pas les seules qu'on puisse appliquer à la vigne, qui, on peut le dire, s'accommode à peu près de toutes celles auxquelles on veut la soumettre. Ainsi, par exemple, au lieu de tenir les tiges droites, on peut les incliner un peu et l'on aura des *obliques*; ces obliques elles-mêmes pourront être simples ou composées, suivant que leur tige sera unique ou qu'elle sera ramifiée; mais toutes ces petites nuances ne constituent pas un système particulier. Néanmoins les formes que nous avons indiquées sont les principales, et, l'on peut dire aussi, les meilleures. En dehors de ces formes, il en est quelques autres pratiquées dans certaines localités; mais quelles qu'elles soient, elles reposent sur les principes généraux que nous avons fait connaître, et elles se rattachent directement à celles que nous avons décrites, dont elles ne sont que de légères modifications.

En terminant ce chapitre de la taille de la vigne, nous ne saurions trop rappeler que cette opération n'a *rien d'absolu*. Des procédés, quelque bons qu'ils soient, n'ont jamais *qu'une valeur relative;* par conséquent, ceux que nous avons indiqués et qui forment la base de la taille, parce qu'ils reposent sur la physiologie, pourront néanmoins, suivant les conditions de sol ou de climat dans lesquelles on se trouve, et surtout suivant la nature des cépages qu'on cultive, recevoir des modifications plus ou moins profondes. Il est bien clair, par exemple, que l'on devra opérer différemment dans l'extrême nord de la France, et dans un terrain très-pauvre où la vigne pousse à peine, que, sous un climat plus favorable, dans un terrain riche et profond où la végétation est excessive ; de même des cépages très-différents par leur nature et leur tempérament, on peut dire, ne peuvent être soumis au même régime. C'est donc à chacun, en s'appuyant sur les principes que nous avons posés, à en tirer les conséquences, c'est-à-dire à rechercher quelles sont les modifications qui pourraient être les plus avantageuses, et à en faire l'application suivant les diverses conditions dans lesquelles il se trouve placé.

Nous croyons encore, avant de terminer ce chapitre, relatif à la taille de la vigne, devoir consacrer quelques lignes à l'examen d'une question importante, à celle qui a pour but d'étudier quelle est l'époque la plus convenable pour pratiquer cette opération.

De l'époque où il faut tailler la vigne. — Pour traiter, sinon très-bien, du moins le mieux possible cette question qui est des plus complexes, il faut avant tout rappeler ce principe fondamental : que tout est relatif, que les conditions dans lesquelles on se trouve, et surtout le climat sous lequel on est placé, peuvent, au point de vue de la végétation, produire des résultats très-différents, et, par suite, apporter de grandes modifications aux divers modes d'opérer.

Mais, afin d'être bien compris, nous devons entrer dans quelques considérations générales sur la végétation de la vigne, et pour cela rappeler certains faits de physiologie. Et d'abord est-il bien vrai qu'il y a dans les végétaux et tout particulièrement dans la vigne une époque de repos? Oui, sans doute, mais ce repos, loin d'être absolu, n'est que relatif. En effet, on doit comprendre que, quelle que soit l'intensité du repos, il ne peut être absolu puisque ce serait la mort. C'est une vérité tellement évidente que toute démonstration serait superflue. Puisque la séve marche *continuellement*, — plus ou moins vite, — pourquoi la laisser, pendant tout l'hiver, s'écouler en pure perte, c'est-à-dire gorger et nourrir des sarments qui doivent être supprimés? Il n'y aurait guère d'autres raisons à donner à cela, sinon que cette pratique est très-ancienne (ce qui n'est pas toujours une bonne raison). Il paraît, en effet, douteux qu'on puisse opposer autre chose que des raisons spécieuses à ce que nous venons de dire.

En tenant compte des observations qui précèdent, en en résumant la valeur, nous disons : L'époque qui paraît la plus rationnelle pour tailler la vigne, est en octobre, novembre, aussitôt après les vendanges; en effet, on évite ainsi toute déperdition de séve, et la végétation des vignes, toutes circonstances égales d'ailleurs, est beaucoup plus grande.

Si l'on objecte que la vigne taillée de bonne heure est exposée à être gelée l'hiver, nous pouvons répondre que ceci est une hypothèse, que lorsque la vigne gèle étant taillée, elle gèlerait également si elle n'avait pas été taillée. Toutefois nous reconnaissons qu'il est bon de tailler avant l'arrivée des grands froids, qu'on ne doit jamais toucher à la vigne lorsque le bois est gelé, et que toujours on doit éviter de faire ce que l'on fait le plus ordinairement, c'est à-dire de couper très-près de l'œil afin d'avoir un travail propre et agréable à la vue, ce qui, dans cette circonstance, n'a que très-peu d'importance, puisque l'onglet qui en résulte est dissimulé par les feuilles et qu'on le supprime à la taille suivante. Cependant, comme il en est de l'époque de tailler la vigne que nous recommandons, comme de toute autre chose, qu'il peut y avoir des pays où, par des causes particulières, elle présenterait des inconvénients, dans ce cas on ne devrait point persister, et après quelques essais qu'il est toujours bon de faire, on devrait abandonner cette méthode pour revenir à l'ancienne.

Nous sommes heureux, en ce qui concerne l'époque où il convient de tailler la vigne, de nous trouver en conformité d'opinion avec l'un des plus éminents écrivains de l'agriculture, Olivier de Serres. Ainsi, il écrivait : « Quant au temps de la taille, il sera limité par le fonds de la vigne et espèces de ses complans, selon l'adresse du planter. Si la vigne est assise en cousteau chaud, de terre mègre et sèche et composée de races ayant petite moëlle, sera coupée le *plustost* qu'on pourra *après que ses feuilles seront tombées;* au contraire, le plus tard celle qui est posée en plate campagne, de terre grasse, humide et froide, fournie de complans de grosse moëlle, et où qu'elle soit aisée, n'y de quelles espèces complantées, tousiours on choisira un beau iour pour la tailler, non importuné de froidure n'y d'humidité. C'est pourquoy en un endroit faudra mettre la serpe *avant l'hyver*, et en l'autre *après*, le plustost est limité au mois d'octobre, le plus tard en celui de mars. Ceci est tout asseuré, que la taille primitive cause abondance de bois aux vignes; et la tardive, au contraire, n'en fait produire que bien peu. L'observation de ces deux contrariétés est du tout nécessaire. »

Nous avons dit plus haut que la vigne taillée avant l'hiver n'est pas plus sujette à geler que celle qui est taillée au printemps. Cette opinion est aussi celle d'un viticulteur des plus distingués de notre époque, du comte Odart, qui paraît même disposé à croire que l'inverse serait plus vrai. Ainsi il a écrit, pag. 143 de son *Manuel du Vigneron :* « Un vigneron propriétaire avait taillé quelques ares de vigne par chaque rangée alternativement à l'époque accoutumée (avant de Noël) et au mois de mars. Les rangées taillées au mois de mars *furent beaucoup plus maltraitées par la gelée que les autres...* Je dois conclure de ces diverses considérations, et contre l'assertion de quelques auteurs, qu'une taille tardive *n'est qu'un préservatif fort douteux* contre la gelée. »

De tout ceci il résulte que la taille faite de bonne heure est, toutes circonstances égales d'ailleurs, plus avantageuse que celle qu'on fait tardivement, ce qui toutefois ne veut pas dire qu'il faille tailler toutes les vignes avant l'hiver. Notre but, en écrivant ceci, est surtout d'indiquer qu'il n'y a pas d'inconvénient à tailler de bonne heure, ainsi que différents auteurs l'ont avancé. Si l'on nous objectait qu'ayant taillé de la vigne en mai, lorsqu'elle était en fleurs, on a cependant récolté beaucoup de raisins, nous pourrions répondre que dans une circonstance particulière ou nous avons été forcé de tailler de la vigne le 3 octobre, jamais, peut-être, cette vigne n'avait rapporté autant ni d'aussi beaux raisins. A des faits, nous opposons des faits.

On pourrait, ce nous semble, dans cette circonstance, poser pour la vigne le principe qu'on a posé pour les arbres fruitiers : Que la taille faite *de très-bonne heure* (fin d'été ou commencement d'automne) *donne de la force et de la vigueur aux arbres*, tandis que celle qui est faite *très-tardivement* les *affaiblit*[1], d'où il résulterait que la taille tardive dispose beaucoup plus que la première à la fructification. C'est une étude très-importante à faire dont la solution pourrait servir de guide; car, en effet, si les choses se passaient ainsi que nous venons de le dire, toutes les vignes faibles, lorsque le climat le permettrait, devraient être taillées à l'automne, tandis que celles qui sont très-vigoureuses ne devraient l'être qu'au printemps, à l'époque où elles commencent à débourrer. C'est notre opinion.

RÉFLEXIONS GÉNÉRALES SUR LA TAILLE DE LA VIGNE.

Si l'on a bien compris ce que nous avons dit des différents systèmes de taille; si l'on en a bien saisi

---

[1] Ceci, du reste, est un fait qu'on ne peut mettre en doute, car il est conforme à tout ce qu'on connaît du mode de végétation des plantes ligneuses et il n'est personne qui ne l'ait reconnu. Ainsi, par exemple, tout le monde sait que si l'on abat soit un bois, soit des arbres de bonne heure à l'automne, les souches, l'année suivante, produisent de beaux jets, tandis que si on les abat tard au printemps, c'est à peine si ces souches donnent signe de vie dans cette même année.

les principes, on aura pu se convaincre que rien en réalité n'est plus simple que cette opération.

Les règles peuvent se réduire à ceci : Éviter la confusion afin que les raisins reçoivent de la lumière et du soleil ; charger la vigne en raison de sa force et du but qu'on se propose, et surtout obtenir chaque année du beau bois, bien aoûté pour asseoir la taille l'année suivante. Quant aux formes, aucune, nous le répétons, ne peut être exclusivement bonne ; toutes pourront donc être employées selon les circonstances ; certaines pourront parfois l'être exclusivement. C'est l'expérience qui en décidera. Nous croyons même que dans beaucoup de cas on se trouvera bien de les confondre. Ainsi, par exemple, si dans l'emploi d'une taille à long bois (système Guyot ou système Hooibrenk) il y avait des parties de vigne qui, à cause de la position qu'elles occupent, ne peuvent être soumises aux règles indiquées par le système, on pourrait les soumettre au système Trouillet. De même que si, employant ce dernier système ou un autre analogue, on avait sur des vignes très-vigoureuses de gros et longs sarments, il vaudrait mieux les incliner et récolter sur chacune une douzaine ou plus de belles grappes de raisins, puis les supprimer après la récolte. Du reste, dans tout ceci, il ne faut jamais oublier que le but étant de récolter le plus de raisins et le plus beau possible, c'est à celui qui cultive à chercher, d'après les conditions dans lesquelles il se trouve placé, quels sont les moyens d'atteindre ce but.

Avant de clore le chapitre consacré à la taille de la

vigne, nous devons dire quelques mots de l'usage du fil de fer comme moyen à employer dans certains cas pour remplacer les différents modes de supports, échalas, treillages, etc. Mais, vu la simplicité de ce procédé, nous ne croyons pas nécessaire d'entrer dans de grands détails sur la pose des fils de fer, qu'à peu près tout le monde connaît. Fixés par leurs extrémités, ces fils de fer sont tendus à l'aide de raidisseurs de diverses sortes ; un des plus simples, est le *raidisseur Thiry*. Quant à la distance à mettre entre les lignes, elle est en moyenne de 40 centimètres. Mais, ici encore il n'y a rien d'absolu ; ce sont souvent les conditions dans lesquelles on se trouve placé, le but qu'on se propose ou le mode de culture qu'on adopte, qui en décident.

Le fil de fer qu'on doit prendre est du n° 13, parfois même du n° 14 ; il doit être galvanisé, car cette opération, qui n'en augmente pas le prix, pour ainsi dire, prolonge de beaucoup sa durée ; de plus, le fil de fer galvanisé ne s'oxydant pas, les parties herbacées de la vigne souffrent moins de son contact.

Nous allons terminer ce chapitre relatif à la taille de la vigne par la description de quelques opérations qui se rattachent à celle-ci, qui en sont des conséquences ; ce sont : le *pinçage*, l'*ébourgeonnage*, l'*effeuillage*, l'*épamprage* et enfin l'*évrillage*.

Du pinçage. — Pincer, c'est supprimer, à l'aide du pouce et de l'index, l'extrémité d'un bourgeon, dans le but d'en arrêter l'élongation et de concentrer les liquides séveux vers d'autres points qu'on veut favoriser, de sorte que le pinçage ne s'applique que sur des parties en voie de végétation, *lorsqu'elles sont encore herbacées.*

Si l'on se rappelle ce qui a été dit, presque au commencement de ce livre, des caractères physiologiques de la vigne, on saura à quoi s'en tenir sur le pinçage, et comment il faut agir pour le pratiquer avec fruit.

En viticulture, le pinçage s'exécute tout particulièrement sur les bourgeons fructifères, ainsi que sur les entre-feuilles; sur les premiers, on pince, soit à une, soit à deux feuilles, au-dessus de la dernière grappe, aussitôt qu'elle est apparue. Un indice certain qu'il ne paraîtra plus de grappes sur un bourgeon, c'est lorsqu'il émet des vrilles, de sorte qu'on peut, sans aucune crainte, pratiquer le pinçage lorsqu'on en voit apparaître. Quant aux entre-feuilles, on les pince également, soit à une, soit à deux feuilles. Les bourgeons qui ne portent pas de fruits et qui ne doivent pas servir de branches de prolongement devront être pincés plus ou moins long, en raison du but qu'on se propose, c'est-à-dire suivant les besoins qu'on en a. Dans le cas où ils ne sont pas nécessaires, on les supprime s'ils n'ont point de raisins. Quant aux branches de remplacement, on ne les pince que lorsqu'elles ont atteint au moins la longueur qu'elles doivent avoir, longueur qui varie aussi en raison du besoin. Dans certains cas (lorsqu'elles sont faibles), on ne doit même pas les pincer.

Peu de temps après qu'a été fait un pinçage, l'œil secondaire (celui qui constitue l'entre-feuilles) se développe; on pince à son tour le bourgeon qui en sort au-dessus de la première ou bien de la deuxième feuille : car, si l'on revenait au point où l'on a pincé la première fois, on pourrait faire développer l'œil principal (œil vrai de certains auteurs), qui ne doit se développer que l'année qui suit son apparition.

Ainsi qu'on peut le remarquer, il n'y a pas d'époque à assigner à l'opération du pinçage, ce travail étant complétement subordonné à l'état de la végétation.

De l'ébourgeonnage. — Comme l'indique le mot, l'ébourgeonnage consiste à retrancher certains bourgeons mal placés ou considérés comme inutiles. Certains vignerons disent *éthalage*, par cette raison qu'ils nomment les bourgeons *thales*, d'où *éthaler*, enlever les *thales*.

L'ébourgeonnage est une opération dont on abuse souvent, faute de se rendre bien compte du rôle que jouent les bourgeons. En effet, dans beaucoup de cas, il y aurait un grand avantage à les conserver et à les pincer seulement : car, nous ne saurions trop le répéter, les feuilles sont des organes excitateurs et assimilateurs par excellence[1], des enfants, on peut dire, qui travaillent pour leur mère, c'est-à-dire pour le cep, et dont on se prive sans réflexion en arrachant le bourgeon qui les porte ; donc, excepté lorsqu'ils font confusion, ou bien qu'ils sont nombreux et très-grêles, et qu'on a besoin d'en obtenir de vigoureux, on ne doit pas les enlever, on doit seulement les pin-

---

[1] Ce fait est tellement vrai que, lorsque, par une circonstance quelconque, les feuilles de vignes tombent avant l'époque normale, les raisins ne grossissent presque plus : ils durcissent et mûrissent difficilement, et ils ont, en général, peu de qualité.

cer, pour qu'ils ne prennent qu'un développement restreint et que leurs feuilles, en excitant l'ascendance de la séve dans les diverses parties où elles sont placées, déterminent l'accroissement non-seulement de ces parties, mais du végétal tout entier.

Lorsqu'on pratique l'ébourgeonnage, ça doit être peu de temps après l'apparition des bourgeons, de manière à faire les plaies les moins grandes possibles, et avant que les bourgeons aient enlevé en pure perte une grande quantité de séve.

Lorsqu'on ébourgeonne, il faut couper, mais non arracher les bourgeons, de manière à ne point occasionner de plaies qui, dans quelques circonstances que ce soit, ne peuvent être que nuisibles. De plus, en coupant les bourgeons, il reste à la base des yeux stipulaires que, dans certains cas, on est très-heureux de retrouver.

Du rognage. — Cette opération, qui consiste à rogner une partie plus ou moins grande des bourgeons, s'opère dans le courant de l'été, lorsque ceux-ci ont atteint la longueur convenable pour le but qu'on veut atteindre. Comme, à cette époque, ils sont très-résistants, on les coupe avec la serpette. Le plus généralement, on rogne les bourgeons fructifères quelque temps après que la floraison est passée, lorsque le raisin est à l'état de gros verjus; mais, pour tous les autres sarments, on les rogne à mesure que cela est nécessaire.

Le rognage peut donc se faire pendant tout l'été, et même vers la fin de l'été. Observons toutefois que le rognage n'est qu'une opération secondaire qui n'a guère de raison d'être que lorsque le pinçage n'a point été fait.

De l'évrillage. — Le rôle que jouent les vrilles n'étant pas suffisamment connu, on n'attache à leur présence qu'une importance secondaire ; aussi n'est-il pas rare d'entendre, à leur égard, émettre les opinions les plus contraires : certaines personnes disent qu'elles ne nuisent pas à la végétation, et que, par conséquent, on peut les laisser, tandis que d'autres soutiennent qu'elles épuisent les bourgeons et qu'on doit les enlever. Ces derniers ont raison : les vrilles sont des organes de préhension, très-résistants et solides, qui vivent aux dépens des bourgeons sur lesquels ils croissent ; leur forme et surtout leur nature coriace s'opposent à ce que, comme les feuilles, elles décomposent l'air et en absorbent les éléments au profit de la plante, de sorte que, ne prenant rien ou à peu près rien à l'air, elles empruntent tout aux bourgeons. Il faut donc non-seulement ôter les vrilles, mais encore les ôter de bonne heure, c'est-à-dire au fur et à mesure qu'elles se produisent, parce que leur végétation est très-rapide, qu'elles ont très-promptement acquis toutes leurs dimensions, et qu'alors elles n'enlèvent plus rien aux plantes. Lorsque les vrilles sont jeunes, il est très-facile de les rompre avec les doigts ; mais il ne faut pas les arracher, comme on est encore dans l'habitude de le faire, car, pour chacune, il résulte une plaie qui est toujours préjudiciable à l'œil qui se trouve près de sa base.

Toutefois, l'évrillage n'étant pas une opération de première nécessité, si sa pratique devait entraîner trop de frais de main-d'œuvre, on pourrait la négliger. Du reste, là où l'on fait le pinçage au-dessus de la dernière grappe, l'évrillage n'a pas de raison d'être, excepté sur les branches de remplacement.

Effeuillage et épamprage. — L'effeuillage, que l'on doit toujours pratiquer avec prudence, ne doit jamais s'opérer que dans une saison avancée, lorsque la végétation annuelle est en partie terminée.

On le pratique afin d'aérer les raisins, d'en hâter la maturité, d'en faire développer les principes vineux, et surtout, pour les raisins de table, afin de leur faire prendre de la couleur.

L'époque où il convient de pratiquer l'effeuillage varie donc en raison du climat, des conditions dans lesquelles on se trouve placé, ainsi que des variétés de raisins qu'on cultive. Par exemple, toutes les vignes maigres, qui poussent peu, dont les feuilles sont peu abondantes, ne devront pas être effeuillées. Les variétés vigoureuses, au contraire, dont les feuilles, nombreuses et larges prennent beaucoup d'accroissement, devront être effeuillées; et, suivant aussi que l'année sera sèche ou humide, froide ou chaude, il pourra se faire qu'une même variété doive ou ne doive point être effeuillée, ou bien qu'elle doive l'être un peu plus tôt ou un peu plus tard. Il est bien clair aussi que cette opération, indispensable dans le nord, pourrait n'être que secondaire dans le midi, où, parfois même, elle pourrait être nuisible. C'est donc une affaire de tact, dans laquelle la pratique et l'expérience doivent être juges. Mais, quoi qu'il en soit, et toutes choses égales d'ailleurs, on ne devra effeuiller que successivement, au fur et à mesure du besoin ; on ne devra faire ce travail que lorsque les raisins sont arrivés à leur grosseur, qu'ils commencent à mûrir, en un mot, qu'ils sont, comme on le dit, *attendris*, qu'ils *tournent* ou *s'éclaircissent ;* autrement, c'est-à-dire si on les expose tout de suite au grand soleil avant qu'ils commencent à mûrir, ils durcissent, ne mûrissent même qu'avec peine et souvent mal. Un passage que nous trouvons dans *le Parfait Vigneron* vient confirmer notre dire ; le voici :

« En 1763, le raisin ne mûrit dans presque aucun de nos vignobles ; les meilleurs cantons de Bourgogne et de Champagne ne donnèrent que du vin médiocre. Quelques vignerons mirent tous leurs raisins à découvert, et d'autres effeuillèrent sagement. Celui des premiers mûrit moins que celui des derniers. Il faut donc mettre beaucoup de prudence en effeuillant, commencer par peu, aller toujours en augmentant et s'arrêter dès que l'on s'aperçoit que la pellicule du raisin commence à se rider et le grain à se ramollir : cet indice est certain. »

Si parfois on était obligé d'effeuiller de bonne heure, c'est-à-dire lorsque la végétation est encore très-forte, il faudrait, au lieu d'arracher les feuilles, ainsi qu'on le fait souvent, les couper ou les casser, de manière à ne point faire de plaies et à ne point affaiblir l'œil qui se trouve à leur base. A une époque plus avancée, on n'a pas à redouter cet inconvénient ; la végétation étant en grande partie terminée, on peut alors agir sans précaution, pour ainsi dire.

De l'épamprage. — Le mot indique la chose : épamprer, c'est enlever des pampres ou sarments follifères. C'est donc, jusqu'à un certain point, une sorte d'*ébourgeonnage* tardif. Toutefois l'épamprage diffère de ce dernier en ce qu'il ne se pratique que pendant l'été, sur les bourgeons qui ont poussé tardivement, et souvent à la suite, soit du pinçage, soit du rognage, et que, au lieu d'enlever entièrement les bourgeons, on n'en supprime qu'une partie.

CHAPITRE V

RESTAURATION DES VIEILLES VIGNES DITES USÉES

Nous avons dit, au commencement de ce livre et nous avons essayé de démontrer, par des exemples (grav. 4 et 5), que, si le sol n'est pas absolument défavorable à la vigne, c'est-à-dire s'il est plus ou moins pierreux, sec plutôt qu'humide, de manière que les racines, aérées, ne soient pas placées dans un milieu constamment humide, la vigne vit presque indéfiniment; alors même qu'elle ne pousse plus, la cause n'est pas due au sol, cette cause est externe, c'est-à-dire qu'elle réside dans la partie aérienne de la tige, qui, trop lignifiée par suite des réactions occasionnées par les suppressions continuelles d'organes foliacés, s'oppose alors à la marche des liquides séveux.

Tous les arboriculteurs savent, en effet, que, lorsqu'on rabat ou recèpe un pied de vigne qui ne pousse pour ainsi dire plus, il en sort, la première année, des sarments d'une vigueur extraordinaire (Voir p. 11, 12, grav. 4 et 5) ; par conséquent, au lieu d'arracher les vignes, ainsi qu'on le fait ordinairement, il y aurait souvent avantage à les rajeunir, soit en recépant, soit en opérant comme il va être dit. De cette manière on éviterait les nombreux frais d'arrachage et de plantation, et surtout on gagnerait beaucoup de temps, qui, dans tout état de choses, est presque toujours la principale économie. L'autre moyen de rajeunir la vigne consiste, au lieu de couper, à conserver à peu près tous les sarments et à les incliner de manière que les feuilles, tout en excitant le travail des racines, renvoient la séve vers le pied, qui, alors, développe de nombreux bourgeons.

Deux procédés sont donc applicables aux vignes que l'on veut rajeunir : l'un, — *le plus certain*, — qui consiste à les couper par le pied (grav. 4) ; l'autre, à en incliner seulement les branches. Voïci un exemple de l'application de ce dernier principe :

Une vieille treille en cordons (grav. 99), qui n'avait poussé que quelques bourgeons grêles, a, par suite de l'inclinaison des bras, développé des sarments très-vigoureux *a a* (grav. 100), qui, plus tard, remplaceront les bras.

Ainsi qu'on peut le voir, c'est toujours le même principe. Pour refouler la séve et la faire refluer vers le centre, et pour augmenter encore la végétation, au lieu de supprimer les sarments, on les conserve à peu près entiers, en les inclinant, même sur les bras, de manière à avoir le plus grand nombre possible de

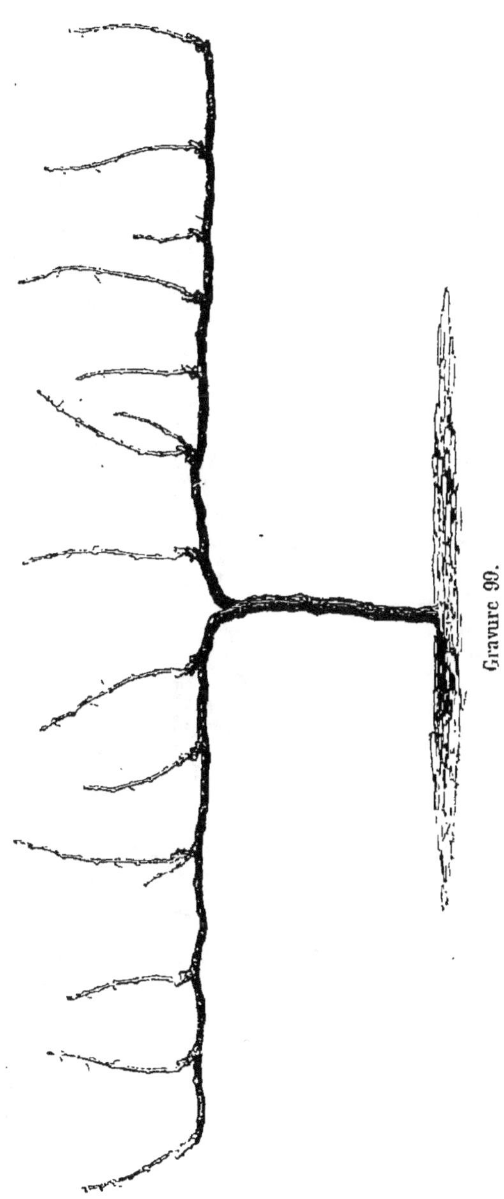

Gravure 66.

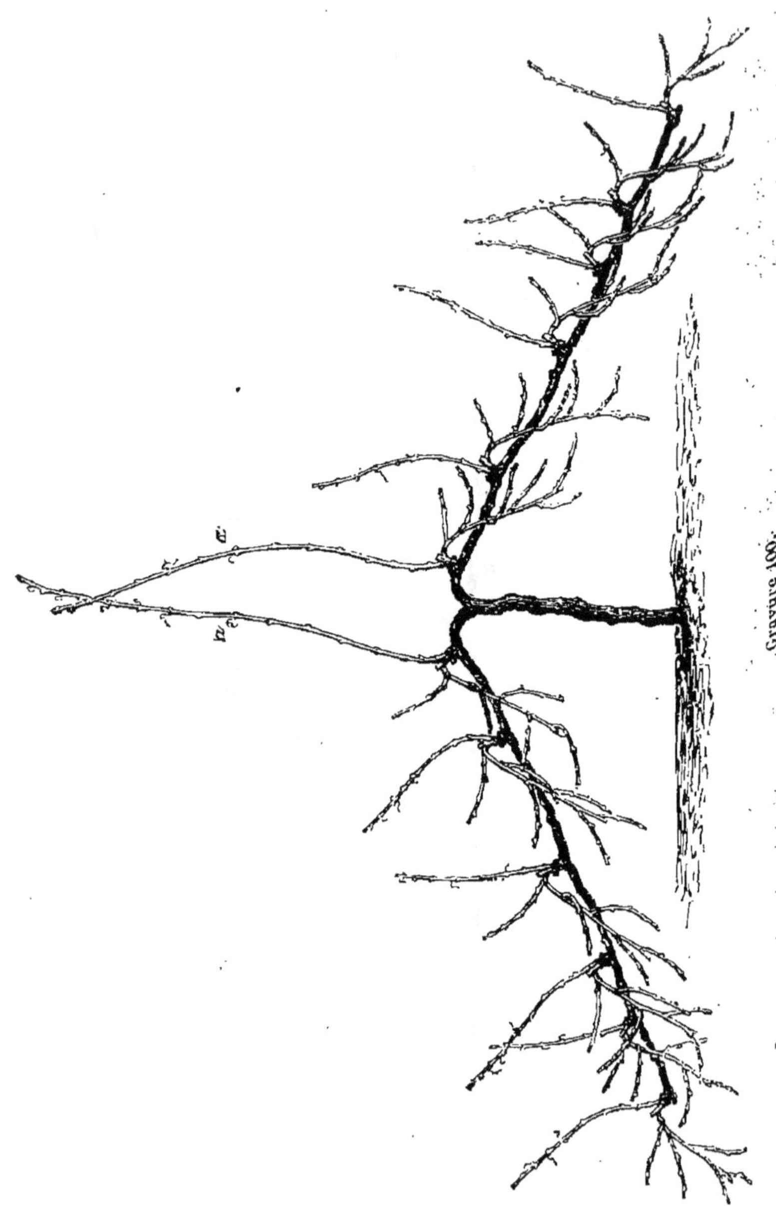

Gravure 100.

feuilles. Si, l'année de leur apparition, les deux sarments *a a* (gr. 100) n'étaient pas suffisamment forts
pour constituer les deux bras principaux, on les taillerait sur un bon œil placé à la base, et on laisserait
les branches inclinées ; on dégagerait seulement les
parties qui pourraient faire confusion. Lorsque les
jeunes bras sont suffisamment forts, on fait l'abla-
tion des vieux, de sorte que, sans avoir perdu de
temps, sans même avoir cessé de récolter, on a un
cep rajeuni. Il est bien entendu qu'à l'exception des
bourgeons principaux destinés au remplacement, tous
les autres bourgeons seront pincés, afin de faire
passer la séve au profit de ces derniers. Dans toutes
ces circonstances, l'inclinaison n'a pas de limites ;
elle devra toujours être assez considérable, puisque
c'est de cette inclinaison que dépend en partie le
refoulement de la séve, par conséquent, le développement des bourgeons que l'on cherche à obtenir.

CHAPITRE VI

ENGRAIS — AMENDEMENTS — LABOURS
AÉRAGE

Des engrais. — L'idée si accréditée que la vigne a
besoin de recevoir beaucoup d'engrais repose, comme
tant d'autres, plutôt sur la routine que sur des données physiologiques ; on le croit d'autant plus volontiers que tous les auteurs, tous les professeurs qui
ont parlé de la vigne, ont toujours affirmé ce fait.
Pourtant rien n'est plus facile que de démontrer le
peu de solidité sur lequel repose ce raisonnement ;
c'est tellement facile qu'il n'est personne qui n'ait été
bien des fois témoin du contraire et qui ne puisse le
prouver par une démonstration. Mais, pour venir, dans
un écrit, combattre une assertion si fortement défen-
due, pour démontrer, ainsi que nous en avons l'intention, que le contraire est vrai, du moins dans une
certaine mesure, nous devons nous mettre bien en

garde, car, dans cette lutte, nous aurons contre nous, non-seulement la routine, mais encore beaucoup d'adversaires plus ou moins sérieux : tous ou presque tous les auteurs viticoles, par exemple. Dans cette circonstance, plus que jamais, nous devons donc appuyer nos arguments sur des principes physiologiques solides, qui, pour ainsi dire, se justifient d'eux-mêmes par des faits irréfutables. La chose est, du reste, des plus simples et des plus faciles à comprendre. Pour cela, il suffit de bien se pénétrer que la vigne est excessivement avide d'ammoniaque, c'est-à-dire d'azote, et que le grand, l'*inépuisable* réservoir, est l'atmosphère, qui, en effet, en contient 79 pour 100[1]. Il faut aussi se rappeler que l'azote, qui, dans l'air, se trouve uni à 21 parties d'oxygène, est principalement dégagé et rendu assimilable par l'action des feuilles, et surtout par celles dont la surface est large ; sous ce rapport, celles de la vigne sont merveilleusement appropriées à cet usage, fait qui explique pourquoi il faut laisser assez de bois à la vigne, de manière à ce qu'elle produise beaucoup de feuilles qui, en même temps qu'elles sont des organes distillateurs et excitateurs, sont aussi des organes assimilateurs ou nourrisseurs. Les faits que nous citons à l'appui de nos dires ne sont pas seulement nom-

---

[1] Toutefois, il ne paraît pas bien démontré que l'azote libre puisse être absorbé directement par les végétaux ; il paraît, au contraire, plus probable qu'il l'est à l'état de nitrates qui se forment dans l'air. C'est toujours ainsi qu'il se comporte lorsqu'il pénètre dans le sol. Mais que nous importe, il nous suffit, au point de vue pratique, de savoir que l'azote de l'air joue un rôle important dans la végétation de la vigne.

breux; ils sont de la plus complète évidence, ils frappent nos yeux depuis un temps immémorial; et si, jusqu'ici, on ne les a pas remarqués, c'est qu'en général les choses les plus importantes, de même que les lois fondamentales dont elles découlent, sont tellement grandes de simplicité, qu'on ne les aperçoit que très-tardivement. Qui, en effet, n'a pas eu bien des fois sous les yeux des preuves de ce que nous avançons. et n'a pas remarqué que ce que nous disons est exact : *Que la vigne n'a. pas besoin d'engrais*[1]. Qui, en effet, n'a vu, plantées dans des cours pavées et même bitumées, parfois le long des murs, dans un sol recouvert de dalles, des vignes séculaires et plus qui, cependant, n'avaient jamais reçu la moindre parcelle d'engrais, bien qu'elles aient acquis de très-grandes dimensions et que, chaque année, elles aient rapporté des quantités considérables de raisin.

Une autre raison qui milite en faveur de notre opinion est que le fumier a pour résultat l'affaiblissement des qualités du raisin, c'est-à-dire la diminution de ses principes sucrés, par conséquent, l'atténuation de sa force alcoolique. C'est là un fait irrécusable que la pratique constate et avoue tous les jours. En effet, que disent les vignerons? Que le vin n'est jamais aussi bon dans les jeunes vignes que

---

[1] On peut, en se basant sur les faits, se convaincre que, comme nous le disons, la fumure n'est pas indispensable aux vignes. En effet, n'est-il pas vrai que, dans un très-grand nombre de vignobles, on ne fume jamais les vignes, et que cependant elles n'en vivent pas moins longtemps? La différence est que, toutes choses égales d'ailleurs, le vin qu'on y récolte est toujours meilleur.

dans celles qui ont un certain âge. Ils ont raison ! mais pourquoi ? C'est, en grande partie du moins, parce que le sol dans lequel sont placées les racines est fortement fumé, que celles-ci, encore peu profondes, sont en contact avec le fumier[1].

[1] Le fait d'amoindrissement de la qualité du vin provenant des jeunes vignes (surtout si l'on a employé de bons plans *provenant de crossettes*) est plutôt dû à l'emploi des engrais qu'à la vigueur des ceps, comme on semble le croire ; ce fait serait une exception presque unique. En effet, est-ce que tous les fruits : poires, pommes, pêches, prunes, abricots, etc. (pourvu qu'ils soient bien mûrs), qui viennent sur des arbres jeunes et vigoureux, sont moins bons que ceux qui viennent sur de vieux arbres peu vigoureux ? Non, assurément. Demandez aux jardiniers si tous les légumes ne sont pas d'autant plus tendres, plus savoureux, qu'ils viennent sur des pieds jeunes et vigoureux, qui, comme on le dit, *n'ont point souffert ?* Demandez aux maraîchers, par exemple, si l'on trouve jamais de bons melons ailleurs que sur des pieds vigoureux? Non, encore une fois. La loi végétale que nous invoquons paraît être la même chez tous les végétaux ; et si elle semble être en contradiction avec les phénomènes qui se manifestent sur la vigne, le fait n'est qu'apparent ; il provient d'observations inexactes partant d'un principe vrai, mais mal interprété, dont on a tiré des conséquences fausses.

Si, comme objection à ce qui précède, on nous dit que lorsqu'on fume les vignes vieilles, l'effet d'affaiblissement des principes alcooliques est à peine sensible, nous répondons que cette prétendue contradiction vient justement confirmer notre dire, qu'elle vient encore de ce qu'on a comparé deux choses analogues mais différentes au fond. Lorsque la vigne est âgée, ses racines s'enfoncent profondément dans le sol ; elles sont, par conséquent, très-distantes du pied, et, comme le peu de fumier qu'on y met est justement placé auprès de la souche, l'effet est à peine appréciable. Mais si, au contraire, on déchaussait complétement la vigne et si on mettait le fumier en contact *immédiat* avec ses racines, on ne tarderait pas à voir se produire l'affaiblissement des principes alcooliques. Le fait de l'affaiblissement du vin, par suite des fumures, est tellement vrai que dans certains vignobles, où jadis on ne fumait pas les vignes, les vins se conservaient pendant quinze ans et même plus, tandis qu'aujourd'hui l'on fume beaucoup et les vins qu'on récolte s'affaiblissent d'une manière sensible lorsqu'ils ont passé cinq ans.

Toutefois, en parlant ainsi, nous ne voulons pas dire qu'un sol fortement fumé est défavorable à la végétation de la vigne, au contraire, mais tout simplement, que le fumier n'est pas indispensable, et que, quoi qu'on en dise, il affaiblit toujours les qualités du vin; par conséquent, on ne doit en mettre que dans les sols pauvres, afin de donner de la vigueur aux vignes qui en manquent, de manière à leur faire produire plus de bois. Dans ce cas, on doit fumer tout le sol, et non pas, comme on le fait généralement, mettre quelques parcelles de fumier autour de chaque cep : car, en agissant ainsi pour des ceps très-âgés, dont les racines s'étendent bien loin dans le sol, c'est absolument comme si, lorsqu'un gros arbre souffre de la sécheresse, on répandait quelques verres d'eau à son pied.

Lorsque nous disons que la vigne n'a pas besoin d'être fumée, nous ne parlons pas des vignes qu'on vient de planter. Pour celles-ci, au contraire, il faut tâcher qu'elles poussent vigoureusement, afin qu'elles aient une charpente bien établie, et surtout un bon système radiculaire, ce qu'on ne peut obtenir que dans un bon sol, ou du moins rendu tel à l'aide d'engrais.

En résumé, bien que nous ne soyons point partisan des engrais appliqués à la vigne, nous dirons : les engrais pourront être mis là où l'on voudra récolter une plus grande quantité de raisins; mais on ne devra jamais fumer les vignes dans les plaines ou dans les terres fortes, non plus que les vignes placées dans de mauvaises conditions climatériques; là le vin est naturellement très-médiocre, et la vigne pousse, presque toujours, beaucoup trop ; toutes choses égales, d'ailleurs, lorsqu'on mettra des engrais dans un sol, la dose à employer devra être en raison inverse de la richesse du sol.

Il va sans dire que, pour les crus très-renommés, les fumures devront être proscrites, si ce n'est exceptionnellement. Notre opinion est conforme à la manière de voir d'un praticien des plus compétents en viticulture, du comte Odart. Il a écrit, dans son *Manuel du vigneron* : « *L'absence de fumure et de provignage* rentre dans l'ordre de nos idées *parmi les causes de la bonne qualité du vin.* » Plus loin, ce même auteur ajoute : « ... Je pense que si certains vignobles sont *déchus* de leur réputation, c'est plutôt *par l'abus des engrais* que par un changement capricieux dans le goût des consommateurs. » Un viticulteur des plus distingués aussi de notre époque, M. le v. comte de Vergnette-Lamotte, s'est prononcé sur la question des engrais d'une manière tout aussi claire ; il a écrit : « ... Le fumier de vache convient surtout au sol maigre et aride de nos cultures de pinots. Toutefois son emploi, *comme celui de tous les autres fumiers de ferme*, doit être limité et n'être admis, pour les premiers crus, QUE DANS QUELQUES CAS EXCEPTIONNELS, lorsque, par exemple, et par une cause quelconque, la végétation des ceps est si languissante que leur dépérissement devient presque inévitable. Les vignerons *qui tiennent plus à l'abondance* QU'À LA QUALITÉ de leurs produits admettent les engrais azotés dans leurs cultures. »

Cependant, comme rien n'est inépuisable, il arrive toujours un temps où un sol, quelque bon qu'il soit, lorsqu'il est sans cesse occupé par des végétaux, se trouve épuisé. Il faut alors tâcher de savoir quels sont les éléments qui manquent au sol et les lui rendre ; de là la nécessité de mettre de temps à autre une certaine quantité d'engrais [1].

Bien que nous proscrivions à peu près complètement les fumures régulières telles qu'on est dans l'habitude de les appliquer, nous n'en reconnaissons pas moins la nécessité, sinon l'indispensabilité des engrais, dans certains cas, par exemple, lorsqu'on fait les plantations ; hors de là, ce n'est que dans de rares exceptions que nous les recommandons ; conséquemment nous devons dire quelques mots des diverses matières qui peuvent servir d'engrais. Nous ne parlerons pas de cette quantité prodigieuse d'engrais industriels pompeusement recommandés dont le cultivateur se défie presque toujours. Ce n'est souvent pas sans raison.

Parmi les engrais qu'on emploie, les différents fumiers jouent toujours le principal rôle. Mais ce ne sont pas les seules substances qu'on peut employer ; toutes les matières organiques peuvent être utilisées.

[1] Si, par l'étude physique et chimique du sol, ainsi que par celle des végétaux qui y croissent, on pouvait reconnaître exactement les principes que ces végétaux ont enlevés à la terre, on pourrait se borner à remplacer ces principes et alors on n'aurait pas besoin d'employer cette masse d'engrais dont une grande partie n'est pas absorbée, ou n'est assimilée que pour produire parfois des résultats contraires à ceux qu'on recherche. C'est très-probablement à l'aide de substances minérales, telles que des phosphates, des nitrates, etc., qu'on obtiendrait ces résultats.

avec plus ou moins de succès. Quelle que soit la nature des fumiers dont on fait usage, on ne doit les
mettre dans les vignes que lorsqu'ils sont arrivés à
un certain état de décomposition ; on ne devra jamais
les employer neufs ; il faudra toujours que, comme
on dit, *ils aient jeté leur feu*, que, dans beaucoup de
cas même, ils soient réduits à l'état de terreau.
Toutefois, comme il convient de n'en rien perdre,
et qu'au contraire il faut tâcher d'en utiliser tous
les principes actifs qui, ordinairement, sont très-vo-
latils, on devra tâcher de les fixer, ce à quoi on parvient facilement.

Un très-bon moyen pour cela consiste, après avoir
étendu un lit de fumier, d'y ajouter une petite couche
de plâtre ou, à défaut de cette substance, une couche
de terre très-sèche, dans laquelle domine le calcaire
ou l'argile suivant les conditions dans lesquelles on
se trouve. Ce dernier moyen, qui n'occasionne aucune dépense et qui est l'un des meilleurs, n'est pas
assez employé. On peut aussi faire entrer, dans le
compost, des herbages de différentes natures. Au
bout d'un certain temps, lorsque la fermentation est
à peu près terminée, on remue le tas pour en opérer
le mélange et pour en hâter la décomposition ; on
peut aussi arroser le tout avec du purin, de la lessive, de l'eau de savon, etc., tous les liquides enfin
qui contiennent des sels alcalins. Toutes les cendres
fraîches ou lessivées sont aussi des plus favorables
pour entrer dans le mélange.

Le fumier dit de ferme convient surtout pour faire la
base de ces composts ; il convient d'autant mieux pour

cela qu'il est très-hétérogène, et que, indépendamment du fumier proprement dit, c'est-à-dire de la paille imprégnée d'urine, il renferme ordinairement des déjections de différentes espèces de volailles, telles que poules, pigeons, canards, etc. Toutes ces substances, lorsqu'elles sont amenées à un certain état de décomposition, constituent un excellent engrais qui convient à tous les terrains et à tous les cépages. Toutefois nous n'en recommandons l'emploi que modérément.

Les engrais industriels, dans lesquels on fait entrer diverses substances très-azotées, tels que le sang, le guano, les poudrettes, etc., peuvent aussi être très-bons; mais, comme ils ne sont pas toujours d'une composition uniforme, on agit toujours avec incertitude, et, malgré les tâtonnements, il arrive fréquemment qu'on en met trop, ou bien qu'on n'en met pas assez.

Les os broyés, les chiffons de laine, les râpures et les rognures de corne sont aussi très-bons comme engrais. Ces substances, favorables à la production des raisins, sont d'autant meilleures que leur excès d'activité n'est pas à craindre; elles se décomposent lentement, et par conséquent elles agissent pendant très-longtemps.

Malgré tous les avantages que présentent ces dernières substances, on ne peut guère les indiquer que comme des moyens exceptionnels, puisque ce n'est non plus que dans des conditions exceptionnelles qu'on peut s'en procurer. Lors donc qu'on se trouvera à même d'en avoir, on fera bien d'en profiter.

Quant au sang, il vaudra toujours mieux, au lieu de l'employer seul, le faire entrer dans le compost dont nous avons parlé ci-dessus, à moins qu'on l'emploie à l'état liquide et additionné de beaucoup d'eau.

Il est inutile de recommander aux cultivateurs de mettre le fumier chaud ou de cheval dans les terres froides, et le fumier de vache, au contraire, dans des terres chaudes, car ce serait les supposer dépourvus de toute connaissance. Nous ne leur dirons pas non plus de mettre le marc de raisin dans leurs vignes, car; pour le faire, ils n'ont pas attendu le conseil des écrivains ; de tout temps, pour ainsi dire, leur bon sens leur a indiqué que tout ce qui sort de la vigne ne pouvait que lui être favorable. On a recommandé aussi l'emploi des sarments ainsi que des différents branchages, hachés et réduits en très-petits fragments ; bien qu'on ne puisse dire que ces substances soient mauvaises, il faut néanmoins convenir que ce sont des moyens extrêmes, qu'on n'emploie guère que faute d'autres.

Il est aussi un engrais très-puissant parmi tous, mais pour lequel, nous le savons, on a une profonde répugnance : ce sont les *matières fécales*. Cependant elles contiennent, en grande quantité, des éléments tellement puissants, qu'il nous semble qu'on n'a pas assez persévéré dans leur emploi ; car si, comme on le dit parfois en parlant de certaines déterminations à prendre : « Un peu de honte est bientôt passée, » nous croyons qu'on pourrait bien faire un effort et dire de même, relativement au fait qui nous occupe : Un peu d'odeur désagréable est également bientôt passée. Ne voulant pas recommander certains moyens industriels de désinfection dont on a fait beaucoup de bruit, qui ont l'inconvénient de coûter très-cher ou bien d'exiger des connaissances spéciales que peu de praticiens possèdent, et finalement d'enlever ou de neutraliser une partie des principes excitants, nous allons indiquer un moyen qui n'occasionne aucuns frais et dont le résultat est assuré. Le voici : Ouvrir une fosse dont les dimensions sont en rapport avec la quantité de matières qu'on aurait à transformer, mais plutôt large et longue que très-profonde, de manière que l'air puisse y pénétrer ; puis, après en avoir pioché le fond, étaler sur celui-ci un lit de matières, puis un de terre pulvérisée et la plus sèche possible, et ce, alternativement jusqu'à ce que les matières soient épuisées, en ayant soin que la dernière couche qui, bien entendu, devra être en terre, soit un peu plus épaisse que les précédentes, de manière à former une sorte d'étouffoir. Si le terrain où l'on fait la fosse était *très-crayeux* (calcaire) ou bien composé de marne maigre et sèche, ce serait préférable ; car, d'une part, l'absorption des gaz ammoniacaux hydrogénés serait beaucoup plus prompte ; de l'autre, les substances absorbantes seraient aussi rendues beaucoup plus riches. Lorsque la réduction est assez avancée, on remue en ayant soin de bien mélanger le tout, et l'on a alors, à la fois, un engrais des plus puissants et des plus favorables à la végétation.

Dans certains cas aussi on peut employer des engrais liquides, par exemple du *purin* pur ou coupé avec de l'eau environ par moitié, ou mieux, avec un tiers d'eau ; dans beaucoup de circonstances même, on peut l'employer pur.

Le sang, additionné d'environ douze fois son volume d'eau, donne parfois de très-bons résultats.

L'époque la plus convenable pour répandre les engrais est l'automne, pour les engrais solides dont la décomposition est toujours plus ou moins longue ; le printemps, au contraire, convient mieux pour les engrais liquides, parce que, pour ceux-ci, l'effet est, pour ainsi dire, immédiat.

Des amendements. — Dans la pratique, on confond presque toujours les *amendements* avec les *engrais*. Bien qu'il soit très-difficile de saisir les différences et d'apprécier les effets qui, dans certains cas, semblent se confondre, néanmoins, en principe, ce sont deux choses distinctes : le rôle des premiers paraît être principalement mécanique ; celui que jouent les seconds paraît être plus particulièrement chimique. Les *engrais*, aussi, semblent agir plus directement, soit en communiquant au sol des propriétés fécondantes immédiates, probablement parce qu'étant facilement assimilables, ils sont absorbés directement par les racines des végétaux. Les *amendements*, au contraire, agissent plus indirectement, c'est-à-dire qu'ils modifient d'abord la nature physique du sol qui acquiert alors des propriétés particulières ; d'où le nom *amender*, c'est-à-dire *corriger* (rendre meilleur). On ne peut guère douter, toutefois, qu'en agissant physiquement les *amendements* n'agissent aussi chimiquement, et qu'à leur tour ils jouent le rôle d'engrais en rendant solubles, et par conséquent assimilables, des corps qui étaient insolubles, et qu'alors ils soient eux-mêmes assimilés. C'est ce qui fait qu'on les qualifie parfois d'*engrais inorganiques*.

En viticulture de même qu'en agriculture, on *amende* un sol en y ajoutant l'élément qui y manque ou bien qui s'y trouve en quantité insuffisante.

La *marne* grasse ou la *marne* maigre, l'*argile*, les curures de fossés, plus ou moins pures, le plâtre, la chaux, les terres des routes, des chemins, etc., sont les substances principales à l'aide desquelles on effectue les amendements. L'*opération du terrage*, que les vignerons pratiquent fréquemment et toujours avec un grand avantage, n'est non plus, dans la plupart des cas, qu'une sorte d'amendement.

Les substances qui viennent d'être énumérées ne sont pas les seules qui peuvent être employées comme amendements; la tourbe, surtout lorsqu'elle a séjourné quelque temps à l'air, qu'elle s'est *mûrie*, constitue, pour certains sols, principalement pour ceux qui sont essentiellement crayeux, ou bien chez lesquels le calcaire domine, un excellent amendement.

Dans la pratique des amendements, on devra agir suivant les conditions dans lesquelles on se trouve, et tenir compte de la nature du sol qu'on veut modifier, de manière à y ajouter l'élément qui y manque ou qui s'y trouve en trop petite quantité.

Des labours. — Les préjugés qui existent au sujet des engrais existent également au sujet des labours, et nous pouvons, de ceux-ci, dire ce que nous avons dit de ceux-là : *qu'on en a beaucoup trop exagéré l'importance, et que leur utilité est infiniment moins* grande qu'on ne le suppose, surtout lorsque la vigne est, comme elle l'est presque toujours, plantée dans un sol sec et pierreux. Dans cette circonstance, en effet, les racines sont placées dans un milieu aéré, la seule chose dont elles ont essentiellement besoin, et qu'on cherche à leur donner par les labours. Nous pourrions encore, à l'appui de ce que nous soutenons : *que le sol des vignes n'a pas besoin d'être labouré*, du moins dans la plupart des cas, rappeler ce que nous avons dit plus haut en nous occupant des engrais : qu'il n'est pas rare de voir des vignes plantées soit le long des murs, dans des cours pavées et même bitumées, soit le long des murs de maisons bâties près de voies publiques pavées ou dallées, etc., etc., qui sont néanmoins excessivement vieilles et vigoureuses, quoiqu'elles rapportent chaque année des quantités considérables de raisin. C'est même dans ces conditions où l'on rencontre presque toujours les vignes les plus vieilles et les plus vigoureuses ; ce qu'il faut à la vigne, ce sont des binages fréquents pour que la terre soit toujours propre. Dans les terrains secs, pierreux et légers, surtout lorsqu'ils sont en pente, les labours sont non-seulement inutiles, *ils sont presque toujours nuisibles*. Ce qu'il y aurait de mieux à faire, dans de telles conditions, ce serait de couvrir le sol d'une couche de matières perméables, soit de tannée, de tourbe, etc., ou de toute autre chose qu'on a à sa disposition, en tenant compte, toutefois, autant que possible, de la nature du sol, de manière que cette couche, qui d'abord empêcherait l'herbe de pousser, et qui maintiendrait un peu de fraîcheur tout en laissant passer l'air, pourrait encore servir soit comme amendement, soit même comme engrais.

Si les plantations ont été faites convenablement, les binages devront se faire avec une sorte de ratissoire-charrue, soit comme celle que montre la gravure 101, ou avec tout autre instrument approprié aux circonstances; il faut que cet instrument puisse être traîné par un cheval et même par un âne, afin de diminuer de beaucoup les frais de main-d'œuvre.

Bien qu'en général il ne soit pas nécessaire de labourer les terrains plantés en vignes, dans certains cas il peut en être autrement; mais alors on doit rendre ce travail le plus économique possible, et pour cela l'exécuter à la charrue; reste à faire le choix de celle-ci, qui devra être aussi petite et aussi légère que possible, de manière à pouvoir passer entre les lignes et à être traînée par un seul animal. La *charrue Messager* (grav. 102), est considérée comme remplissant ces conditions, ce qui, toutefois, ne veut pas dire qu'il n'y en ait pas d'autre.

Ce qui a occasionné l'erreur dans laquelle on est encore, relativement à l'utilité des labours, de même que des engrais, c'est qu'on ne s'est jamais suffisamment rendu compte du mode de végétation de la vigne, car on aurait alors reconnu qu'il est un agent qui, chez cette plante, joue le plus grand rôle; cet agent, c'est l'air atmosphérique. En effet, l'air est indispensable non-seulement aux parties aériennes de la vigne, mais il l'est surtout à ses racines, qui doivent toujours se trouver en contact avec lui; conditions qu'elle rencontre dans les sols pierreux, ce

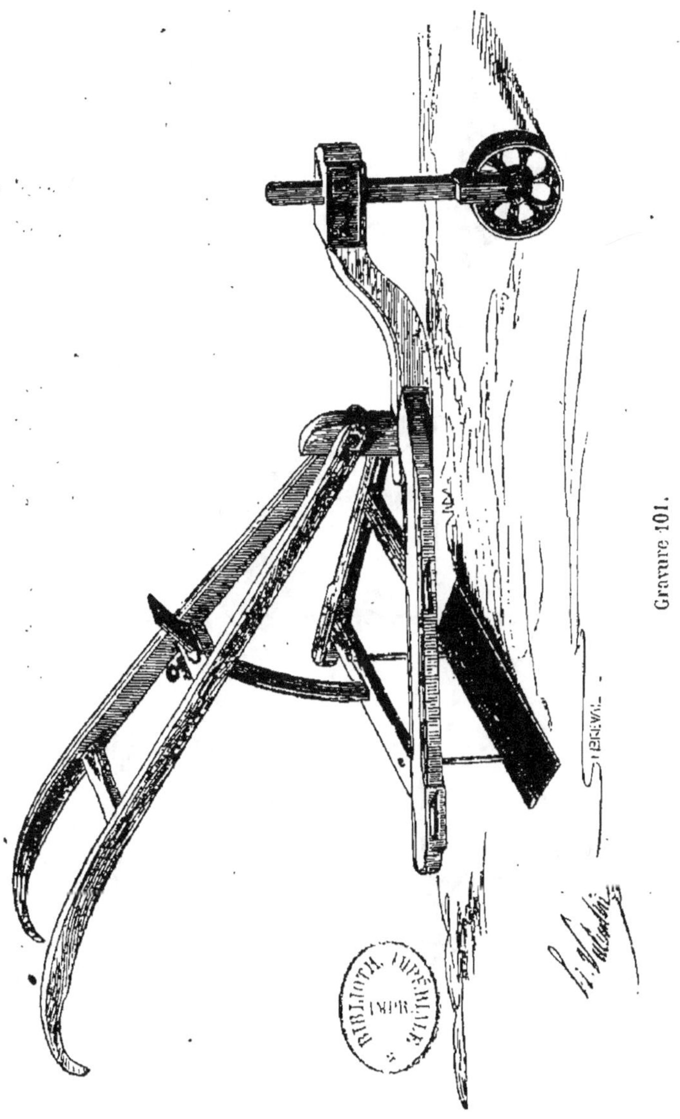

Gravure 101.

qui explique pourquoi elle y vient non-seulement

très-bien, mais aussi pourquoi, toutes circonstances

Gravure 105.

égales d'ailleurs, le vin est plus riche en principes

alcooliques [1]. D'où nous concluons que lorsqu'on veut cultiver la vigne dans des terres profondes et compactes, la première condition est d'aérer le sol, et que dans ce cas il vaut infiniment mieux, au lieu de le fumer, le mélanger soit avec des plâtras, soit même avec des corps vulcanisés, du mâchefer, par exemple, lorsqu'on en a à sa disposition.

Mais on constate de plus que l'air est d'autant plus efficace qu'il est plus souvent renouvelé, condition qu'on rencontre dans un aérage bien entendu, et qu'on obtient par une sorte de drainage dont nous allons dire quelques mots.

De l'aérage du sol. — D'après ce que nous venons de dire, il n'est pas nécessaire d'insister longuement sur l'utilité, ou plutôt sur *l'indispensabilité* d'aérer le sol; nous allons en indiquer les moyens.

Ceux-ci, qui sont nombreux, varient en raison des conditions de sol et de climat dans lesquelles on se trouve placé, et surtout aussi suivant les ressources pécuniaires dont on dispose. Toutefois, nous n'indiquerons que les principaux, en faisant observer

---

[1] Cela est tellement vrai que si l'on pèse le moût provenant de raisins récoltés dans un sol compacte, peu accessible à l'air, et si, par des moyens quelconques, on aère profondément ce sol, et qu'on pèse de nouveau le moût lorsque l'effet de l'aérage est produit, on constatera qu'il pèse plusieurs degrés de plus; cet excédant est dû à l'influence de l'air.

Ce que nous disons ici du rôle important que joue l'air, sans être bien constaté, est reconnu instinctivement par un très-grand nombre de vignerons. Que disent, en effet, ceux-ci? que, chaque année, faut dégager (décavaillonner) les ceps, afin d'en *aérer* les racines; d'où l'on peut conclure que si l'effet est bon, il le sera d'autant plus que l'aérage sera plus prolongé, et qu'il s'exercera sur une plus grande partie du système souterrain.

qu'ici encore les procédés trop économiques sont parfois ruineux. En effet, dans toutes ces circonstances, c'est une question de rapport qui se réduit à ceci : dépenser une somme quelconque en vue d'en retirer une plus forte ; par conséquent il vaut infiniment mieux dépenser 100 francs ou bien 200 francs pour en retirer 150 ou 400, que de dépenser, ne serait-ce que 10 francs, pour n'en retirer que 5 francs. Partant de là, nous disons : Faites moins, mais faites mieux.

Les moyens les plus ordinaires à employer pour aérer le sol consistent à faire des tranchées d'environ 1 mètre de profondeur à une certaine distance les unes des autres, et de placer, au fond, des pierres brutes ou tous autres corps résistants et irréguliers, de manière à ce qu'ils laissent entre eux des cavités dans lesquelles l'air circule, et à remplir ensuite ces tranchées avec la terre qu'on a ôtée.

Un moyen bien préférable, est l'*aérage Hooibrenk*, qui, par le fond, ressemble au précédent. En effet, comme dans ce dernier, on fait des tranchées plus ou moins rapprochées (4 à 10 mètres), en raison de la compacité du sol ; mais alors, au lieu de pierres, de fagots, etc., on met, au fond, des tuyaux en grès, percés sur les côtés et qu'on place bout à bout sans les réunir toutefois ; en un mot, on les place absolument comme s'il s'agissait d'opérer un drainage. On fait arriver tous ces conduits partiels dans un conduit général ou sorte de tuyau collecteur, qui va déboucher dans le foyer d'un *très-petit* fourneau (grav. 104 *c d*)[1], placé à l'extrémité de ce tuyau collecteur. Ce fourneau, qu'on peut appeler *une machine à faire le vide*, peut être placé soit

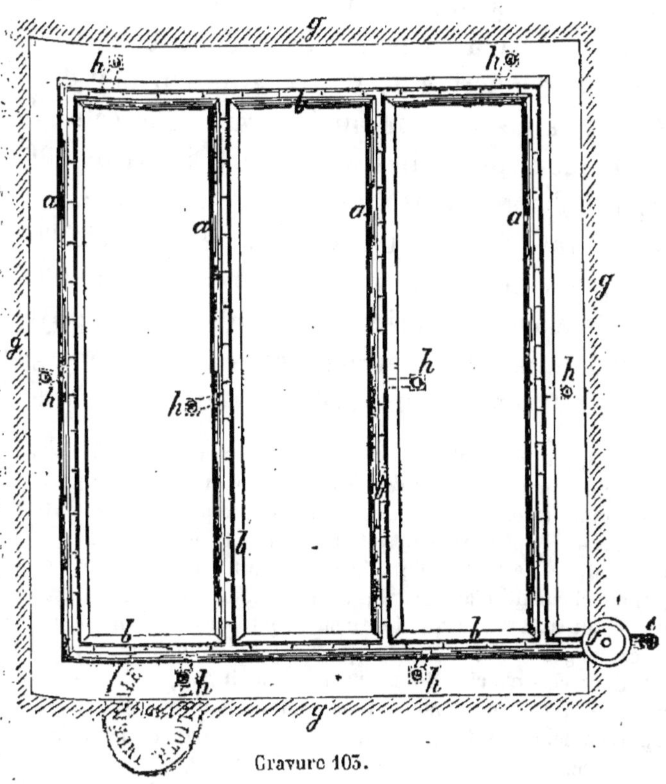

Gravure 103.

dans le terrain qu'on aère, soit dans tout autre endroit, de manière à être en grande partie dissi-

[1] Suivant le besoin, ce fourneau pourra recevoir des modifications dans sa construction, afin de l'approprier au combustible avec lequel on devra l'alimenter, soit qu'on veuille le chauffer avec du bois, du charbon de terre, du coke, de la tourbe, etc , ou même avec des immondices provenant de tailles, de rognures, de sarments ou de toutes autres broussailles qu'on aura à sa disposition.

mulé. Bien que très-petit, ce foyer ou sorte de poêle, peut suffire à l'aération d'une surface considérable. A ce point de vue, ce n'est qu'une question de tuyaux. Ce poêle, qui peut être enterré dans le sol ou bien élevé à sa surface, est bouché hermétiquement de manière à ne pas recevoir du tout d'air extérieur, à ne recevoir au contraire que celui du ou des tuyaux collecteurs. A cet effet, il existe une ouverture dans le haut, par laquelle on met le combustible (grav. 104 *f*), que l'on bouche avec soin chaque fois qu'on met ce dernier. Malgré cette interception complète avec l'extérieur, l'air qui arrive au foyer est en telle quantité, le tirage est tellement énergique, que c'est comme un véritable soufflet de forge, [1] et

[1] Cela, du reste, n'a rien qui doive étonner, si l'on se rappelle que ce déplacement d'air, cet *écoulement*, on peut dire, est déterminé par la colonne atmosphérique, qui, exerçant une pression sur toute la surface du sol, le pénètre d'autant mieux que l'air qu'il contient déjà est plus soutiré, de sorte qu'une fois le feu allumé, il s'établit un courant (renouvellement) d'air des plus rapides. Toutefois, il ne faut pas s'étonner si, aussitôt après que les tuyaux sont placés, le tirage est parfois assez longtemps sans être régulier, sans même que son action soit sensible; ceci n'a rien de surprenant, car il faut, pour que le courant puisse s'établir, que l'air qui est contenu dans le sol où il est comme emprisonné, et qui fait résistance, puisse s'échapper pour faire place à d'autre.

D'une autre part, on doit comprendre que la difficulté sera d'autant plus grande que le sol sera plus compacte; de même le tirage sera d'autant plus difficile à s'établir que les tuyaux seront placés plus profondément, parce qu'alors la couche de terre que l'air devra traverser sera plus épaisse.

De tout ceci il résulte que les bons effets de l'aérage ne sont parfois bien sensibles qu'au bout de quelques mois. Il va sans dire aussi que l'air devant circuler dans les tuyaux qu'on a posés, ceux-ci doivent être vides; par conséquent, si l'on voulait aérer un sol très-frais ou un peu marécageux, il faudrait placer les tuyaux de manière qu'ils ne soient point remplis d'eau.

qu'en quelques minutes les matières sont en incan-
descence; c'est à ce point que si l'on met un morceau
de fer dans le feu, il ne tarde pas à passer au rouge
blanc. D'où vient donc cet air? Évidemment de l'intérieur du sol dans lequel il a pénétré à travers l'é-
paisseur de terre qui recouvre les tuyaux; puisque
l'air arrive constamment au foyer, il faut donc aussi
qu'il se renouvelle constamment. Par conséquent les
racines sont continuellement en contact avec de l'air
nouveau, qui jouit au plus haut degré de propriétés
dissolvantes. L'air, dans cette circonstance, agit d'une
manière complexe : d'abord il se décompose, son
oxygène se porte sur les minéraux contenus dans le
sol, les décompose et rend leurs éléments assimilables, de sorte que la partie restante, l'azote, redevenu
libre, se porte à son tour sur certains corps avec
lesquels il se combine pour former des nitrates, qui,
décomposés et absorbés par les racines de la vigne,
sont des principes essentiels à sa végétation.

Rien n'est plus simple que le placement des
tuyaux d'aérage. Il n'est pas nécessaire de placer
ces tuyaux en pente régulière, comme cela se fait
dans le drainage. Ils peuvent, au contraire, suivre
tous les accidents que présente le sol, en restant
toujours à la même distance de sa surface, soit, par
exemple, de 0^{m},60 à 1 mètre, ou plus, suivant la nature du sol et suivant aussi les cultures qu'on veut
établir.

Le mode d'aérage que nous décrivons, que nous
conseillons même, a encore un avantage immense :
celui de réchauffer le sol. En effet, pendant le prin-

13

temps et l'été, la température de l'air est toujours très-supérieure à celle de la terre, de sorte que l'air contenu dans le sol étant sans cesse renouvelé et remplacé par d'autre plus chaud, il se produit à la fois un effet physique et un effet chimique : cet air cède son calorique et active énormément la végétation.

L'aérage tel que nous le conseillons a aussi l'avantage de rendre le sol humide ; car, lorsque la température est élevée, il y a dans l'air beaucoup de vapeur d'eau qui, pénétrant dans le sol, s'y condense et le rafraîchit. C'est donc lorsqu'il fait chaud qu'il y a le plus d'avantage à exciter le renouvellement de l'air. Par contre, il est bien clair qu'on ne devra point l'exciter lorsque la température de l'air sera inférieure à celle du sol ; dans ce cas, non-seulement il ne faut pas faire de feu, mais il ne faut même pas ouvrir les prises d'air (grav. 103 et grav. 104 *h h*) qui communiquent avec les tuyaux placés à l'intérieur.

Il n'est pas nécessaire non plus de faire constamment du feu ; trois ou quatre jours par semaine, et souvent même pendant quelques heures seulement, seront suffisants. Toutefois la nature du sol, le climat et les conditions dans lesquelles on se trouve placé, ainsi que certaines questions d'économie, devront être pris en considération et pourront parfois faire augmenter ou ralentir le travail, parfois même l'interdire complétement.

Si, par hasard, le terrain qu'on veut aérer était placé près du logement, on pourrait faire arriver le

tuyau collecteur dans le foyer de la cuisine, de manière à être assuré du tirage, et cela sans s'en occuper, puisque le feu qu'on ferait de temps à autre suffirait à faire le vide dans tous les conduits, de sorte
que l'aérage se ferait seul, constamment, et surtout
sans occasionner la plus légère dépense.

Nous essayons, par les gravures 103 et 104, de
donner une idée d'un terrain préparé pour appliquer
le système d'*aérage Hooïbrenk*. Ainsi on voit en *a a a*
(grav. 104) les tranchées au fond desquelles sont

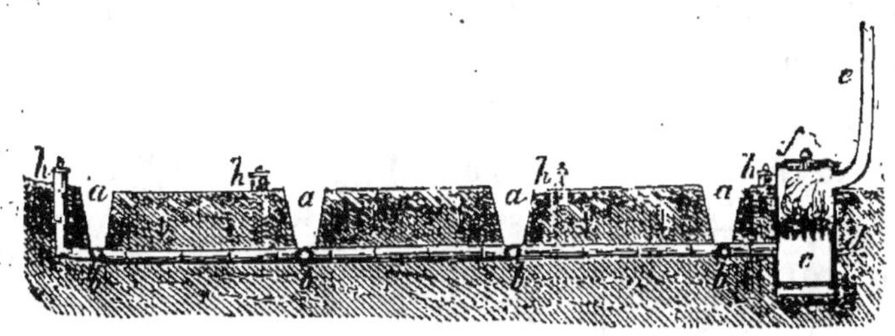

Gravure 104.

placés les tuyaux qui doivent être percés de trous
sur tous les côtés, afin que l'air puisse plus facilement s'y introduire; *b b* est la tranchée dans laquelle
est placé le tuyau collecteur, qui arrive dans le foyer
du poêle *c*, au-dessous de la grille *d*; *e* est le tuyau par
lequel s'échappe la fumée; *f* est l'ouverture supérieure
du poêle par laquelle on introduit le combustible, et
qu'on ferme ensuite avec soin au moyen d'un couvercle en fonte, de manière à intercepter toute commu-
nication avec l'air extérieur; *g g g g* (grav. 103) indique les limites du terrain; *h h* indique les tuyaux de

prise d'air qui, placés verticalement, vont correspondre avec ceux qui sont au fond des tranchées; on laisse ces tuyaux verticaux ouverts lorsqu'on ne fait point de feu, parce qu'alors il s'établit un courant d'air qui renouvelle celui qui est contenu dans le sol; ces bouches ou *prises d'air* peuvent être placées à 20 mètres ou plus de distance les unes des autres. Lorsque l'air du dehors est trop froid, on ferme ces tuyaux à l'aide d'une petite calotte en zinc ou tout simplement d'un tampon quelconque. Il va sans dire que lorsqu'on fait du feu au foyer, on bouche hermétiquement toutes les ouvertures qui communiquent avec l'air extérieur.

La gravure 104 montre une coupe de terrain que représente, à vol d'oiseau, la gravure 103, ce qui permet de voir la disposition des fosses, les conduits qui sont placés au fond ainsi que le tuyau collecteur qui se rend au foyer *c d*.

Nous avons pris comme exemple un terrain régulier, afin de simplifier le dessin; mais rien ne sera plus facile, lorsque cela sera nécessaire, c'est-à-dire lorsqu'on aura un terrain irrégulier, de le régulariser, en établissant des triangles, ainsi qu'on le fait, du reste, lorsqu'il s'agit d'opérer un drainage ordinaire.

Nous le répétons : envisagé au point de vue général, l'air est le principal, l'indispensable agent de la végétation; en ce qui concerne la vigne, il tient lieu, pour ainsi dire, de toute culture du sol, excepté des binages, en même temps qu'il dispense en partie des engrais. Aussi disons-nous : aérez bien le sol de manière à ce que l'air qui arrive abondamment aux racines puisse se renouveler facilement. Donnez en même temps plus d'extension aux ceps, laissez-les développer plus de feuilles et plus de fruits, vous n'aurez alors pas besoin de fumer vos vignes, qui dureront plus longtemps, tout en donnant de meilleur vin.

Toutefois et nous ne saurions trop le répéter, ces recommandations que nous faisons de ne pas fumer la vigne n'ont rien d'absolu, car, avant tout, il faut que la vigne pousse; et là où le sol est très-pauvre, l'engrais n'est pas nuisible.

CHAPITRE VII

DU SOUFRAGE

En traitant du soufrage de la vigne, notre intention n'est pas d'entrer dans de grands détails au sujet de la maladie qui, depuis environ quinze ans, s'est abattue sur la vigne, et fait, chaque année, des ravages plus ou moins considérables. Cette maladie, connue aujourd'hui, du moins par ses effets, à peu près de tout le monde, paraît être occasionnée par une plante parasite du genre *Oidium*, par l'*oïdium Tuckeri*. Toutes les explications qu'on a données de cette maladie reposent sur des hypothèses plus ou moins hasardées, souvent même contradictoires. Il pourrait très-bien se faire, il nous paraît même probable que, dans cette circonstance, on prend l'effet pour la cause, et que le cryptogame ne vient s'abattre sur la vigne que par suite d'une prédisposition de celle-ci. Tout ceci, du reste, n'avancerait guère la question. Aussi nous disons : quelle qu'en soit la cause, le mal existe, il faut le combattre. Nous n'avons pour cela d'autre remède à indiquer que celui qui est à peu près connu de tout le monde : l'emploi de la fleur de soufre. C'est, de tous les remèdes qui ont été recommandés, incontestablement le meilleur, et, lorsqu'on l'applique opportunément, il est à peu près infaillible Pour cela, et lorsque la maladie existe dans une localité où l'on possède des vignes, il est bon d'agir préventivement, c'est-à-dire avant même que la maladie apparaisse; dans ce cas, une seule opération peut suffire.

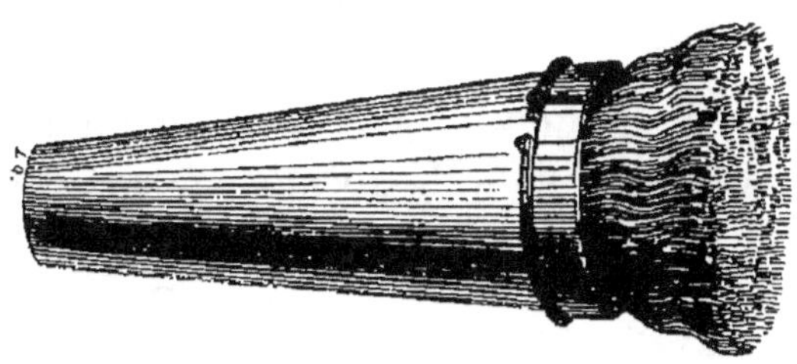

Gravure 105.

La fleur de soufre est projetée sur la vigne à l'aide,

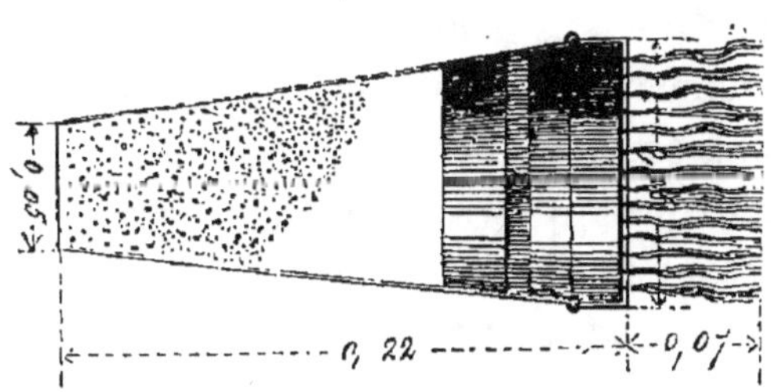

Gravure 106.

soit d'une houppe (grav. 105, 106), de soufflets

(grav. 107, 108); parfois aussi on se sert d'une
sorte de ventilateur, etc.; quelquefois même on la

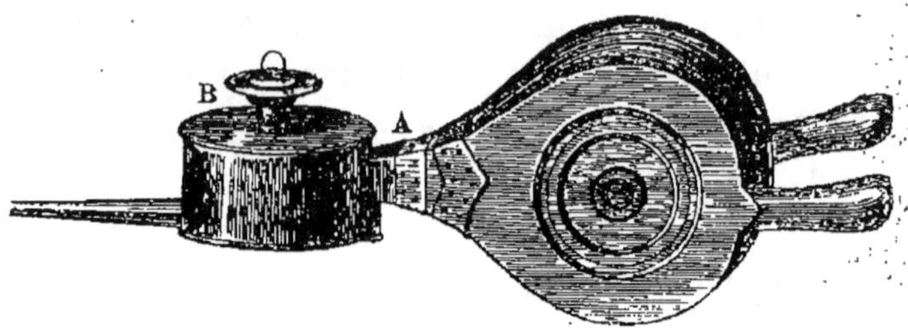

Gravure 107.

répand à la main. Chacun des instruments dont nous
venons de parler, dont la forme peut varier consi-

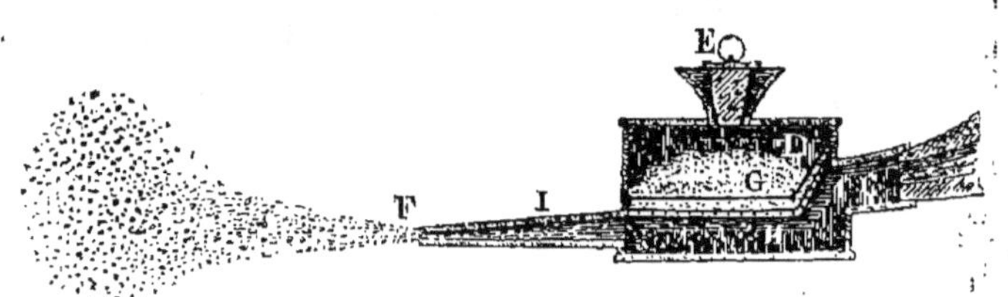

Gravure 108.

dérablement, a ses avantages et ses inconvénients;
il y en a de beaucoup d'autres sortes, nous indiquons
les principales.

Nous croyons qu'il est inutile de donner des détails
de tous ces instruments, ainsi que de la manière de
s'en servir : ce sont des choses, en général, connues,
dont il est au reste bien facile de se rendre compte
en examinant les figures que nous en donnons.
Ainsi la gravure 105 montre une houppe, la gravure 106 en montre la coupe qui permet de voir la

disposition intérieure de cet instrument. La gravure 107 représente un soufflet : A est le prolongement de la boîte dans lequel entre le collet du soufflet ; B indique le corps principal de la boîte dans laquelle est placé le soufre. La gravure 108 qui représente la coupe de la gravure 107 permet de voir l'intérieur et d'en distinguer les diverses parties qui sont indiquées par les lettres C, D, E, G, H, I ; on en voit E le petit tampon qui bouche l'entrée de la boîte par laquelle on introduit le soufre G, qui, passe à travers une petite grille à mailles très-serrées, et tombe dans le fond de la boîte H d'où il est chassé par le vent qui traverse cette boîte et le projette au dehors par le conduit I, sous forme de poussière nuageuse F.

On peut employer la fleur de soufre à l'état humide ou à l'état sec. Dans le premier cas on humecte préalablement la vigne, puis on la saupoudre de fleur de soufre ; l'autre procédé consiste à répandre la fleur de soufre à *sec*. Dans ce cas, il est toujours bon, lorsqu'on le peut, d'opérer le matin, lorsqu'il y a un peu de rosée.

Comme c'est principalement l'acide sulfureux qui agit contre l'*oïdium*, il faut, autant que possible, répandre la fleur de soufre par un temps sec et surtout chaud, de manière à activer la formation de l'acide sulfureux et à augmenter son énergie. On emploie aussi avec succès de la chaux vive, c'est-à-dire de la chaux nouvellement éteinte et bien pulvérisée ; on la mélange par moitié environ avec de la fleur de soufre et on l'emploie ainsi qu'il vient d'être dit.

Il arrive parfois, lorsqu'on opère par le grand soleil, et là où il frappe fort, que la combinaison du soufre avec l'oxygène, et par suite la formation d'acide sulfureux, sont tellement rapides, que les raisins qui reçoivent beaucoup de soufre sont plus ou moins brûlés ; il faut donc, lorsqu'on opère dans ces conditions, répandre un peu moins de soufre, et, autant que possible, éviter d'en mettre sur les grappes ; le mieux encore est d'opérer le matin de très-bonne heure, ou bien l'après-midi, lorsque le soleil s'abaisse un peu au-dessous de l'horizon et que l'intensité de la chaleur est déjà passée.

On a cherché à estimer les dépenses que nécessite le soufrage ; mais, malgré la bonne foi qui a présidé à ces recherches ainsi qu'aux diverses évaluations qu'on a faites, on n'est arrivé qu'à établir des données très-générales. On comprend, en effet, que ce sont des choses qui peuvent varier considérablement, suivant que le prix de la main-d'œuvre est plus ou moins élevé, que l'intensité du mal est plus ou moins grande, que par conséquent il faut soufrer plus ou moins fort et qu'il faut aussi recommencer un plus grand nombre de fois.

Néanmoins on estime approximativement qu'il faut, en moyenne, 20 ou 25 kilogrammes de soufre par chaque hectare et par chaque soufrage, et que pour exécuter le soufrage d'un hectare il faut deux journées d'homme ; mais comme on peut mélanger la fleur de soufre par moitié environ avec de la chaux réduite en poudre fine, et que la chaux coûte moins cher, ce n'est donc plus que 15 kilogrammes de fleur de soufre qu'il faudra au lieu de 25 kilogrammes.

La fleur de soufre, mise en contact avec la muqueuse, produit toujours des irritations et des inflammations, et, comme il arrive constamment qu'en s'échappant de l'instrument quelques particules entrent dans les yeux du soufreur et lui causent parfois des ophthalmies, on doit, pour éviter cet inconvénient, avoir soin que la personne qui pratique le soufrage soit munie de lunettes à peu près semblables à celles dont se servent les casseurs de pierres.

On doit, autant que possible, éviter de mettre beaucoup de soufre sur les fruits, dans la crainte de les brûler; de plus, ce soufre reste parfois renfermé entre les grains, ce qui est un inconvénient assez grave pour les raisins destinés à la table aussi bien que pour les raisins destinés au pressoir, parce que le vin contracte une odeur de soufre plus ou moins prononcée.

Voilà pourquoi il vaut mieux soufrer à sec, parce qu'alors le soufre se fixe plus difficilement et toujours en moins grande quantité.

Lorsqu'on veut être à peu près sûr du résultat, c'est-à-dire se rendre maître de la maladie, trois soufrages sont parfois nécessaires. Voici comment on les répartit : le premier, lorsque la vigne commence à bourgeonner (pour ce premier soufrage on peut mouiller la vigne afin que le soufre adhère fortement après les sarments); le deuxième, lorsque la floraison est sur le point de s'accomplir; enfin, le troisième, lorsque le raisin est en verjus. Il est bien rare qu'on soit obligé d'aller au delà. Si cependant, un peu plus tard, la maladie se montre sur quelques ceps, on peut faire un soufrage partiel, c'est-à-dire là seulement où le mal se montre.

Lorsque le raisin est destiné à la table, qu'il a atteint à peu près sa grosseur normale et que l'envahissement de la maladie n'est plus à craindre, il est bon de le bassiner fortement à l'aide d'une seringue ou d'une pompe à main, de manière à le débarrasser du soufre qui n'aurait pas été évaporé.

On a cru reconnaître que le soufrage *à sec* est de beaucoup préférable au soufrage humide, et aussi qu'il vaut mieux soufrer plus souvent mais moins fort, de manière que le soufre, au lieu de couvrir les ceps, se dépose sous forme de légère poussière. Quelques personnes assurent même qu'il suffit de répandre le soufre sur les ceps sans en mettre sur les raisins, et même de le répandre sur le sol. Nous croyons, au contraire, qu'il vaut toujours mieux, autant que cela est possible, en mettre sur toutes les parties herbacées des ceps, mais alors d'en mettre en très-petite quantité; nous avons même remarqué qu'une grande quantité de soufre n'est pas avantageuse. Dans tous les cas, l'opération faite à sec présente ce grand avantage que le soufre ne s'accumule pas et qu'il ne forme pas de ces agglomérations compactes et persistantes ainsi qu'on en remarque dans l'intérieur des grappes et même sur les grains lorsqu'on a répandu une grande quantité de soufre sur des parties mouillées.

De tous les autres remèdes qu'on a recommandés

pour combattre l'*oïdium*, il en est un dont nous devons parler, parce qu'il est, pour ainsi dire, le point de départ, qu'il a rendu de grands services, et que même dans certains cas encore on pourrait l'employer : c'est le procédé *Grison*. La substance qu'on emploie est un hydrate de chaux sulfuré ou tout simplement un *sulfure* de chaux. Voici comment on le prépare :

On prend 500 grammes de chaux *fraîchement* éteinte et une même quantité de soufre ; on y ajoute 5 litres d'eau, et l'on remue pour faciliter le mélange, qu'on met dans un vase en fonte sur le feu, où on le laisse bouillir environ un quart d'heure ; ensuite on le retire du feu, et, si l'on ne doit pas en faire un usage immédiat, aussitôt que le tout est refroidi, on le met dans des bouteilles que l'on bouche avec soin. Pour employer cette préparation, on ajoute à chaque litre 100 litres d'eau que l'on agite fortement pour opérer un mélange, qu'on lance sur les vignes malades à l'aide d'une seringue.

Cette opération se fait autant de fois que cela est nécessaire, à peu près du reste comme on fait lorsqu'on emploie la fleur de soufre.

Un autre procédé très-analogue au précédent, mais meilleur, assure-t-on, est le suivant : Prendre 175 grammes de chaux vive, la faire éteindre, ajouter 400 grammes de fleur de soufre et 2 à 5 litres d'eau, faire bouillir le tout dans une marmite de fonte pendant environ une heure, jusqu'à ce que le liquide prenne une teinte qui s'approche de celle de l'écorce de marron, en ayant soin de remplacer au fur et à mesure l'eau qui s'évapore ; puis on décante et on mêle à la dissolution une vingtaine de litres d'eau. Ensuite on prend 200 grammes d'acide sulfurique, que l'on étend de 4 à 5 litres d'eau, qu'on ajoute à la préparation. Il faut opérer ce dernier mélange au grand air, de manière à éviter l'action délétère du gaz sulfhydrique qui s'en dégage. Pour employer ce liquide, on l'étend de 475 litres d'eau pure, de manière à avoir environ 5 hectolitres d'une eau laiteuse que l'on projette sur la vigne ainsi qu'il a été dit plus haut.

On estime que ces 5 hectolitres suffiront à arroser 50 ares.

Depuis quelque temps, un propriétaire vigneron, M. Alphonse Demont, négociant en vins à Château-Thierry, a recommandé un nouveau moyen pour combattre l'oïdium de la vigne. Ce moyen, dit l'auteur, consiste à creuser autour de chaque cep, à 20 centimètres environ de profondeur, sur une surface de 20 à 50 centimètres et à déposer, suivant l'importance du cep, de 1 à 6 litres de cendres non lessivées, en ayant soin qu'il y ait entre la cendre et les racines un peu de terre pour préserver celles-ci. Ce travail fait, on recouvre avec la terre qu'on a enlevée, en conservant un petit auget pour retenir l'eau que l'on doit répandre fréquemment, mais légèrement, pendant tout le temps de la forte végétation, c'est-à-dire à partir du bourgeonnement jusqu'à la sève d'août. Cet arrosage a pour but de dissoudre les sels de potasse que contiennent les cendres et de les rendre ainsi assimilables par la vigne.

Bien que nous n'ayons pas de confiance dans ce

procédé, nous croyons néanmoins devoir l'indiquer, car nous ne pensons pas qu'on puisse rejeter, comme étant mauvaise, une chose qu'on n'a pas expérimentée, surtout lorsque cette chose n'a rien de contraire au bon sens et que le but à atteindre a une grande importance. Mais, en admettant que ce procédé soit efficace, il ne serait pas applicable aux vignes des champs, attendu qu'on ne pourrait les arroser, opération qui, d'après l'auteur, est indispensable au succès.

CHAPITRE VIII

PARTICULARITÉS

Sous ce titre, nous allons passer en revue certaines pratiques peu connues, ou bien qu'on ne trouve qu'à peine indiquées dans les ouvrages de viticulture, ou bien encore traiter certaines questions sur lesquelles on n'est pas d'accord, en faisant, autant que nous le pourrons, ressortir les difficultés qu'elles présentent et qui en ont empêché la solution; nous commencerons par la question suivante :

Peut on indéfiniment cultiver la vigne dans un même sol? — Nous n'hésitons pas à répondre : Non! Pour comprendre la cause, il faut entrer dans quelques considérations générales théorico-physiologiques, et se bien pénétrer de ce fait que chaque végétal absorbe tout particulièrement certaines substances en rapport avec sa nature; quelque abondantes que soient ces substances, elles finissent par s'épuiser, et alors le végétal vient moins bien, moins vite, il languit, puis meurt. L'effet est plus ou moins long, mais il se produit toujours. C'est une question de temps. On peut en reculer de beaucoup le terme en rendant au sol les principaux éléments que la plante absorbe, ce à quoi on arrive à l'aide d'engrais ou d'amendements appropriés et qui rendent à la terre des matières solides qui se combinent avec l'azote de l'air pour former des nitrates. Le succès est d'autant plus complet que le sol est mieux aéré et que l'air se renouvelle plus facilement. Mais comme il est très-difficile d'apprécier exactement tous les principes que les végétaux absorbent, il s'ensuit qu'on ne peut les rendre au sol; de là l'obligation où l'on se trouve, au bout d'un temps plus ou moins long, de changer les cultures.

Lorsqu'on suit avec attention les phénomènes qui se passent quand on plante plusieurs fois de suite de la vigne dans un même terrain, on constate que chaque plantation dure un peu moins que celle qui l'a précédée, et, de plus, que les dégénérescences sont un peu plus fréquentes[1]; aussi est-on dans l'usage, cha-

---

[1] Ces faits, du reste, sont entièrement conformes à tous ceux qui se produisent dans des circonstances analogues, soit, par exemple, dans les pépinières, soit dans les terrains plantés en bois, dans les forêts, par exemple. On constate, en effet, que lorsqu'un terrain a été, pendant un certain temps, occupé par une essence quelconque, si on y remet la même essence, les individus poussent moins vite, qu'ils sont plus faibles, plus sujets à contracter certaines maladies, et que bientôt même ils cessent de venir. C'est ainsi qu'on a parfois remarqué que des forêts qui, pendant longtemps, produisaient en grande quantité de très-beaux chênes, n'en donnent aujourd'hui que très-peu, tandis qu'à côté on voit d'autres essences, bouleaux, hêtres, etc., se développer très-vigoureusement. Il n'est même pas rare de voir des bois

que fois qu'on arrache de la vigne, de consacrer le terrain qu'elle occupait, pendant un certain temps (huit ans au moins), à la grande culture.

Les cultures qui paraissent les plus propres à reposer et jusqu'à un certain point à *bonifier* ou à refaire le sol, sont celles des plantes herbacées, surtout celles de la famille des légumineuses, telles que Trèfle, Sainfoin, Luzerne, etc.; cette dernière surtout est préférable, parce que, indépendamment qu'elle dure plus longtemps, ses racines s'enfoncent très-profondément, perforent pour ainsi dire la couche arable,

entiers se transformer, quant aux essences, bien qu'on ne s'en soit jamais occupé : la nature seule fait les frais de cette transformation.

Il en est des pépinières comme des forêts, lorsque le sol a été pendant longtemps occupé par elles; *quoi qu'on fasse*, les arbres ne viennent plus. C'est alors que, pendant un certain temps, on laisse le terrain se reposer, c'est-à-dire qu'on l'emploie à d'autres cultures.

Ce que nous venons de dire des arbres, nous pouvons le dire des plantes herbacées, légumes, plantes d'ornement, plantes industrielles, céréales, etc., etc. C'est l'observation et la véracité de ces faits qui font que, dans la grande culture, on pratique les assolements, de même qu'en jardinage on pratique le système des rotations.

Toutefois nous devons encore faire remarquer que ces faits sont complexes, et qu'indépendamment du sol il y a le milieu ambiant qui se modifie sans cesse et qui influe sur tous les êtres qui s'y rencontrent. Cela est tellement vrai qu'en ce qui concerne la vigne, on la voit parfois, au bout d'un certain nombre d'années, décroître soit dans sa végétation, soit dans ses produits, et cela bien qu'on l'a planté dans des terrains où de mémoire d'homme, il n'y en a pas eu. Du reste, ce fait est conforme à la grande loi qui veut que tout finisse, afin que tout se renouvelle; ce qui nous trompe dans ces circonstances, c'est que, mesurant la durée des choses à la durée éphémère de notre existence, nous considérons comme éternel ce dont nous ne pouvons apprécier les changements, oubliant que, pour la nature, il n'y a pas de limites, que le temps lui appartient, ou plutôt qu'il est un de ses attributs.

de sorte que l'action de l'air s'y fait sentir plus facilement et plus profondément.

Les cultures sarclées, avec engrais, sont aussi très-favorables, d'abord à cause des modifications que déterminent les engrais, ensuite parce que les nombreuses façons qu'on donne au sol le rendent plus propre à s'imprégner de principes particuliers, qui, plus tard, profitent à la vigne. Dans ces circonstances, ce sont surtout les *amendements* qui, employés à propos, sont très-avantageux.

Quelles sont les conditions principales pour faire du bon vin? — A part les questions de sol, de climat et d'exposition auxquelles on ne peut rien ou à peu près rien, il y en a d'autres très-importantes dont on doit se préoccuper.

Une des principales est, sans contredit, le choix des cépages. Mais ceux-ci, indépendamment de leurs qualités intrinsèques, doivent encore être appropriés au sol et au climat, et concorder parfaitement aussi avec le but que l'on veut atteindre.

La manière de travailler la vigne, les différents soins et les façons qu'on lui donne contribuent aussi, non-seulement à la production, mais encore à la qualité du vin. Ainsi, premièrement, il ne faut pas fumer la vigne, ou du moins on ne doit la fumer que très-peu, à moins d'être placé dans des conditions exceptionnelles; le sol doit être très-perméable à l'air, pierreux plutôt que compact; on ne devra laisser à cep *qu'une seule tige* dont la hauteur pourra varier, suivant les pays, de 0^m,25 à 0^m,60 environ. Si on cultive en *hautain* ou bien en pyramide, cette tige pourra atteindre un mètre et plus de hauteur ; elle devra être nue dans toute sa partie inférieure, c'est-à-dire ne point avoir de bourgeons qui partent du collet, qui absorbent la séve au détriment de la tige, qui font confusion et empêchent l'air et la lumière d'arriver au pied du cep. On devra aussi, en temps opportun, faire les pinçages et au besoin l'effeuillage, et même, dans beaucoup de cas, la suppression des sarments qui ne sont pas nécessaires, qui empêchent le soleil d'arriver sur les raisins, et qu'on n'avait souvent laissés que pour donner plus de vigueur à la vigne. Il est inutile de dire qu'il ne doit *jamais y avoir d'herbes* dans les vignes, et que le sol doit toujours être très-propre et que *jamais*, non plus, il ne devra y avoir de grands arbres.

Une des conditions les plus importantes aussi pour faire de bon vin réside dans l'emploi des bons procédés de fabrication. De même qu'un cuisinier peut faire un mauvais ragoût avec de bonne viande, on peut, avec de bon raisin, faire du vin relativement mauvais. Avec du raisin récolté dans une même pièce de terre, par conséquent, dans des conditions semblables, on peut faire du vin de qualités très-différentes, selon le procédé de vinification que l'on emploie.

Peut-on préciser l'âge auquel une vigne est en état de donner des fruits ? — Non ! et cela pour deux raisons : la première parce que cet âge varie selon les traitements auxquels on soumet la vigne ; la seconde dépend surtout de la variété qu'on cultive.

En ce qui concerne le traitement appliqué aux ceps, on peut affirmer qu'il peut déterminer dans ce sens des différences profondes : ainsi on constate que moins la vigne est plantée profondément, plus elle se met promptement à fruit ; que les boutures plantées debout et peu profondément (10 à 15 centimètres au plus) fructifient aussi beaucoup plus tôt que les chevelées ou provins, surtout si on les couche en fosses profondes, comme on le fait presque toujours.

L'autre raison qui empêche de préciser le temps que la vigne exige pour se mettre à fruit est relative au cépage qu'on cultive ; il y a des cépages qui fructifient beaucoup plus tôt que d'autres. Comme exemple de ces différences, on peut citer deux variétés bien connues : le *Chasselas* ordinaire et la *précoce Malingre*. Le premier ne donne guère de raisins qu'au bout de cinq ou six ans de plantation ; la deuxième, au contraire (surtout si la plantation a été bien faite), fructifie parfois au bout de deux ans, de trois toujours. Comme règle générale, on peut dire que si la plantation et le traitement ont été bien suivis, que si le plant, provenant de boutures-crossettes, a été bien choisi, on récoltera déjà pas mal de raisins la troisième année de plantation.

On peut dire aussi d'une manière générale que la vigne se met d'autant plus vite à fruit que le sol, disposé en pente, est plus fortement insolé, que la couche arable peu épaisse repose sur une roche fendillée qui, par conséquent, laisse passer l'air et l'eau. Par contre, on peut affirmer qu'elle fructifie d'autant moins vite que le sol est plus profond, plus froid et plus compact, surtout s'il est placé dans une plaine ou dans un bas-fond.

Comme conclusion de ce qui précède, nous pouvons établir que, toutes choses égales d'ailleurs, on peut hâter l'époque de fructification de la vigne : en plantant des boutures-crossettes en place, au plantoir et à une petite profondeur; puis en pratiquant à propos les pinçages des sarments.

Moyen de rajeunir et de régulariser les vieilles vignes. — Lorsque, dans des vignes d'un certain âge, il se trouve des vides, ainsi que cela arrive fréquemment, il y a, comme on le sait, plusieurs moyens d'y pourvoir; le meilleur, lorsque son application est possible, consiste à remplacer les plants qui manquent, par des boutures-crossettes, jeunes, bien enracinées et plantées debout avec beaucoup de soin. Ce moyen, bien que bon, n'est cependant que très-exceptionnellement employé; celui qui est le plus en usage, c'est le *provignage*, qui est moins bon et qui est, en outre, presque toujours mal fait.

Les inconvénients disparaissent cependant, en très grande partie du moins, lorsqu'au lieu du provignage on fait des couchages et qu'on pratique ceux-ci comme nous allons l'indiquer. Pour exécuter ce procédé, il faut avoir soin, lors de la taille, de laisser à chaque cep destiné au couchage un très-long bois (fig. 109) qui, pendant l'été précédent, avait été conservé et protégé dans ce but; puis, là où l'on veut

qu'il y ait un cep, on fait un trou peu profond (environ 15 centimètres) dont la paroi opposée au côté par
lequel entre le sarment est perpendiculaire, de sorte
que ce sarment, qui est d'abord incliné et courbé, est
ensuite relevé verticalement le long de la paroi *b* ; cela
fait, on remplit le trou. L'année suivante, lorsque le
sarment est enraciné, on le dégage un peu sur le côté
de la courbe, et on le coupe ou on le sèvre en *c* et en *d* ;
on enlève alors toute la partie du sarment comprise
entre *d* et *c*. De cette manière on a très-promptement
un cep bien établi, c'est-à-dire qui possède un bon
système radiculaire.

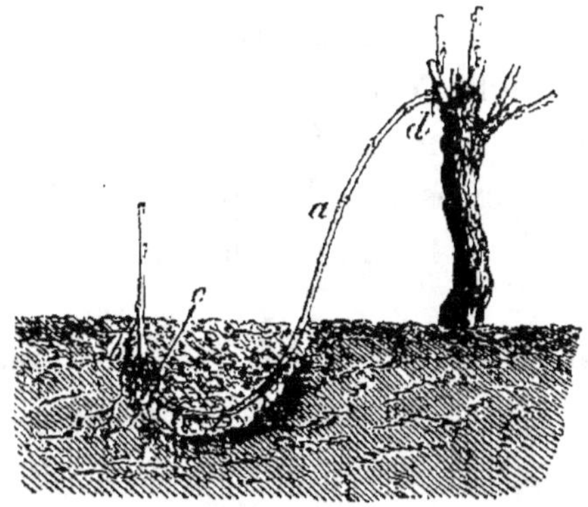

Gravure 109.

Si l'on a bien compris ce qui précède, il est très-
facile de convertir en lignes une vigne cultivée en
foule. En effet, il suffit, après avoir arrêté ses distances et indiqué la direction des lignes, à l'aide d'é-
chalas ou par tout autre moyen, de laisser sur les
ceps les longs-bois dont on pourra avoir besoin (plutôt plus que moins). Pendant tout l'été on favorisera

le développement de ces bourgeons long-bois; on supprimera complétement tous ceux qui sont inutiles, et l'on pincera sévèrement tous ceux qui ont des raisins; au besoin même, on en supprimera quelques-uns.

A l'époque de la taille, on opère des couchages, comme nous l'avons indiqué ci-dessus, en se guidant sur les échalas qu'on a placés pour indiquer la place des lignes. L'année suivante, on *sèvre* les couchages en opérant comme il a été dit plus haut. Si alors on veut arracher tous les vieux pieds, et qu'on ait soin, tout en ménageant les couchages, de bien défoncer et au besoin de fumer le sol, on aura une jeune vigne dont les ceps seront régulièrement placés et dans de bonnes conditions, cela sans avoir perdu de temps, ni fait pour ainsi dire aucune dépense, si on compare celles qu'on a faites à celles qu'il aurait fallu faire si l'on eût arraché à blanc et replanté à neuf.

Quel ordre doit-on adopter pour le placement des cépages lorsqu'on établit une vigne? — La disposition des cépages lorsqu'on établit une vigne est une chose assez importante, bien que, d'ordinaire, on s'en préoccupe peu. En général, on plante un peu au hasard, sans s'inquiéter quelles sont les variétés qui vont être placées près l'une de l'autre. C'est un grand tort; ce qu'il convient toujours de faire, dans cette circonstance, c'est de ne point mélanger les variétés, de placer chacune soit dans des pièces de terre séparées, si l'on en a beaucoup, soit, dans le cas contraire, de les planter par petits lots dans un même terrain. Il y aurait à cela plusieurs avantages ; le premier, que certaines variétés poussant beaucoup plus que certaines autres, pourraient être placées à des distances un peu plus grandes, tandis que, placées pêlemêle près d'autres plus faibles, elles étoufferaient ces dernières. Une autre raison non moins importante que la précédente est, lorsqu'on possède, comme cela arrive presque toujours, des variétés qui mûrissent à des époques différentes, de pouvoir, sans parcourir toute la vigne, couper les raisins qui sont mûrs et laisser au contraire ceux qui ne le sont pas. En plantant séparément les diverses variétés on pourrait encore faire des vins avec telle ou telle, ou bien les mélanger dans de telles proportions qu'on voudrait, de manière à faire des vins de qualités à peu près déterminées.

Lorsqu'on cultive peu de variétés, on doit aussi, autant que possible, les choisir de manière qu'elles mûrissent à la même époque pour qu'on puisse les récolter toutes d'une seule fois. On doit alors aussi les avoir dans des proportions convenables, de manière encore que leur mélange donne un bon vin, car l'on sait qu'il est certaines variétés qui ont telle qualité, tandis que d'autres ont des qualités différentes. Il faut donc que de leur réunion on obtienne un vin supérieur à celui que l'une ou l'autre des variétés donnerait si elle était seule.

De la coulure. — Plusieurs causes peuvent déterminer la coulure des raisins. Bien que ces causes soient complexes, on peut cependant les reconnaître, du moins en partie, et en atténuer, parfois même en détruire les effets. En tête de ces causes nous pouvons placer la non-fécondation des fleurs, qui est due, soit à leur mauvaise conformation, soit à des circonstances extérieures, telles que l'absence trop prolongée du soleil, ou à des pluies trop fréquentes, ou bien encore, à une température inconstante et froide qui empêche les organes sexuels de s'ouvrir ou bien d'acquérir leur complet développement.

Bien que ce soient là des causes majeures qui, il faut le reconnaître, sont un peu en dehors de nos moyens d'action, nous pouvons, sinon les détruire complétement, du moins en atténuer plus ou moins les effets. Ainsi, comme moyen préventif on peut mettre d'abord le pinçage, qui, fait à propos, arrête l'élongation du bourgeon, concentre l'action de la végétation sur la grappe, et concourt ainsi d'une manière efficace à en assurer le grossissement; pratiqué sur l'extrémité inférieure des grappes lorsqu'elles commencent à fleurir, le pinçage peut également avoir de bons résultats.

Contre les pluies trop prolongées qui, d'une part, peuvent enlever le pollen des étamines, de l'autre, laver le stigmate, et, dans l'un comme dans l'autre cas, empêcher la fécondation, il n'y a de moyen préservateur que l'emploi des abris.

L'agitation des sarments, dans cette circonstance, pourrait peut-être avoir une heureuse influence, en faisant tomber l'eau qui, placée sur les organes sexuels, en empêche la fécondation.

Lorsque l'infécondation est déterminée par un

manque de chaleur, il n'y a guère de remède possible, puisque alors ce sont les organes sexuels qui ne se développent point, ou qui ne se développent que très-imparfaitement. Le seul moyen peut-être d'atténuer le mal serait de chercher, à l'aide d'abris disposés *ad hoc*, à concentrer le plus de chaleur possible vers les sarments, tout en les garantissant de l'action des froids. Toutefois, il faut bien le reconnaître, ces moyens ne sont applicables que sur de petites surfaces, ou bien alors dans des conditions exceptionnelles, c'est-à-dire là où le raisin a une grande valeur.

Parmi toutes les autres causes qui déterminent la coulure, il en est deux qui paraissent très-importantes : l'une provient du mauvais état du système radiculaire des ceps ; on remarque, en effet, toutes les fois que cette partie d'un cep est malade, que le raisin coule presque toujours.

L'autre cause de coulure, qu'on peut appeler *mécanique*, qui par ses conséquences a une grande analogie avec la précédente, paraît être déterminée par les suppressions des grosses branches lorsque ces suppressions sont nombreuses et faites sans précautions. Les plaies qui en résultent déterminent à leur tour des chancres qui, très-probablement, par réaction, occasionnent des maladies du système radiculaire. Il faut donc, autant que possible, ne faire de suppressions que sur de jeunes branches, afin d'éviter les grandes réactions, et de n'avoir que de petites plaies ; si l'on était obligé d'en faire de fortes, on devrait les faire bien nettes, et, s'il y a lieu, les recou-

vrir avec un corps gras qui, en rejetant l'humidité
au dehors, s'opposerait à la désorganisation des tissus.
Un autre remède contre la coulure, lorsqu'elle a pour
cause l'infécondation, est la fécondation artificielle ;
celle-ci, en effet, toute mécanique, a pour résultat de
détruire les obstacles qui s'opposent à la fécondation
naturelle, et de mettre ainsi le pollen en contact avec
les stigmates qui, sans cette opération, en auraient
été privés. On emploie pour cela une sorte de goû-
pillon construit avec de la laine attachée autour d'un
petit manche en bois (grav. 110). Lorsque les fleurs

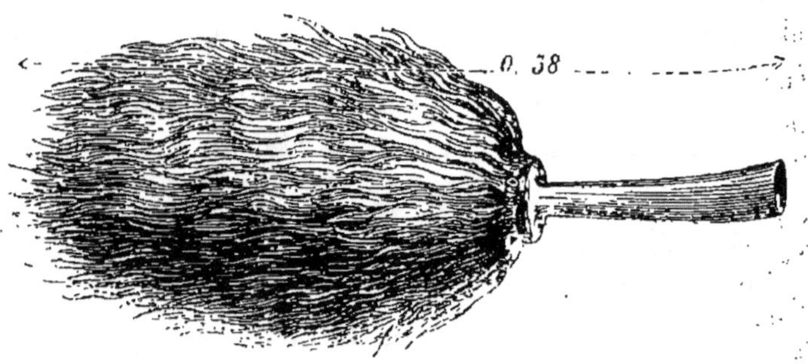

Gravure 110.

commencent à s'épanouir, on passe cette sorte de
brosse dessus ; elle s'imprègne alors de pollen qui,
par les mouvements de va-et-vient qu'on imprime au
goupillon, est mis en contact avec les stigmates des
fleurs qui les transmettent à l'ovaire.

Cette opération, on le comprend, doit se pratiquer
par un temps sec, lorsque les anthères, plus ou moins
ouvertes, laissent échapper le pollen.

Nous n'avons guère de confiance dans ce procédé ;
si nous en parlons, c'est parce que depuis deux

ans il a fait beaucoup de bruit. Toutefois, comme il n'occasionne aucune dépense, pour ainsi dire, on peut toujours l'essayer.

Il peut même se faire que, dans certains cas, ou pour des variétés particulières, on obtienne de bons résultats ; nous l'avons essayé sur des chasselas sans obtenir aucun résultat. Une personne de notre connaissance n'a pas été plus heureuse en opérant sur la variété dite *Ribier de Maroc*, tandis qu'au contraire, sur la variété appelée *grosse Perle du Jura* ou *Chasselas Napoléon*, variété qui coule presque toujours, les résultats ont été magnifiques. Ainsi, tandis que, sur un même pied, les grappes qui avaient été fécondées étaient compactes et que tous les grains étaient gros, les grappes qui n'avaient point été fécondées étaient calmes et ne portaient que très-peu de gros grains.

Parfois aussi la coulure peut résulter de la faiblesse et de la langueur des ceps, état déterminé par l'épuisement du sol. Il faut alors avoir recours aux excitants, et tout particulièrement à ceux qui sont très riches en phosphates.

Certains auteurs ont aussi recommandé, comme remède contre la coulure, de tailler la vigne très-tard au printemps, par exemple en mai.

On a aussi recommandé, comme remède contre la coulure, de pincer l'extrémité des grappes lorsqu'elles vont commencer à fleurir. On a fait de même pour l'incision annulaire, pratiquée sur les sarments fructifères, un peu avant que les raisins entrent en fleurs.

Mais, ainsi qu'on peut le voir, la plupart des moyens recommandés, indépendamment qu'ils ne sont pas d'une certitude absolue et que plusieurs même ne sont pas incontestables, ne sont, en général, applicables qu'à de petites surfaces.

Est-il vrai, comme l'ont avancé certains auteurs, que si on travaille les vignes par la pluie, lorsque les raisins sont en fleur, on peut en déterminer la coulure ? — Rien, à notre avis, ne justifie cette opinion. Nous venons de voir que, si les fleurs coulent, c'est souvent parce que l'eau, en séjournant sur les organes sexuels, s'oppose à leur gonflement et empêche leur fonction. Par conséquent, tout ce qui pourra faire tomber cette eau ne pourra qu'être utile à leur fécondation.

Quel est le temps le plus favorable pour donner à la vigne les diverses façons dont elle a besoin ? — Les façons qu'on donne à la vigne sont de deux sortes : les unes s'appliquent au sol : ce sont les labours, les binages, etc.; tandis que les autres s'appliquent à la vigne proprement dite, c'est-à-dire aux ceps : ce sont la taille, l'ébourgeonnage, le pinçage, l'attachage, etc. Il y a donc deux manières d'envisager la question.

En ce qui concerne le sol, une question se présente d'abord et prime toutes les autres ; c'est la difficulté qu'il y a toujours de façonner le sol et même d'entrer dans les vignes par les mauvais temps, tels que pluies, dégels, etc. Mais, indépendamment de ces considérations, il y en a d'autres basées sur la nature du sol. Ainsi, dans les terres fortes et compactes, on devra s'abstenir de biner ou de labourer par une grande humidité, parce qu'alors le sol se tasserait et deviendrait encore plus compact, par conséquent moins accessible à l'air. C'est donc une bonne raison pour qu'on ne le façonne jamais lorsqu'il fait très-humide, qu'il pleut ou qu'il neige, par exemple.

Au contraire, lorsqu'on a affaire à des sols légers, secs et chauds, on n'a pas à craindre ces inconvénients ; aussi n'y a-t-il pas de règle fixe pour l'exécution de ces travaux. On peut même, lorsque cela n'est pas nuisible aux végétaux plantés, façonner le sol non-seulement par la pluie, mais même par la neige ; les sols inoccupés, siliceux et secs, peuvent être labourés sans inconvénient quand ils sont couverts d'un peu de neige. Mais, dans aucune circonstance, on ne doit façonner la terre lorsqu'elle est couverte de grêle ; dans ce cas, on doit même attendre, non-seulement que la grêle soit fondue, mais encore que le sol soit ressuyé.

En ce qui concerne la taille, on ne devra pas la faire lorsque le bois est gelé ou bien encore lorsqu'il peut survenir de grands froids aussitôt après que la vigne est taillée. Mais, quant aux diverses façons vertes, lorsque la saison sera arrivée, on pourra les exécuter en tout temps. Ces opérations seront toujours bonnes lorsqu'elles seront faites bien et à propos, peu importe alors le temps par lequel on les exécutera.

De la gelée. — A part les moyens directs, c'est-à-dire l'emploi des abris, il n'est guère possible de garantir les vignes contre la gelée. La plupart des autres moyens qu'on a recommandés n'ont pas répondu à l'idée qu'on s'en était faite. Plus récemment on a conseillé l'emploi de matières pulvérulentes telles que du plâtre en poudre, de la cendre, de la sciure de bois, etc., qu'on répand sur le sol et sur les bourgeons lorsqu'ils commencent à pousser, et de renouveler au besoin cette précaution.

On a cherché aussi à savoir comment et dans quelle direction s'exerce l'action de la gelée. Ici encore on ne sait à peu près rien de certain ; la gelée vient-elle de l'est, du nord, de l'ouest? Nous pensons que, suivant les circonstances, la gelée agit diversement. Nous avons vu des vignes, de même que d'autres végétaux, geler à toutes les expositions ; en général, cependant, la gelée est plus à craindre à l'exposition est, nord ou nord-est, qu'aux autres expositions, quoique dans certains cas on puisse constater, relativement à la manière dont la gelée agit, des bizarreries très-grandes, ainsi que des résultats complétement différents de ceux que semblait indiquer la théorie. Ce qu'on sait d'une manière à peu près certaine, c'est que le froid, c'est-à-dire l'action de la gelée, s'exerce par rayonnement direct de bas en haut, et que, tant qu'il n'y pas deux ou trois degrés au-dessous de zéro, il suffit, pour garantir les vignes, des moindres corps placés près des ceps et formant écran entre ceux-ci et l'espace céleste. Mais quand la température baisse beaucoup, le froid se manifeste alors en tous sens. Ce qui confirme ce que nous venons de dire, que le refroidissement et par suite l'action de la gelée s'exerce de bas en haut, du moins jusqu'à une certaine élévation, c'est que plus la vigne est rapprochée du sol, plus elle est exposée à la gelée. Ce qui n'est pas moins vrai, c'est que, toutes circonstances égales d'ailleurs, la gelée est moins à craindre lorsqu'il fait du vent que lorsque le temps est calme, lorsqu'elle est agitée que lorsqu'elle est fixée, ce qui explique pourquoi il ne faut ni fixer les *longs-bois*, ni les abaisser près du sol tant que les gelées sont encore à craindre, à moins toutefois qu'on puisse les garantir du froid.

Une chose dont nous sommes à peu près sûr, c'est que le sol (considéré d'après sa nature physique) n'a pas l'influence que certaines personnes semblent lui reconnaître, tandis que le milieu ambiant dans lequel il se trouve placé, exerce, au contraire, une action très-manifeste. Ainsi, dans des conditions en apparence très-mauvaises, dans un marais, dans de la tourbe à peu près pure où on trouve l'eau à quelques centimètres de la surface du sol (elle le recouvre même parfois), nous avons vu des vignes qui poussaient très-bien, dont les bourgeons, très-verts, ne gelaient jamais, tandis qu'à côté, sur des collines, dans des terrains excessivement secs et entièrement crayeux, les vignes gelaient presque tous les ans.

Dans tout ce qui précède, nous ne parlons que des gelées printanières et non des fortes gelées d'hiver qui peuvent détruire le bois ; car là où ces fortes gelées sont à craindre il est rarement avantageux de cultiver la vigne et il n'y a guère d'autre moyen de la préserver que de la cultiver sur souches très-basses qu'on enterre chaque année à l'approche de l'hiver. On comprend alors que ce travail augmente de beaucoup les frais de main-d'œuvre, et qu'on ne peut guère le pratiquer que là où les produits ont une certaine valeur.

Ainsi qu'on peut le voir, il n'y a, en réalité, de moyens pratiques à employer contre la gelée que les abris directs, tels que paillassons, planches, branchages, etc., qu'on place le plus près possible des sarments qui, alors, doivent être abaissés et placés d'une certaine manière. Mais comme l'action du froid est d'autant plus grande et que la gélée agit plus vivement sur les objets qu'ils ont placés plus près du sol, on doit, là où l'on ne couvre pas les ceps, n'abaisser les sarments que lorsque la gelée n'est plus à craindre; jusque-là on doit les laisser s'agiter et flotter librement dans l'air.

On a remarqué aussi que les surfaces récemment remuées rayonnent davantage et par conséquent se refroidissent beaucoup plus que celles qui sont dures et moins divisées; de là le conseil qu'on a donné, de ne point façonner le sol des vignes lorsqu'on a à redouter l'action prochaine des froids. Dans certains cas on a vu, dans un même champ, de la vigne geler, là où le sol avait été remué tout récemment, tandis qu'à côté, dans des conditions absolument identiques, mais où le sol n'avait pas été travaillé, la gelée n'avait pas eu d'action.

Des abris. — Dans un pays comme la France, dans beaucoup de localités surtout où la température varie quelquefois brusquement, il est presque indispensable de garantir la vigne si l'on veut être assuré de la récolte. Lorsqu'on cherche à se rendre compte du temps et des dépenses qu'entraîne la culture de cette plante, on ne comprend guère pourquoi, après avoir fait tant de sacrifices, on ne cherche pas à en assurer la rémunération, c'est-à-dire à en garantir la récolte en la préservant de la gelée. On le comprend d'autant moins que, dans quelques pays et dans certaines localités surtout, la vigne, en général, gèle une année sur quatre, parfois même sur trois. On dira peut-être qu'il faut réserver les abris aux bons vignobles, là où le vin a une valeur assez forte, parce que la dépense est largement payée, mais que l'emploi des abris est impossible dans les vignobles ordinaires. Bien qu'en apparence ce raisonnement soit fondé, il ne supporte pas l'examen. On ne passe pas moins de temps, le temps n'est pas moins cher dans les pays où la vigne gèle que dans ceux où elle ne gèle pas, dans les pays où le vin est moins bon que dans ceux où il est très-bon ; c'est même parfois le contraire qui a lieu ; d'où il résulte que dans tous les pays où la vigne est susceptible de geler chaque année, il y aurait intérêt à la garantir et à tâcher de faire une récolte aussi fructueuse que possible. Logiquement il faut de ces deux choses l'une, ou cesser de cultiver la vigne, si le produit qu'elle donne ne compense pas les frais, ou bien, dans le cas contraire, il faut en assurer la récolte.

Étant reconnu qu'il faut garantir les vignes contre les gelées, reste à en rechercher les moyens. Ils peuvent varier suivant les pays et les conditions dans lesquelles on se trouve, et suivant les ressources dont on dispose. Ainsi, dans certaines circonstances, on fera usage de branchages de pins, de sapins, de petits fagots de sarments, d'herbages, de roseaux, etc., au besoin même on emploiera des paillassons appropriés à cet usage, quoique ces derniers, qui sont très-bons et assurément les meilleurs comme garantie, soient toujours dispendieux. Les toiles, soit simples, soit surtout légèrement goudronnées, pourront aussi être employées. Un des meilleurs moyens, bien qu'au premier examen il paraisse le plus dispendieux, c'est l'emploi de voliges de bois blanc, tels que peuplier, sapin, saule, etc., lorsqu'on pourra s'en procurer assez facilement; car alors la durée est beaucoup plus longue, le travail présente moins de difficultés et par suite la main-d'œuvre est moindre.

Pour garantir les vignes en plein champ il est indispensable qu'elles soient plantées en ligne et que les ceps soient le moins élevés possible. Lorsqu'on plante un vignoble avec l'intention de le garantir contre la gelée, on doit opérer comme nous l'avons dit page 76 (plantation représentée par la gravure 111).

Gravure 111.

deux rangées de ceps sont placées à environ 0^m,40 l'une de l'autre, et chacun des ceps, sur la ligne, est planté à environ 0^m,60 l'un de l'autre; puis on laisse un espace d'environ 2 mètres, espace qui peut être cultivé à la charrue et qui sert en même temps de passage pour circuler et faire toutes les manœuvres nécessaires, soit pour couvrir, soit pour découvrir, les ceps, etc.

La plantation faite, on place entre les lignes, à des distances plus ou moins grandes suivant les matériaux qu'on veut employer, soit en *aaa* (grav. 111) des

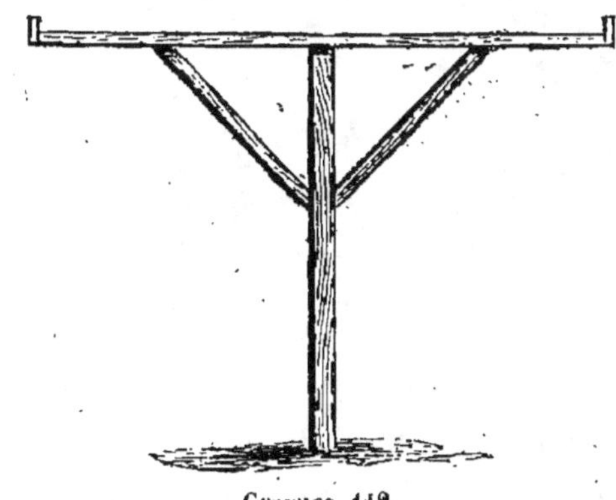

Gravure 112.

supports en forme de T (grav. 112), ou bien dont les

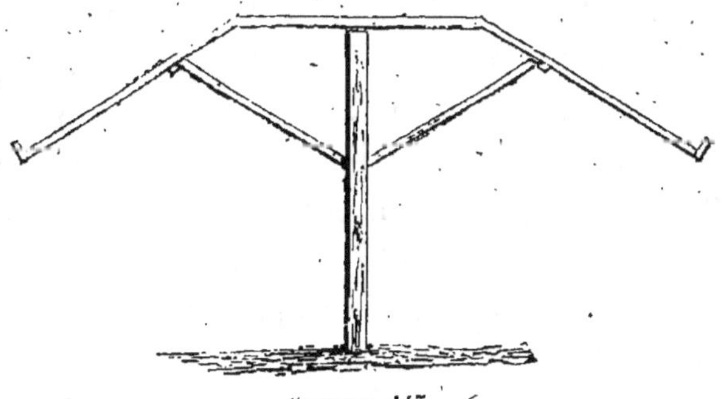

Gravure 115.

côtés sont légèrement inclinés et le milieu horizontal

(grav. 113). Dans ce cas, on doit calculer son affaire de manière que la distance qui sépare chaque support soit égale à la longueur des planches qu'ils doivent supporter, de sorte que ces planches étant placées, on ait quelque chose de semblable à ce que montre la grav. 114. Si au lieu de planches on em-

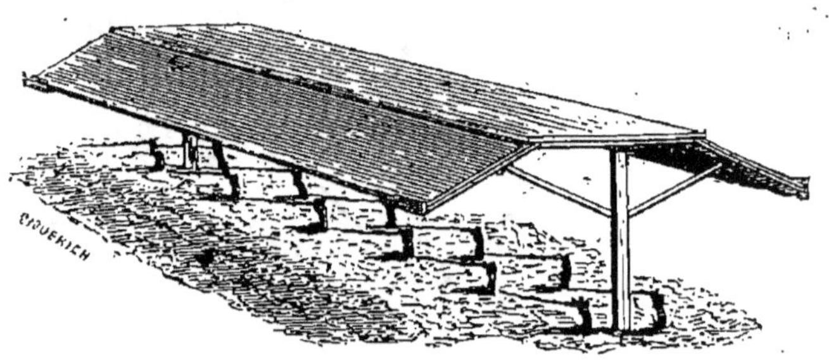

Gravure 114.

ploie d'autres matériaux, on dispose les supports en conséquence. Mais dans tous les cas, ces supports doivent toujours être le plus rapproché possible des ceps qui, eux-mêmes, devront être tenus bas afin d'être facilement garantis.

Il est bien clair que les modes d'abris que nous indiquons ici ne sont pas les seuls qu'on peut employer; il n'y a rien d'absolu, tous les moyens sont bons pourvu qu'on atteigne le but et qu'on parvienne à garantir la vigne; les meilleurs évidemment seront donc ceux à l'aide desquels on pourra obtenir ce résultat, le plus économiquement possible.

Les abris se placent quelque temps avant qu'ait lieu le développement des bourgeons, pour n'être retirés définitivement, que lorsque les gelées ne sont plus à craindre. Si l'on avait à redouter des froids de l'hiver, on pourrait devancer l'époque et placer les abris avant l'arrivée de l'hiver. On peut, toutefois, lorsque le temps est beau et que les vignes commencent à bourgeonner, enlever ou resserrer les abris afin que les bourgeons reçoivent plus de lumière et qu'ils ne s'étiolent pas.

Lorsque les cultures sont très-étendues on peut, si on a employé des planches pour couvrir les vignes, se dispenser de les enlever ; il suffit de les resserrer et de les superposer sur les supports. De cette manière et pendant tout l'été il n'y a jamais que la largeur d'une planche qui couvre la vigne, encore cette largeur se trouve-t-elle comprise entre les deux lignes de ceps, ainsi que l'indique la gravure 114. Dans la crainte que les planches soient enlevées par le vent on pourrait les attacher ensemble, à l'aide d'une corde qui les relieraient au support. Quant aux branches de remplacement, elles s'élèveront de chaque côté de la planche sur des échalas qui seront placés au pied des ceps, gravure 115. A partir de la fin de l'hiver et jusqu'en mai, les vignes sont toujours à peu près couvertes, de sorte qu'elles présentent un aspect semblable à celui que montre la gravure 114.

Il ne faudrait pourtant pas conclure de ce qui précède que nous recommandons de couvrir les vignes partout, toujours et quand même ; ce n'est pas là notre pensée, tant s'en faut. Ce que nous voulons dire c'est que dans les localités où la gelée exerce très-souvent ses ravages, il y aurait avantage à la garantir, et que, pratiquée avec économie et intelligence, cette opération, qui n'est point aussi dispendieuse qu'on pourrait le croire, est avantageuse.

Quant aux abris dits *brise-vent*, placés à des distances plus ou moins rapprochées, on n'est pas d'accord sur le rôle qu'ils jouent. Beaucoup de personnes prétendent qu'ils sont plus nuisibles qu'utiles, ce qui

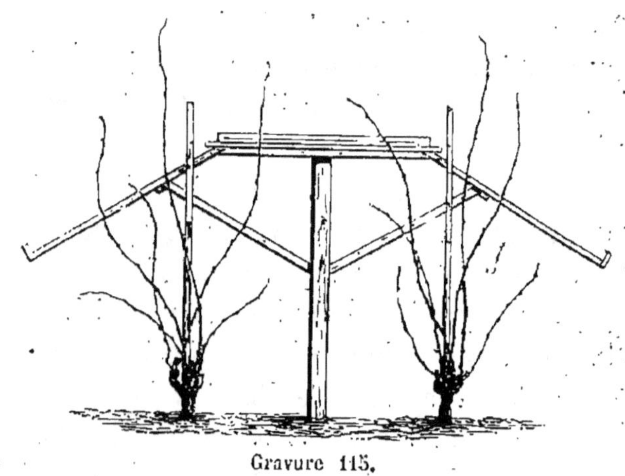

Gravure 115.

pourrait bien être; car, en coupant çà et là le courant des vents, ils arrêtent et paralysent leur action qui, comme nous l'avons dit ailleurs, empêche et neutralise les effets de la gelée en agitant constamment les sarments. De plus, ces brise-vents concentrent l'humidité qui est toujours funeste en temps de gelée.

Peut-on, avec exactitude, évaluer les diverses dépenses que nécessite la culture de la vigne. — Non! d'abord parce que les dépenses que nécessite la vigne sont toujours très-variables, ensuite parce qu'on ne peut prévoir les difficultés, et que les prix de main-d'œuvre sont très-différents, suivant les pays. Bien plus, ces prix sont variables dans un même pays suivant les conditions dans lesquelles on opère; ils augmentent sans cesse, à ce point que ceux qu'on a établis, il y a seulement dix ans, ne donnent plus guère qu'une idée approximative des prix actuels. Il en est à peu près de même des matières qn'on emploie; elles ont subi une augmentation sensible, si on en compare le prix avec celui qu'on payait autrefois. Mais indépendamment de ces choses, comment évaluer d'une manière absolue les labours, défonçage, pinçage, etc.? Qui peut, dans certains cas, dire que tel labour, tel défonçage sont payés trop cher par ce fait qu'on aurait donné un peu plus d'argent que pour en faire exécuter d'autres en apparence semblables? Car, s'il y a fagots et fagots, il y a labours et labours, façons et façons? et si dans le premier cas il est facile d'apprécier les différences, il n'en est pas de même dans le second? Ne peut-il pas arriver, en effet, que telle opération qu'on aura payée, je suppose, dix francs, soit beaucoup plus chère que telle autre qu'on aura payée cent francs? Tout est relatif, et souvent rien n'est cher comme le bon marché. Aussi, d'après toutes ces considérations, nous regardons comme impossible de donner une évaluation exacte des diverses dépenses que nécessite la culture des vignes.

De la rusticité de la vigne. — Choix qu'on devra faire des variétés, suivant les conditions dans lesquelles on se trouve. — La culture de la vigne, envisagée au point de vue de la production du vin, nous l'avons dit ailleurs, est plutôt limitée par la chaleur de l'été, et surtout par la lumière solaire, que par le froid de l'hiver. En effet, on sait que, dans beaucoup de pays où il gèle très-fort l'hiver, on peut encore y cultiver la vigne, tandis que, dans beaucoup d'autres où la température moyenne est élevée, et où la température de l'hiver est également assez forte, on ne peut pas la cultiver, sinon avec perte, par la raison que l'été n'est point assez chaud, et surtout parce que l'atmosphère, plus ou moins humide, est presque toujours brumeuse. Toutefois, comme il en est de la vigne comme de tous les végétaux, et que, parmi la quantité innombrable de variétés qu'elle renferme, il en est de tempéraments divers, qui, toutes circonstances égales d'ailleurs, souffrent plus ou moins du froid, tandis que d'autres en sont à peine atteintes, on devra donc choisir celles qui présentent les qualités qu'on désire, ce que l'expérience seule peut indiquer. Ainsi, par exemple, il est des cépages qui poussent de très-bonne heure au printemps, tandis que d'autres poussent beaucoup plus tard; il en est aussi dont les raisins ont la pellicule très-mince et qui, par conséquent, sont très-sensibles à l'humidité et sujets à pourrir, tandis que d'autres, dont la pellicule est épaisse, résistent et se conservent bien à l'automne. En général, ceux-ci sont moins sensibles à la gelée. On doit donc choisir les cépages en raison des conditions dans lesquelles on se trouve.

Il est également des variétés qui préfèrent tel sol à tel autre, qui, dans certaines terres, présentent des inconvénients qu'elles ne présentent pas dans d'autres : ainsi, telle variété (le pinot noir, le lombard, etc., par exemple) vient bien dans un terrain en pente, sec, peu profond. D'autres variétés, au contraire, viennent mieux en plaine, dans les terres un peu fortes et profondes ; telles paraissent être la plupart des gamays. Ce sont là, on le comprend, des questions toutes d'observation, que la pratique seule peut résoudre.

Moyen de réparer les dégâts occasionnés, soit par la grêle, soit par la gelée. — Lorsque les vignes ont été fortement grêlées, que les raisins sont complétement détruits, que les feuilles sont lacérées et que les sarments même ont été plus ou moins endommagés, il n'y a guère à hésiter, et le plus simple est de supprimer tout ou la plupart des parties ainsi fatiguées, qui resteraient souvent très-longtemps malades, qui souvent aussi ne donneraient que très-peu de fruits. On opère donc alors une sorte de *taille en vert*, de manière à obtenir tout de suite l'évolution de nouveaux bourgeons qui pourront s'aoûter et produire une bonne récolte l'année suivante. Il va sans dire que, si quelques sarments n'ont pas été trop endommagés et qu'ils soient nécessaires pour maintenir la forme des ceps, on devra les conserver.

Lorsqu'à la suite d'une forte gelée tous les bourgeons ont été détruits, on peut, ou laisser les choses dans l'état où elles sont, et attendre que s'effectue le développement des sous-yeux, qui donneront des sous-bourgeons sur lesquels, plus tard, on pourra asseoir la taille, ou bien, parfois, on aura plus d'avantage à receper presque sur le vieux bois, ou bien encore à opérer une sorte de rapprochement. Lorsque la gelée arrive de bonne heure, c'est-à-dire peu de temps après qu'a lieu le premier développement des bourgeons, les sous-bourgeons donnent fréquemment du raisin. Il est même des variétés qui, dans ce cas, en donnent presque toujours ; tels sont particulièrement les gamays. Mais, toutes choses égales d'ailleurs, les chances seront plus grandes si on a taillé à longs bois.

Moyen de reconnaître les plants francs. — Nous avons dit ailleurs, en parlant du bouturage, que beaucoup de variétés de vignes tendaient constamment à dégénérer. Dans cette circonstance et quelle que soit la cause de la dégénérescence, il est bon de savoir distinguer l'effet et de pouvoir, en voyant un plant, juger s'il est *franc.*

Le meilleur moyen de reconnaître et d'apprécier la valeur des cépages, c'est, sans contredit, l'examen attentif de ceux-ci, pendant les diverses phases de leur végétation ; par exemple, on remarque ceux dont la végétation est bonne et qui sont en même temps les plus productifs, dont le raisin est plus beau et moins sujet à la coulure, etc. A défaut de fruits, il est un moyen qui, bien que moins certain que le précédent, n'est cependant pas dépourvu de valeur ; ce moyen est fondé sur l'examen tout particulier des feuilles. Ainsi on a remarqué que toutes les fois que celles-ci sont très-divisées, c'est-à-dire qu'elles le sont plus qu'elles ne doivent l'être pour la variété à laquelle elles appartiennent, que les échancrures sont profondes et les divisions aiguës, les ceps qui présentent ces caractères sont très-peu productifs et ne donnent que de très-petites grappes. En général aussi, les individus qui présentent ces caractères sont très-vigoureux, de sorte qu'on est tout disposé à les multiplier. Il faut donc les marquer avec soin, soit pour les greffer, soit pour les arracher et les remplacer par d'autres. Les ceps, au contraire, qui sont *francs*, ont les feuilles bien nourries, et leurs divisions, peu nombreuses, sont aussi peu profondes.

Il est bien entendu que ces indications ne sont que générales et qu'elles ne s'appliquent point, du moins dans leur véritable acception, aux variétés dont les feuilles sont normalement très-divisées. Mais comme tout ceci est relatif, on reconnaîtra, même chez ces dernières, des différences tellement sensibles (toutes proportions gardées), qu'on s'y trompera rarement. Ces connaissances résultent d'un tact qu'on acquiert facilement par l'observation; on est d'autant plus sûr de son fait, qu'on cultive un plus petit nombre de variétés, car alors on est plus familiarisé avec elles.

Doit-on, ainsi que le recommandent certains auteurs, ne planter que des cépages à vins fins? — Bien que la question soit complexe et qu'on puisse la résoudre de deux manières tout à fait opposées, c'est-à-dire par *oui* et par *non*, nous n'hésitons pas à répondre *non*. Voici pourquoi : premièrement, parce que le rendement n'est pas aussi assuré avec les plants fins qu'il l'est avec les plants communs; deuxièmement, parce que, pour le vigneron, la différence qui résulte, comme bénéfice, des vins de qualité *extra*, comparés aux vins ordinaires, est, à part quelques exceptions, tout à fait à son désavantage, comme à celui du consommateur. Ainsi au point de vue général, il vaut mieux faire *beaucoup* de vins et *un peu* moins bons, que de n'en faire que peu, mais de très-supérieur. Deux motifs justifient ceci : le premier, c'est que les consommateurs qui peuvent payer cher et par conséquent acheter les très-bons vins sont et seront toujours l'exception, tandis que la masse des gens, ceux qui, en général, ont le plus besoin de boire du vin, n'auront jamais les moyens d'y mettre un grand prix.

Ainsi, lorsqu'on examine cette question, on voit qu'elle se présente sous deux faces également importantes : assurer plus de bénéfices aux vignerons, tout en rendant le vin accessible au plus grand nombre. Eh bien! disons-le, en général, c'est la culture des plants ordinaires qui réunit le mieux ces avantages. Nous n'exagérons rien, et ce que nous disons ici est en quelque sorte justifié par les faits. En effet, aujourd'hui, dans beaucoup de parties de la Bourgogne, on arrache les plants fins pour les remplacer par des *gamays*.

Du reste des statistiques exactes confirment ce que nous venons d'avancer, et démontrent que les bénéfices que produisent les cépages fins, à part quelques exceptions, ne sont pas ce qu'on est disposé à le croire.

Nous pouvons, dans cette circonstance encore, appuyer notre dire de l'opinion d'un homme dont le témoignage est irrécusable et dont personne, assurément, ne contestera la compétence, de M. le vicomte de Vergnette-Lamotte. Il écrivait récemment :

« Rien n'est plus variable *que le produit des vignes fines*. Nous allons donner pour trois années le prix de revient de l'hectolitre de grand vin, et on verra que si le revenu net s'élève quelquefois à 12 ou 15 pour 100 du capital, souvent le produit brut de l'hectare *ne couvre pas les frais de culture*. Dans les trois années que nous avons choisies, la première (1854) a donné une récolte très-peu abondante dont le vin a atteint un prix élevé ; dans la deuxième (1858), la récolte a été abondante et de qualité ; enfin, dans la troisième (1860), nous n'avons eu, sous le rapport de la quantité, qu'un produit un peu au-dessous de la moyenne, et le vin de cette année était détestable…. »

Suivent les tableaux, que nous ne reproduisons pas, d'après lesquels il résulte que, en 1854 et 1860, le propriétaire non-seulement n'a pas retiré l'intérêt de son argent, *mais qu'il a même été en perte* sur les débours, savoir : de 26 francs 10 centimes par hectare en 1854, et de 146 francs 64 centimes en 1860.

M. le vicomte de Vergnette-Lamotte continue ainsi :

« L'examen de ces tableaux nous montre ce que, dans la Côte-d'Or, la culture des plants fins présente d'éventualités. *Il n'en est pas de même pour le produit des vignes de plants communs.* Dans les vignobles de cet ordre, le rendement en hectolitres varie d'abord moins que pour les vignes de pinots; ensuite le prix de l'hectolitre se base souvent (en dehors de la qualité) sur le plus ou moins d'abondance du marché. Il en résulte que, généralement, les produits bruts des vignes de gamays ne présentent par les écarts de prix auxquels en est souvent exposé avec les pinots. Nous citerons ce seul fait à l'appui de notre opinion. C'est que les détestables vins de gamays de 1860 se sont vendus, aussitôt après la récolte, 10 francs par hectolitre, *plus cher* que les vins de 1858, qui étaient parfaits.... »

Une lettre que nous avons reçue d'un vigneron des environs de Tonnerre, vient en quelque sorte confirmer notre dire, en démontrant que malgré la défense des *plants fins*, qu'ont prise certains viticulteurs, ces plants ne tendent pas moins à disparaître de plus en plus. Nous extrayons de cette lettre tout ce qui a rapport à la vigne; voici :

« ...Je puis vous dire que toutes les vignes qui ont été plantées depuis dix ans, ainsi que toutes celles qu'on plante encore aujourd'hui, sont toutes en *gamay* ou *plant de Roy*, auxquels on ajoute certaines variétés très-productives, par exemple du *lombard ou gros plant*, dans les côtes très-rapides, car c'est le seul plant qui puisse y résister; on ne plante de *pinots* que dans des conditions *exceptionnelles*. Partout au contraire ou le *gamay* peut prospérer, on en plante.

« La commune d'Epineuil, qui produit les meilleurs vins du Tonnerrois, et à qui le vin de Tonnerre doit sa bonne réputation, ne plante plus que du *gamay* et très-peu de *pinots*.

« Cette année, où la récolte en vin est abondante, les *pinots* en ont cependant très-peu, les *gamays* et les *lombards*, au contraire, en ont beaucoup. Comment voulez-vous que les vignerons ne préfèrent pas le *gamay* au *pinot*, lorsque la production en est quatre fois plus forte, et que le prix n'est que de cinq francs en moins par feuillette? On conserve, tant qu'elles sont bonnes, toutes les vignes de *pinots* qui sont plantées actuellement, mais à mesure qu'elles s'affaiblissent on les arrache et l'on n'en replante plus. Du train que vont les choses, c'est à peine si, dans vingt ans, on trouvera un quart de pinots, tandis qu'il y aura trois quarts de gamays.

« M. Hardy, ancien maire de Tonnerre, qui est un des plus grands propriétaires des vignes en pinots, ne plante maintenant que des *gamays*.

« A Épineuil un des plus grands propriétaires de vignes à plants fins, M. Armand, a, depuis cinq ans, planté plusieurs arpents de vignes en gamay.

« Un ancien négociant de Paris, également à Épineuil, a planté, cette année plus de 15,000 pieds de *gamay*.

« Un vigneron de Tonnerre, le père Dominé, a un arpent de jeune vigne en gamay. A chacun de ses plants, qui ont sept ans, et qui sont très-vigoureux, on a laissé, lors de la taille, une *gaule* de $0^m,60$; ses voisins, en le voyant agir ainsi, disaient qu'il était fou et qu'il allait perdre sa vigne. Aujourd'hui on tient un tout autre langage, car sa vigne est très verte et bien portante, et on estime que dans cet arpent (mesure de 20 pieds pour perche) il ne récoltera pas moins de 50 feuillettes de vin. Il faudrait 5 à 6 arpents de *pinots* pour produire cette même quantité de vin.

« Je vais vous citer un très-bon résultat produit par le gamay.

« La commune de Lézine, près Tonnerre, a eu le bon esprit de conserver ses vignes plantées en gamays, et même de les augmenter en en plantant de plus en plus chaque année. Ces vignes, qui pour la plupart ont été plantées sur des terrains en friche, qui étaient même impropres à produire du seigle, sont aujourd'hui d'un très-bon rapport, de sorte que cette commune, qui était très-pauvre il y a cinquante ans, est aujourd'hui très-riche, grâce à son vin de gamay, qu'elle vend pour Paris.

« L'on peut dire (on peut même le prouver) que sur les 50 arpents environ de vignes, qu'on plante chaque année dans l'arrondissement de Tonnerre, la moitié, au moins, est plantée en gamay, l'autre moitié est en plants mêlés. Partout où le *gamay* peut venir, on en plante :

« Pour vous donner une idée de la différence, comme valeur, des vignes plantées en *pinot* avec celles qui sont plantées en *gamay*, je vous dirai qu'on a vendu récemment de bonnes vignes plantées en gamay, à raison de 5,200 francs l'arpent (mesure de 20 pieds), tandis que pour 1,600 francs de l'arpent on peut choisir dans les meilleures vignes plantées en *pinots* de première qualité. Il n'y a d'exception que pour quelques côtes très-renommées dans lesquelles on fait des vins extra.

« Si ces renseignements ne vous suffisaient pas, écrivez-le-moi, je puis vous fournir d'autres preuves, autant que vous voudrez... »

Est-ce un bien, est-ce un mal qu'il en soit ainsi, que dans beaucoup d'endroits on arrache les plants fins qui donnent peu, pour les remplacer par des plants plus communs, qui produisent beaucoup? Nous ne nous prononçons pas, nous laissons au contraire chacun libre de résoudre cette question. Ce que nous croyons, c'est que, quoi qu'on dise et qu'on fasse, on aura de la peine à empêcher le vigneron de travailler dans son intérêt; il est même très-douteux que ceux qui les blâment agiraient différemment s'ils étaient à leur place.

Toutefois, de ce qui précède il ne faudrait pas conclure que nous proscrivons les plants fins, partout, toujours et quand même; non, nous reconnaissons au contraire, que ce serait non-seulement un tort, en même temps qu'un préjudice; mais encore que ce serait impolitique, et qu'on doit au contraire les conserver avec soin, avec orgueil même, au point de vue de la renommée si bien méritée, qu'ont acquise les vins de certains vignobles de la France. Mais ce que nous croyons devoir soutenir, c'est qu'on ne doit s'attacher à cultiver les plants fins qu'autant que les conditions de climat et de terrain leur conviennent, et surtout que le vin de ces localités y acquiert des qualités supérieures, et par suite un prix assez élevé pour compenser largement les pertes résultant des mauvaises années, et parer ainsi à toutes les éventualités. Nous n'hésitons pas non plus à dire que,

proscrire d'une manière absolue les plants communs,
les gamays par exemple, comme le font certains auteurs, c'est faire fausse route, c'est engager les gens
à suivre une mauvaise voie, que du reste et quoi
qu'on fasse ils ne suivront jamais ! La preuve nous
en est fournie par ce que nous avons dit plus haut
dans plusieurs contrées même très-renommées de la
Bourgogne, on arrache aujourd'hui les plants fins,
pour les remplacer par des plants communs, notam-
ment par des gamays. Du reste, nous l'avons déjà dit
et nous ne saurions trop le répéter, il y a des gamays de qualités très-diverses, et dans le nombre
il y en a qui, sans valoir le *pinot franc* ou *noirien*
de Bourgogne, ne sont cependant pas à dédaigner.
Ainsi les vins de Moulin-à-vent, celui de beaucoup
d'autres bons crus du Beaujolais, sont fournis par
des gamays, et même le *gamay rond* entre pour une
certaine partie dans quelques-uns des bons vins de
Nuits.

Pour résumer cette question, nous disons :
Là où le climat n'est pas précisément favorable
pour que les vins acquièrent de grandes qualités, on
devra, toutes les fois que le sol et l'exposition le per-
mettront, cultiver de bons cépages, de manière à compenser un peu, par les qualités de ceux-ci, ce qui
manque par l'insuffisance du climat. Mais partout où
le climat permet aux raisins d'acquérir assez de qualités, sans toutefois atteindre des qualités extra, il
vaut mieux cultiver des plants *dits* communs (mais
cependant *bons*), dont le produit, abondant, est à peu
près certain, que de cultiver des plants fins dont le

produit, toujours plus faible et très éventuel, se tra-
duit souvent en perte. Au point de vue du bien-être
général et quoi qu'on en dise, la question est à peu
près résolue : la quantité l'emportera toujours sur la
qualité toutes les fois, bien entendu, que le vin est
potable. Il va s'en dire que là où les plants fins viennent bien, où le vin acquiert des qualités tout à fait
supérieures, on ne devra *jamais* cultiver des plants
communs. Supposer du reste que les vignerons agiront
autrement, serait les supposer dépourvus de tout bon
sens, ou bien indifférents pour leurs intérêts. Ce serait les juger bien mal.

Nous pourrions peut-être, sans sortir des bornes
d'une juste comparaison, rapprocher la question du
vin de celle du pain, car les deux questions ont entre
elles une certaine analogie. Or, ne serait-il pas préférable que le pain se vendit 10 ou même 5 centimes
le kilogramme, au lieu de 40 centimes qu'on le
vend ordinairement, sauf à ce qu'il soit un peu moins
blanc et que la qualité en soit quelque peu affaiblie ?
Et, lors même que quelques-uns s'en plaindraient,
parce qu'ils préféreraient le payer plus cher et avoir
du pain un peu meilleur, n'en est-il pas un beaucoup plus grand nombre qui y gagneraient et qui
seraient contents ? La question est donc résolue !

Du reste, nous ne saurions trop le répéter, toutes
ces questions sont complexes et dépendent d'une
foule de circonstances qu'on ne peut prévoir, que
l'expérience seule est appelée à résoudre, souvent
même contrairement à toutes les théories. Mais, sans
rien avancer sur ces faits, nous disons : Pourquoi ne

chercherait-on pas, à l'aide d'une combinaison de certains cépages, à réunir la qualité et la quantité. Par exemple, quel avantage reconnaît-on, et en même temps quel reproche adresse-t-on aux gamays? On leur reconnaît une productivité extraordinaire. On leur reproche de faire un vin un peu faible. Admettons cela; mais, dans ce cas, ne suffirait-il pas de mélanger aux gamays une certaine quantité de ceps d'une variété quelconque dont les produits aient de la force, de la vinosité ou, comme on dit, du *nerf?* Dans certains pays, ça pourrait être des *pinots;* dans d'autres, certains cépages, propres aux localités, pourraient être employés. Parfois même, lorsqu'il mûrit bien, on pourrait employer le *gouais,* car, indépendamment que ses produits sont très-nerveux, il en donne en quantité. Nous connaissons des coteaux plantés exclusivement de gouais avec le produit desquels on fait un vin très-bon et très-recherché, qui se garde presque indéfiniment.

Manière d'établir des plantations de vignes sur les terrains placés en pente excessivement rapide. Moyens de fixer ces terrains. — Les terres placées en pente excessivement rapide sont toujours, comparativement, désavantageuses, car, aux difficultés considérables qui résultent de l'inclinaison, s'en ajoutent d'autres telles que celles de fixer la terre qui, toujours aussi, tend à descendre, entraînée soit par les eaux, soit par les façons qu'on donne au sol.

On ne connaît d'autre remède à ce mal que de remonter chaque année, à la hotte ou bien à l'aide de paniers, les terres qui ont été entraînées au bas de la pièce, travail des plus durs et des plus pénibles qu'il faudrait tâcher d'éviter.

Les moyens d'éviter de semblables travaux, nous le savons, ne sont pas communs ; nous ajoutons même que ceux que nous allons indiquer présentent aussi quelques difficultés, et qu'ils ne sont pas non plus d'une application très-facile ; mais le mal est tellement grand que le plus petit remède que l'on pourrait trouver serait déjà un grand bien.

C'est bien convaincu de cette vérité que nous proposons les moyens qui suivent. Ils consistent à former dans le sol, à des distances plus ou moins rapprochées, en raison, soit de la pente, soit de la disposition même du terrain, une sorte de clayonnage à l'aide de pieux enlacés avec des fascines ou avec des branchages. Il est bien clair que, suivant les conditions dans lesquelles on se trouve placé et suivant aussi les ressources dont on dispose, on pourrait modifier le mode de clayonnage, soit dans les matériaux à employer, soit dans la manière d'opérer[1].

Lorsque le climat le permettra, qu'on n'aura pas à redouter la présence d'un peu d'ombre, on pourrait faire des clayonnages *vivants*, c'est-à-dire qu'au lieu de matériaux secs, on emploierait des végétaux qu'on planterait à peu près comme il vient d'être dit, plus ou moins rapprochés, suivant le cas et en ayant soin

---

[1] Dans certains cas, lorsque le sol est très-pierreux, on établit, à l'aide de pierres qu'on entasse, sans mortier, des murs de souténement qui forment ainsi des sortes de terrasses superposées.

de ne jamais leur laisser atteindre de grandes dimensions. Si le sol le permettait, on choisirait de préférence dans les espèces appartenant à la classe des Légumineuses, tels que genêts, cytises, etc., ou bien d'autres qui ont très-peu de racines et dont le feuillage, fin et léger, ne donne que peu d'ombre; tels sont les tamarix, par exemple.

Si la terre était très-meuble, susceptible d'être promptement entraînée, on serait parfois même obligé de la fixer un peu, de manière à maintenir les plants jusqu'à ce qu'ils aient acquis une certaine force; dans ce cas, ce sont des végétaux herbacés, dont la croissance est prompte, qu'il conviendrait d'employer. La nature du sol et les conditions climatériques dans lesquelles on se trouvera placé devront faire adopter certaines espèces plutôt que certaines autres. Toutes les plantes dont les racines sont pivotantes, surtout lorsqu'elles ne sont pas trop épuisantes, sont toujours les meilleures; sous ce rapport, la luzerne, lorsqu'elle peut croître, est peut-être ce qu'il y a de mieux.

Ainsi qu'on le voit, les moyens que nous proposons ne sont pas sans présenter des difficultés; nous les indiquons, faute d'autres meilleurs; ce sont, du reste, à peu près ceux que, dans des circonstances sinon identiques, du moins analogues, on emploie pour fixer les dunes. On comprend aussi que le choix des matériaux dont on devra faire usage n'a rien d'absolu, qu'ils pourront varier suivant les circonstances. Il en est à peu près de même des principes que nous posons; nous les donnons à titre de renseignements.

à chacun de les modifier suivant les circonstances et le milieu dans lequel il se trouve.

Lorsqu'on se servira de végétaux vivants, on prendra, parmi ceux qui ont le plus de chance de croître là où on doit les mettre, ceux qui paraissent présenter le moins d'inconvénients, qui *mangent* moins le sol et, s'il se peut aussi, qui peuvent en même temps avoir quelque utilité, toutes choses qu'on ne peut décider que sur place, en face même des difficultés qu'il s'agit de surmonter.

Il est bien clair que, dans des conditions de culture aussi défavorables que celles auxquelles nous faisons allusion, on ne devra point labourer le sol, par ce fait que ces terrains, qui n'ont souvent qu'une très-petite épaisseur de terre arable, étant formés de pierres, les racines de la vigne sont toujours suffisamment aérées. C'est tout ce qui leur faut. On ne devra donc faire que des binages, et encore ceux-ci, qui devront toujours être légers, devront toujours aussi se pratiquer transversalement à la pente.

Il va de soi que si, dans ces circonstances, on était forcé de faire des rayons ou des fosses, ces dernières devraient être faites dans le sens que nous indiquons pour les binages.

Valeur des cépages. — Il est très-difficile ou plutôt il est impossible d'indiquer d'une manière *absolue* la valeur d'un cépage quelconque. Quoi qu'on fasse et qu'on dise, on n'aura jamais sur ce sujet que des appréciations relatives; la science aussi, dans cette circonstance, est complétement impuissante pour nous éclairer et nous rendre compte de certains faits. On voit en effet qu'un même cépage, transporté du midi vers le nord, donne des résultats toujours divers, et que ses qualités vineuses s'affaiblissent à mesure qu'on s'éloigne du point de départ. C'est là un fait sur lequel on est à peu près tous d'accord, non-seulement pour le constater, mais pour en expliquer la cause, qui, on ne peut guère en douter, est l'abaissement successif de la température. Mais cependant ce n'est là qu'une partie de la vérité, car, si cette cause était seule, on assisterait à une dégradation régulière. Il est loin d'en être ainsi, car on constate que dans un même pays, parfois dans un même champ, le même cépage produit souvent des vins de qualités et de bouquets très-différents. C'est donc une question complexe que la science ne peut résoudre et que la pratique constate, sans toutefois pouvoir l'expliquer. Reconnaissons pourtant que les faits que nous venons de citer ne constituent pas une dégénérescence des cépages; la preuve, c'est que ceux-ci conservent tous leurs caractères extérieurs [1].

Mais pourquoi aussi, dans cette circonstance, n'admettrait-on pas qu'il en est des cépages comme des arbres fruitiers, de même aussi que de certains légumes par exemple, que telle variété peut présenter

---

[1] La dégénérescence, lorsqu'elle a lieu, se manifeste par des caractères sensibles ; la forme des feuilles se modifie, la vigueur des plants est généralement beaucoup plus grande, et ils cessent alors d'être aussi productifs. Mais, dans ce cas et quoi qu'on fasse, on ne peut rendre à ces ceps leurs caractères primitifs; il faut les arracher ou les greffer.

des qualités très-diverses, suivant le climat, l'exposition ou la nature du sol dans lequel elles sont placées?

N'avons-nous pas certaines variétés de poires dont les qualités sont très-différentes, suivant les conditions dans lesquelles les arbres sont plantés, par exemple celle de Curé, qui est non-seulement bonne, mais même très-bonne, dans certains terrains; médiocre, parfois même très-mauvaise dans d'autres? N'en est-il pas à peu près de même des poires Duchesse d'Angoulême et Clairgeau? Pourquoi donc en serait-il autrement des raisins? Un passage que nous trouvons dans le *Parfait Vigneron*, p. 159, semble justifier de tous points l'hypothèse que nous émettons ici; ce passage, le voici:

« Le citoyen Duchesne sait aussi bien que moi combien le sol et le climat influent sur les qualités des végétaux... Le *gamet*, par exemple, est un raisin très-connu dans les deux tiers de nos vignobles. Ce cépage est *précieux* dans toute l'étendue de la côte du Rhône, parce qu'il produit assez abondamment, et surtout parce qu'on y obtient de son jus un EXCELLENT vin. La réputation de sa fécondité et des qualités de son fruit le firent transporter en Bourgogne il y a cinquante ou soixante ans [1]. Là il est *dépourvu de toute qualité;* le vin qu'on en retire est *plat* et âpre tout à la fois; il est entièrement dépourvu de ce parfum qu'on appelle le bouquet et qui a tant fait pour la réputation des premiers vins de cette province. Aussi ai-je entendu

---

[1] Ceci a été écrit vers 1811.

dire à un des propriétaires de ces vignobles distingués : *Le gamet tuera la Bourgogne.* »

On doit comprendre toutefois que nous n'accordons à cette dernière phrase qu'une valeur relative, pour plusieurs raisons, mais tout particulièrement parce que nous ignorons quelle est la sorte de Gamay dont il est question.

De ce qui précède, nous concluons qu'à *priori* on ne peut proscrire telle ou telle variété d'une manière absolue. Il ne faut jamais oublier que les qualités d'un cépage résultent toujours de causes complexes, et qu'à part celles dont on peut apprécier l'influence, il en est beaucoup d'autres qu'on ne peut expliquer qu'on ne peut juger que par leurs effets.

Assurément il sera toujours préférable de planter de bons cépages, et il y aura toujours infiniment plus de chances de faire de bons vins avec de bonnes variétés de vigne qu'avec des mauvaises.

L'expérience, dans tout ce qui a rapport à la culture, est toujours le meilleur guide, et un des grands talents du vigneron sera toujours de savoir bien choisir ses cépages, et de les approprier aux conditions dans lesquelles il se trouve placé.

Valeur du vin d'après le mode de taille auquel on soumet la vigne. — Est-il vrai, ainsi que l'affirment certaines personnes, que le raisin récolté sur les *longs-bois* est moins bon et fait du vin bien inférieur que celui qu'on récolte sur les coursons ? Est-il vrai qu'une vigne ne peut rapporter qu'un nombre déterminé de grappes ?

Si nous jetons un coup d'œil sur les divers rapports qui ont été faits sur la qualité des raisins venus sur les longs-bois, nous n'apprendrons pas grand'chose, et nous ne serons guère plus avancés après qu'avant. Nous verrons, en effet, que sur cette question les opinions sont très-partagées, et qu'il y a deux partis qui ont entre eux des idées tout à fait contraires : les uns affirment que les raisins venus sur les longs-bois sont tout aussi bons et tout aussi vineux que ceux qui viennent sur les coursons ; les autres soutiennent le contraire. De plus, des deux côtés apparaissent les exagérations. Ainsi, quelques-uns, des premiers, vont même jusqu'à dire que les raisins des *longs-bois* marquent jusqu'à 4 degrés *en moins* que les raisins venus sur coursons ; certains, des seconds, soutiennent l'inverse, c'est-à-dire que le raisin des longs-bois est supérieur [1]. Lesquels faut-il croire ?

Sans prendre parti ni pour les uns, ni pour les autres, et, de ce que nous voyons des hommes sérieux dans les deux camps, nous en concluons que cette question a été mal étudiée, et qu'on ne peut réellement se prononcer qu'après que des expériences positives et surtout *comparatives* auront été faites. Nous restons donc sur la réserve, non toutefois sans faire quelques observations, sans appeler l'attention sur certains faits qui nous paraissent de nature à jeter, dès aujourd'hui, quelques lumières sur cette question.

[1] « La taille *à longs-bois*, les pinçages, la disposition en lignes, plus d'espace et d'air donnés à chaque cep, assurent une production plus abondante et *meilleure*. »   Comte DE LA LOYÈRE.

D'abord quelle raison peut-on donner à l'appui que le raisin est moins bon sur les longs-bois que sur les coursons? A peu près aucune. Plusieurs fois, nous avons remarqué que sur les longs-bois, de même que partout ailleurs, on trouve des inégalités dans la maturité des raisins ; nous avons même vu parfois, que lorsque les longs-bois ne sont pas démesurément longs, le raisin est plus beau, et que parfois aussi il mûrit plus tôt. Mais alors, s'il est aussi beau et aussi bien mûr, pourquoi serait-il moins bon?

Mais en admettant même que le vin produit par les longs-bois soit moins bon que celui qui résulte de raisins venus sur les coursons, ce ne serait encore qu'une question de rapport, c'est-à-dire de proportion. En effet, la question serait réduite à ceci : voir s'il y a compensation.

Ainsi, si par exemple le rapport quantitatif était double ou même triple, et que la qualité ne soit affaiblie que d'un sixième, n'y aurait-il pas encore un grand avantage? Assurément. Que resterait-il alors comme objection? L'épuisement de la vigne qui, dit-on, est beaucoup plus rapide. Sur ce point encore nous faisons nos réserves.

Quant à l'opinion émise par certains auteurs : Qu'un cep ne peut porter qu'un nombre déterminé de grappes si l'on veut que celles-ci conservent leurs qualités, nous n'y croyons guère davantage.

« Chaque cep (dit un moderne professeur d'arboriculture) ne peut nourrir utilement qu'un nombre de grappes proportionné à son degré de vigueur. Si ce nombre est dépassé, la qualité du vin en souffre très-notablement. »

Cette opinion, envisagée d'une manière absolue, nous paraît inadmissible à moins qu'on ne pousse les limites extrêmes de production à une quantité de grappes tellement considérable qu'on ne puisse l'atteindre, surtout en viticulture.

En effet, nous connaissons des ceps de vigne qui annuellement rapportent 500 kilogrammes, parfois plus, de raisin dont la qualité est excellente, telle est, entre autres, la fameuse vigne d'Hampton-Court, qui, dans certaines années, a produit jusqu'à près de 1,500 kilogrammes de raisin, toujours de qualité extra. Si l'on nous objectait que, s'il en est ainsi, c'est parce que le cep est planté dans une serre, l'objection tomberait d'elle-même tout en nous donnant raison, puisqu'elle prouverait que tout ceci n'est qu'une question de climat.

Du reste, s'il en était ainsi, que le raisin soit d'autant moins bon que le cep en porte davantage, ce serait presqu'une exception à tout ce que nous connaissons. En effet, est-ce que sur nos arbres fruitiers, pêchers, pruniers, pommiers, cerisiers, poiriers, noyers, etc., les fruits sont moins bons lorsqu'il y en a beaucoup que lorsqu'il y en a peu, toutes les fois, bien entendu, que les arbres sont bien portants et qu'ils sont placés dans de bonnes conditions où les fruits mûrissent bien? Non, évidemment. Ils peuvent être plus petits, mais c'est tout. D'autre part encore, est-ce que les années où l'on fait de très-bons vins ne sont pas en général celles où les raisins sont les plus abondants! Aussi inclinons-nous à croire que l'essentiel, pour faire de bons vins, c'est que le raisin mûrisse bien, peu importe la quantité qu'il y en ait.

Toutefois, ici comme toujours, il faut éviter les excès, et nous devons reconnaître que, au point de vue de la qualité, il y a une différence entre les raisins venus sur coursons, qui naissent sur du vieux bois, et ceux qui viennent sur des longs-bois, lorsque ceux-ci sont *démesurément* longs; la maturité des raisins qui viennent sur ces derniers est plus inégale, et, toutes circonstances égales d'ailleurs, les raisins sont moins beaux et moins gros, plus mous et plus aqueux. C'est un fait que nous avons constaté, e que nous avons consigné, page 147, en disant « qu'il valait mieux multiplier davantage les longs-bois, et en restreindre les dimensions. »

Si l'on voulait expliquer le fait, il faudrait admettre que la séve, en passant dans des parties vieilles, par conséquent dans des canaux très-étroits, incrustés de ligneux, abandonne successivement les principes aqueux qu'elle contient, de sorte que, lorsqu'elle arrive aux fruits, elle est mieux élaborée et plus riche en matière sucrée. Les jeunes sarments, au contraire, ont les canaux larges; la séve, *très-chargée* d'eau, y circule très-vite, de sorte qu'elle nourrit peu et mal les raisins qu'elle rencontre. Le fait est facile à démontrer; pour cela, exagérons, supposons un sarment de vigne âgé d'un an, ayant dix mètres de longneur, placé à côté d'un cordon de même longueur, mais âgé d'environ vingt-cinq ans et garni de coursons. Sur ces derniers, les raisins, au nombre de une ou de deux grappes, seront très-beaux et bons ; sur les longs sarments d'un an, au contraire, les raisins seront plus aqueux, plus petits, inégaux et moins sucrés.

Ces différentes opinions sur la qualité des vins provenant de longs-bois ne nous surprennent pas, disons mieux, elles doivent être, car non-seulement elles sont basées sur des faits observés dans des conditions et sous des climats différents, mais encore il n'y a rien de précis à l'égard des longs-bois. Il y a longs-bois et longs-bois, et ici, comme toujours, si l'usage est bon, l'abus peut être mauvais. C'est donc ici encore une question complexe; dans le midi de la France, par exemple, un sarment de trois mètres et plus de longueur pourra donner beaucoup, de très-beaux et de bons raisins, sans affaiblir le cep, tandis que dans le centre ou dans d'autres parties plus au nord, un sarment de un mètre ne produira que de mauvais raisin, et que, de plus, on n'obtiendrait pas de bois de remplacement.

Observations relatives aux racines des ceps. — Doit-on, lorsqu'on plante des ceps élevés en pépinière en couper les racines, ou bien doit-on les laisser entières, ainsi que le recommandent certains auteurs?

Si, lorsqu'on arrache les plants, leurs racines étaient courtes et bien saines, il est clair qu'il ne serait pas nécessaire de les couper; mais comme, en général, elles sont toujours très-longues, il n'y a pas d'inconvient, bien au contraire, à les raccourcir, plus ou moins, en raison de leur vigueur, de leur état, ainsi que du mode de plantation qu'on adopte. Ainsi, si par exemple, le terrain à planter était très-pierreux, qu'on ne puisse pas faire des trous suffisamment grands et qu'on soit alors forcé de replier les racines, il vaudrait mieux couper celles-ci *très-court* afin de pouvoir les placer convenablement. De même aussi, si l'on plantait au plantoir ou à la cheville, il serait parfois nécessaire, lorsque les plants ont beaucoup de racines, d'enlever une partie de celles-ci, afin de n'en point faire une sorte de paquet dans lequel la pourriture ou bien les champignons pourraient se mettre. En règle générale et en moyenne, on peut couper les racines à environ $0^m,06$ à $0^m,10$ de leur point de départ, car voici dans ce cas comment les choses se passent : Ces racines ne repercent pas ou du moins ne repercent que très-rarement sur les côtés; mais seulement à leur extrémité tronquée, surtout si cette troncature est bien nette, il se forme une nouvelle couronne de racines, à peu près comme celle qui se développe à la base des boutures-crossettes, de sorte qu'il y a là un bon collier qui continue, en les multipliant, l'élongation et la direction des racines mères.

Lorsque les racines sont gâtées il n'y a d'autres règles que d'enlever toutes les parties malades, quelque longues qu'elles soient, jusqu'à ce qu'on soit arrivé à la partie saine, car il vaut infiniment mieux ne pas avoir de racines que d'en avoir de mauvaises.

A quelle hauteur convient-il de placer les branches fruitières des vignes. — Cette question est complexe ; elle se relie à plusieurs causes plus ou moins importantes dont il faut tenir compte.

Pour la bien comprendre, il faut d'abord se rappeler que, dans cette circonstance, le sol joue, plus ou moins, le rôle de réflecteur, qu'il renvoie la chaleur, et que cette réflexion est en rapport avec sa nature physique et surtout avec sa position, c'est-à-dire avec son inclinaison. Ainsi, par exemple, les sols noirs, toutes circonstances égales d'ailleurs, absorbent davantage, et par conséquent renvoient moins la chaleur que les sols blancs, et *vice versa*. Les sols très-pierreux reflètent aussi beaucoup plus la lumière et par conséquent de chaleur que ceux qui sont dépourvus de pierres, parce que les nombreux cailloux qui se trouvent à la surface du sol jouent le rôle de petits miroirs.

Quant à la position du sol, elle a une influence considérable, ce qui se comprend, la réflexion des rayons calorifiques étant en rapport avec leur angle d'incidence ; de sorte que si le terrain est placé en pente très-rapide, sa surface sera frappée plus directement, c'est-à-dire plus perpendiculairement que si la pente est moins rapide, et la réflexion sera alors considérable ; car, dans ce cas, le sol joue presque le rôle d'un mur. Si, au contraire, le terrain est placé en pente faible, les rayons solaires le frappent plus obliquement et sont renvoyés de même ; s'il est à plat, c'est alors que la réflexion est la moindre, car, s'exerçant presque de côté, la chaleur est reflétée dans la même direction, de sorte que les végétaux qui se trouvent à la surface du sol sont à peine échauffés.

De tout ceci on peut conclure que, toutes circonstances égales d'ailleurs, les terres en pente sont celles qui reflètent davantage la chaleur, et qu'on devra d'autant plus rapprocher du sol les branches fruitières, qu'on sera placé dans des conditions calorifiques plus désavantageuses, c'est-à-dire que le climat sera plus froid, le sol plus plat, et qu'on a affaire à des variétés qui mûrissent plus difficilement. C'est donc une question qu'on ne peut résoudre sur le papier, et sur laquelle on ne peut, comme sur tant d'autres, qu'indiquer les principes. Il est bien clair, par exemple, que dans le Midi, ou dans tout autre endroit où la température est très-élevée, où le ciel est rarement chargé de nuages, les vignes pourront être élevées et cultivées soit en hautains, soit en pyramides, tandis que dans le Nord elles devront être rapprochées du sol. C'est donc à la pratique, d'après l'examen des conditions de sol, de climat, d'exposition, etc., dans lesquelles on se trouve, en tenant compte aussi de la nature des cépages qu'on cultive, à rechercher quelles sont les dispositions les plus avantageuses et à agir en conséquence.

De l'incision annulaire. — Lorsqu'on lit les différents articles qui ont été publiés sur l'incision annulaire, il est très-difficile ou plutôt il est impossible de se former une opinion sur cette opération. On voit, en effet, que parmi ceux qui la recommandent, de même que parmi ceux qui la combattent, il y a également des hommes de valeur. Cette diversité d'opinions vient de ce que ceux qui ont parlé de cette opération l'ont envisagée à des points de vue différents. Il est néanmoins un point sur lequel tous s'accordent c'est que, faite à propos sur des branches qui portent des fruits, l'incision annulaire augmente le grossissement de ceux-ci, et en avance la maturité.

Le plus grand reproche qu'on fait à l'incision annulaire, c'est qu'elle affaiblit les ceps sur lesquels on la pratique. Ce reproche est fondé, mais qu'est-ce que cela peut faire lorsqu'on incise des parties qui doivent être retranchées après qu'elles ont donné leurs fruits? Rien, assurément. Aussi ne voyons-nous aucun inconvénient à ce qu'on pratique l'incision annulaire sur les sarments qui doivent être enlevés lors de la taille. Une seule chose reste donc à faire, c'est à décider la question de revient, et tout, alors, se réduit à ceci : Les avantages qui résultent de cette opération compensent-ils le temps qu'il faut employer pour l'exécuter? Les parties intéressées, seules, peuvent décider.

L'incision annulaire consiste dans l'enlèvement d'un anneau d'écorce sur une branche qui porte des fruits, *au-dessous* de ceux-ci, de façon à mettre à nu l'aubier. Cet anneau ne doit pas être large; quatre à huit millimètres (suivant la grosseur de la branche) sont suffisants ; on la pratique aussitôt que le raisin est défleuri ; dans quelques cas même on peut le faire avant la floraison. Du reste, cette opération n'a guère raison d'être que dans les localités où la maturité est au moins chanceuse. Pour la rendre plus facile, plus prompte et plus régulière, on se

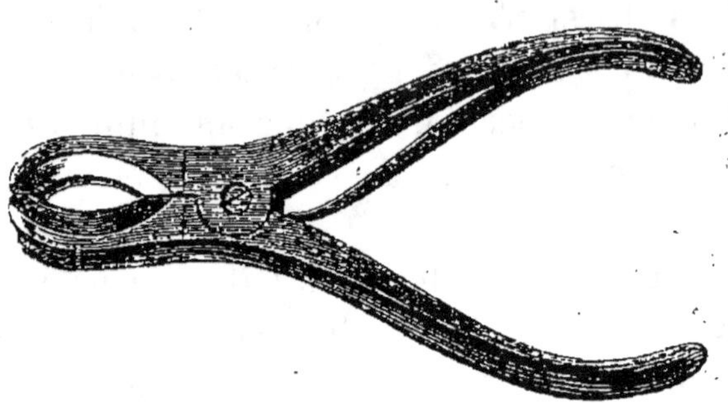

Gravure 116.

sert d'une sorte d'instrument qu'on nomme *pince inciser* ou *coupe-sève*, dont la figure 116 montre le modèle.

Soins à donner aux ceps faibles. — Le traitement qu'il convient d'appliquer aux ceps faibles, consiste à ne leur en faire subir à peu près aucun, c'est-à-dire à ne pas les tourmenter, à les laisser pousser à volonté et surtout à n'en point retrancher de feuilles, qui, il ne faut pas l'oublier, sont des organes excitateurs par excellence, qui contribuent puissamment à la production des racines. Puis, lorsque les ceps sont bien enracinés on les récèpe près du sol, sur un œil, ou sur un rudiment de bourgeon dont il sortira un ou deux sarments vigoureux, avec lesquels on formera la tige. De cette manière, des plantes faibles qui, taillées comme on le fait ordinairement, n'au-

raient jamais donné que des sarments grêles, pourront devenir vigoureux et constituer de très-bons
ceps.

Insectes nuisibles à la vigne. — Lorsqu'on réfléchit
et qu'on cherche à se rendre compte de l'innombrable
quantité de fléaux qui frappent la vigne, on est tenté
de croire que tous les éléments sont conjurés contre
elle. En effet, indépendamment des diverses maladies
auxquelles elle est assujettie, des nombreux et divers
accidents auxquels elle est exposée, tels que la gelée,
la coulure, la grêle, etc., etc., elle a encore de puissants ennemis dans une quantité prodigieuse d'insectes. Ces ennemis sont d'autant plus redoutables
qu'ils sont, non pas précisément en dehors de nos atteintes, mais que nos procédés de destruction ne sont
pas en rapport avec leurs moyens de reproduction.
En effet, la plupart des procédés qu'on a recommandés, lorsqu'ils ne sont pas inefficaces, sont, ou très-
longs, ou d'une application difficile. Reconnaissons
tout de suite que nous ne sommes guère plus heureux, et que nous n'en pourrons dire beaucoup plus;
aussi nous bornerons-nous, pour ainsi dire, à une
sorte d'énumération de ces insectes, en indiquant
toutefois leurs caractères essentiels, de manière à
les faire reconnaître, et par suite, à guider dans les
recherches qu'on sera obligé de faire afin d'en opérer
la destruction.

Attelabe. — Cet insecte qu'on nomme aussi *ulbère,*
ulband, urbère, urbec, becmare, rynchite de la vigne
(*rhynchites Bacchus*), est un coléoptère de la famille

des *charançons*. Il est d'un rouge violet évêque, luisant, long à peine de 8 millimètres ; il porte sur la tête deux antennes droites. Cet insecte fait un dégât considérable en coupant le pétiole des feuilles, le pédoncule des grappes, etc.

L'attelabe a un talent particulier pour placer sa progéniture ; ce talent, qui lui est presque toujours fatal, consiste à enrouler une feuille de vigne de manière à lui donner l'apparence d'un cigare, dans l'intérieur de laquelle la femelle dépose ses œufs qui, alors, adhèrent au parenchyme, de sorte que rien n'est plus facile, en parcourant les vignes, que d'enlever les feuilles roulées et de les brûler. Parfois on prend du même coup, avec les œufs, le mâle et la femelle qui les ont faits. L'insecte parfait, de même que ses larves, se nourrit des diverses parties herbacées de la vigne, telles que bourgeons, feuiells ; il attaque même les raisins.

Il y a plusieurs espèces d'attelabe, qui diffèrent peu du précédent, et qui n'en sont probablement même que des variétés, dont les mœurs sont à peu près les mêmes et qui, par conséquent, ne sont guère moins redoutables; ce sont : le *rhynchites auratus*, qui est d'un vert doré, luisant, comme le carabe doré des jardins; le *rhynchites betuli*, qui est bleu luisant.

Hanneton. — Cet insecte, qui chaque année fait des dégâts considérables, soit à l'état de larve, soit à l'état d'insecte parfait, est encore, on peut le dire, à l'abri de nos atteintes ; le meilleur moyen de le détruire est, aussitôt qu'il apparaît, de passer chaque matin dans les vignes, où on les trouve engourdis et de les ramasser. De cette manière, les dégâts sont d'abord beaucoup moindres; puis, il n'y a pas d'accouplement et, par suite, pas d'œufs de pondus, et, comme conséquence finale, pas de *vers blancs.*

A ce premier état de leur vie sensible, c'est-à-dire à l'état de larve, qui est précisément celui où les hannetons font le plus de tort, on ne peut guère leur faire la chasse que dans les sols non occupés; partout ailleurs le remède serait parfois pire que le mal. Partout où le sol n'est pas emblavé, on peut le remuer autant que cela est nécessaire, de manière à découvrir les larves, qui sont appelés *ver blanc, man, turc,* etc.

Des binages donnés à propos, à l'époque où la femelle va pondre ses œufs, détruisent parfois une très-grande quantité de ceux-ci. Il ne faut donc point négliger cette opération. On a reconnu que les terrains riches en sels de potasse (les sols fortement calcaires ainsi que ceux dans lesquels les plâtras dominent) sont rarement infestés par les vers blancs; de là la recommandation qu'on a faite d'étendre sur le sol une petite couche de cendres qui, par le fait des binages, pénètre dans l'intérieur, et qui, loin d'être nuisible au sol, sert, au contraire, d'engrais.

Teigne. — Sous ce nom on confond plusieurs sortes d'insectes ampélophages qui ont à peu près les mêmes habitudes. C'est à l'état de larves ou de très-petits vers qu'ils commettent leurs déprédations. Tous apparaissent un peu avant l'époque de la floraison de la vigne, qu'ils rongent à peu complétement, si on ne les détruit. Ainsi, en 1863, nous avons vu aux environs de Paris des champs entiers de vignes dont toutes les grappes ont été mangées. Il n'y a guère d'autre moyen (du moins on n'en connaît pas) de se débarrasser de ces petits vers qu'en leur faisant la chasse, ce qui est difficile et long, ces insectes étant renfermés dans l'intérieur même des grappes, où ils s'entourent de quelques filaments soyeux; ils coupent alors les pédicelles et rongent les jeunes grains de très-bonne heure, parfois même avant qu'ils soient en fleurs. Dans certains pays, on les nomme aussi *teigne de la grappe;* dans d'autres, *cochylis de la grappe;* etc.

EUMOLPE (*velours vert, gribouri, destraux, écrivain, coupe-bourgeons, lisette, diableau,* etc.). — L'eumolpe (*Cryptocephalus vitis*) appartient à l'ordre des coléoptères; il produit parfois, là où il se montre en quantité, des dégâts considérables. Il apparaît au printemps de très-bonne heure, c'est-à-dire dès que les bourgeons commencent à se développer; mais, avant d'arriver là, lorsqu'il est encore à l'état de larve, l'eumolpe attaque les racines des ceps. A l'état parfait, cet insecte a environ 7 millimètres de long sur 6 de large; il est d'un brun noirâtre presque partout, excepté le dessous de son corps, qui est rougeâtre. C'est alors qu'il attaque et ronge l'épiderme des grains de raisin, qui se fendent ensuite. Mais ce n'est pas seulement sur les raisins que l'eumolpe exerce ses ravages; il attaque également les feuilles, dont il ronge partiellement l'épiderme, en traçant des sortes de lignes plus ou moins bizarres qu'on a comparées à certains caractères d'imprimerie, d'où le nom d'*écrivain* par lequel on le désigne très-souvent. A cet état l'eumolpe est très-agile ; au moindre mouvement du cep il se laisse tomber sur le sol et se blottit entre les mottes de terre, où il est alors assez difficile à découvrir. On profite de cette particularité pour lui faire la chasse ; voici comment : on étend un linge sous le cep, puis on agite un peu celui-ci ; les insectes tombent, on plie le linge, puis on le secoue dans un baquet rempli d'eau ou bien dans un vase qu'on ferme hermétiquement.

Peu d'insectes, si ce n'est la pyrale peut-être, font plus de mal à la vigne que l'eumolpe ; si on ne le détruit pas, il reste pendant plusieurs années dans un même terrain, et il arrive souvent qu'il fait périr la vigne. Il faut alors défoncer le terrain avec soin et le livrer pendant plusieurs années à la grande culture, afin de le débarrasser complétement des larves qu'il peut contenir. Lorsqu'on ne tourmente point l'eumolpe et qu'il a ravagé certaines portions de vigne, il abandonne celles-ci pour aller vers d'autres points exercer des dégâts semblables. Un auteur très-compétent en viticulture, M. le vicomte de Vergnette-Lamotte, a écrit au sujet de l'eumolpe des choses très-intéressantes que nous croyons devoir reproduire.

« L'*écrivain* cause d'immenses dommages dans nos vignes, soit à l'état d'insecte ailé, soit à l'état de larve. Au mois de mai les écrivains s'accouplent à la façon des hannetons, et la femelle dépose sur les feuilles, le vieux bois, et surtout sur la terre, des groupes de petits œufs oblongs et transparents. Peu de jours après, ces œufs, longs de $0^m,002$ et agglutinés les uns contre les autres, deviennent opaques ;

alors, à l'une de leurs extrémités apparaît un point
noir qui est la tête de la larve; cette larve naît dix
jours environ après la ponte. Elle disparaît très-
promptement dans la terre, où elle passe l'hiver. A
cet état, munie de six pattes et de mandibules fort
dures, elle sillonne profondément les racines de la
vigne, et là atteint la longueur de $0^m,10$. Au mois de
mars cette larve devient nymphe et, peu de temps
après, il en sort un insecte ailé qui est l'*écrivain*.
On a reconnu depuis longtemps que l'eumolpe ou *écrivain* séjournait pendant trois ou cinq ans dans le même
canton de vignes, après quoi il en disparaît entièrement. Des recherches faites dans le but d'étudier les
mœurs de cet insecte m'ont conduit à constater à cet
endroit le fait assez important et assez remarquable
que voici :

« Ayant remarqué sur des *écrivains* recueillis dans
une vigne un certain nombre d'insectes microscopi-
ques, je ne tardai point à voir que ces insectes appar-
tenaient à la famille des Acares, et qu'ils s'étaient
implantés sur le corselet de l'écrivain, aux points
d'attache des pattes; qu'ils prenaient alors un développement très-rapide, et que l'écrivain, au contraire,
dépérissait très-promptement. N'est-il point probable
que c'est à la présence de ces acares, dès qu'ils pré-
dominent, que nous devons la disparition complète
du coléoptère, comme nous devons la destruction des
chenilles et des pyrales aux ichneumons de ces insectes? »

Cette idée qu'émet M. le vicomte de Vergnette-
Lamotte, que certains insectes tendent à faire périr

l'*écrivain*, est incontestablement vraie; elle repose sur cette grande loi de l'équilibre général qui, tout en maintenant les choses, en règle néanmoins l'extension, à certaines mesures. Mais, comme cette sorte de niveau n'exerce son action que lorsque la mesure est à peu près pleine, lorsque le mal est pour ainsi dire à son comble, tâchons d'éviter ce dernier et, obéissant à ce précepte : « Aide-toi, le ciel t'aidera, » continuons de faire une guerre à mort à l'écrivain.

Certains auteurs prétendent avoir obtenu un bon succès et s'être débarrassés de l'eumolpe, en étendant sur le sol des tourteaux de colza au printemps, lorsqu'on est sur le point de donner une façon à la terre. S'il en était ainsi, l'avantage serait doublé, puisque ces tourteaux agiraient en même temps comme engrais.

Un autre insecte qui paraît avoir une certaine analogie avec celui-ci, et que nous ne connaissons qu'à l'état parfait, est une espèce de coléoptère voisine de l'*otiorhyncus Livestici*. Ce gros charançon, qui atteint jusqu'à $0^m,015$, est d'un gris cendré ou brunâtre. Nous ne l'avons vu que très-rarement en plaine, mais parfois en quantité prodigieuse autour des bâtiments, principalement près des caves et quelquefois près des vieux murs, dont il semble sortir, en juin. Ces insectes causent des dégâts considérables, et, lorsqu'ils sont nombreux, il suffit de quelques heures pour qu'ils ne laissent de la vigne que les sarments. Le moyen de s'en débarrasser est de les ramasser, ce qui est du reste bien facile, ces insectes étant assez gros et peu agiles.

Guêpes, abeilles, mouches, etc. — Ce n'est guère que sur les raisins placés le long des murs que les abeilles et les mouches exercent des ravages, mais là, ces ravages sont parfois considérables. Il faut pourtant reconnaître que, ces insectes ne viennent en général, qu'en second lieu, c'est-à-dire lorsque les moineaux ont percé la peau des raisins. C'est donc les moineaux qui, on peut le dire, forment l'avant-garde de l'armée destructrice qu'il faut commencer par éloigner. Pour y arriver, les moyens sont ceux qu'à peu près tout le monde connaît : les effrayer par des simulacres d'hommes ou d'animaux qu'ils redoutent. Des morceaux de verre, des petites glaces, suspendus à des ficelles et qui, par leur agitation continuelle, mirouettent et réflètent la lumière en différents sens en simulant des éclairs, les éloignent aussi assez bien. Mais cependant, au bout de quelque temps, ils s'habituent à tous ces engins, et recommencent alors leurs ravages. Des fils blancs placés en zigzag, très-rapprochés, sont aussi un très-bon moyen de les éloigner. Mais de tous les moyens les meilleurs sont les détonations. C'est en effet ce qu'ils redoutent le plus et ce à quoi ils ne s'habituent jamais ; aussi n'y a-t-il rien de mieux à faire que de tirer, de temps en temps, quelques coups de fusil, ou de pistolet, et même de simples pétards ou fusées sont suffisants.

Quant aux guêpes et aux diverses espèces de mouches, comme elles sont très-friandes de matières sucrées, on profite de cette particularité pour opérer leur destruction. Pour cela, on suspend de distance en distance, dans les endroits qu'elles fréquentent, des bouteilles longues et relativement étroites, au fond desquelles on met de l'eau fortement miellée. Attirées par l'odeur, les guêpes s'introduisent dans la bouteille pour butiner, où elles s'enivrent et d'où elles ne remontent plus; donc on n'a d'autre soin à prendre que de vider les bouteilles de temps en temps, pour faire de la place à d'autres. On peut même ne pas renouveler le liquide, qui bientôt dégage une odeur cadavérique qui n'attire pas moins ces insectes, qui du reste sont également carnivores.

On ne prend pas seulement les guêpes par ce moyen; les mouches communes, les frelons, les abeilles, etc., vont également y chercher la mort; on y prend aussi des lézards, animaux qui sont à la fois frugivores et insectivores et qui, peut-être, vont dans les bouteilles pour y manger des mouches.

Loirs, lérots. — Ces rongeurs nocturnes, qui sont des ennemis très-redoutables pour beaucoup de fruits, mangent également les raisins. Il n'y a guère d'autre moyen de s'en débarrasser qu'en leur faisant la chasse, soit directement, soit à l'aide de piéges. La chasse directe à coups de fusil doit commencer à la brune, moment où ils entrent en campagne : elle est du reste facile, car ces animaux sont sans défiance, ils se laissent approcher. On peut aussi les tuer à coups de bâton. Quant aux piéges, qui sont de différentes sortes, on les amorce avec des matières dont ils sont friands, tels que du pain d'épices, des figues confites, etc. On se débarrasse encore des loirs en plaçant sur leur passage des vases assez profonds, dont les parois sont très-unies et au fond desquels se trouve une certaine quantité d'eau dans laquelle ils se noient.

Limaces, escargots. — Il n'est pour ainsi dire personne qui ne connaisse ces animaux ainsi que les moyens de les détruire, qui sont de leur faire constamment la guerre, ce qui du reste est bien facile, vu leur peu d'agilité. Beaucoup de volatiles, les canards surtout, en sont extrêmement friands ; on doit donc les leur donner plutôt que de les écraser. On peut aussi s'en débarrasser en semant sur le sol des matières fortement alcalines et pulvérulentes, telles que des cendres, mais tout particulièrement de la chaux vive. On doit répandre ces substances le matin *de très-bonne heure*, par la sécheresse bien entendu.

Pyrale. — De tous les insectes qui attaquent la vigne, le plus redoutable est très-probablement la pyrale. A l'état parfait, c'est un petit papillon nocturne du genre Phalène (gravure 117), à corps jaune ou jaunâtre, à ailes grises rayées de noir. Ce papillon dépose ses œufs sur les feuilles de vigne, auxquelles ils adhèrent par une sorte de mucilage visqueux et, peu de temps après, il sort de chacun de ces derniers une larve qui pénètre dans les interstices de l'écorce des ceps, dans les fentes des échalas, etc., où elle s'entoure d'une enveloppe soyeuse qui lui permet de braver les froids les plus rigoureux. Aussitôt que la végétation se manifeste, que les bourgeons

Grav. 117.

se développent, les chenilles apparaissent et commencent leurs ravages, qui sont d'autant plus grands que l'année est plus humide. Avec leurs mandibules ces chenilles rongent et coupent les feuilles, de même que les grappes, et occasionnent ainsi des dégâts considérables.

Lorsque la larve ou chenille de la pyrale (grav. 118) a acquis son complet développement, elle est longue d'environ $0^m,015$; elle a 16 pattes, et sa tête, moins grosse que son corps, est noire, tandis que ce dernier est d'une couleur fauve et composé

Grav. 118.

de dix anneaux. Cette larve se loge dans un réseau de fils soyeux qu'elle tisse soit dans les grappes, soit dans les feuilles, d'où elle sort pour aller exercer ses ravages. Vers la fin de juin, la métamorphose a lieu; la chenille devient chrysalide.

Deux moyens ont été recommandés pour détruire la pyrale. Le premier, qui est le plus simple, consiste à parcourir les vignes, à enlever toutes les feuilles ainsi que les diverses parties qui contiennent des œufs, et à les brûler. Il va sans dire qu'on doit également, et avec beaucoup de soin, rechercher toutes les larves qui sont cachées dans les grappes. Ce procédé est long sans doute, mais il est certain. L'autre moyen de destruction qu'on applique aussi avec succès dans plusieurs vignobles, consiste à *échauder* les vignes infestées par la pyrale, c'est-à-dire à les laver avec de l'eau bouillante. A cet effet, on a une chaudière portative (grav. 119) qui, à sa base, forme réchaud; à une certaine hauteur est placé un robinet par lequel on tire

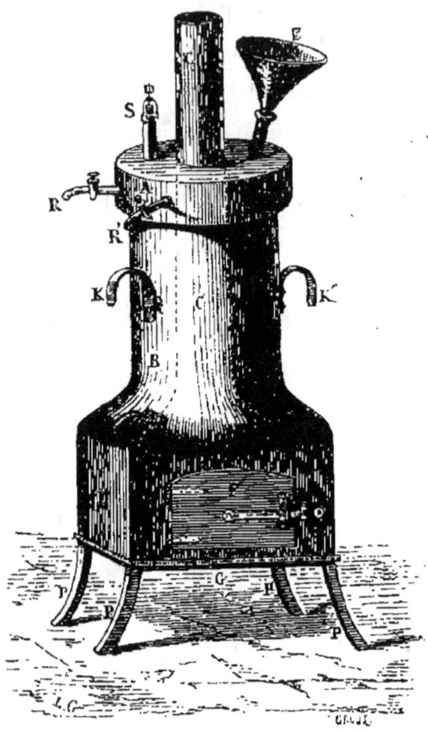

Grav. 119.

de l'eau dans une sorte de cafetière à long bec (grav. 120)
de la contenance d'un litre, que l'on verse ensuite et
successivement sur chacun des
ceps qui a été préalablement
taillé afin de faciliter l'opération. L'eau bouillante n'est nullement à craindre lorsqu'on l'applique sur le vieux bois, mais il

Grav. 120.

pourrait en être autrement sur les jeunes sarments,
à cause des yeux qui, plus sensibles, pourraient être

brûlés. On doit donc ménager ceux-ci, et avoir soin de faire le travail avant que la vigne commence à débourrer.

Voici un modèle de la chaudière qui, dans le Beaujolais, sert à l'échaudage des vignes ; elle se compose d'un appareil élargi à sa base, où se trouve le foyer ; dans l'intérieur est placé le cylindre chauffeur, qui, rétréci à son sommet, se termine par un tuyau F servant de cheminée. A, B, C indiquent les parois extérieures de l'appareil, E l'entonnoir par lequel on introduit l'eau, F montre la porte du fourneau ; S, la soupape de sûreté ; G, la grille du foyer ; K, K, deux crochets dans lesquels on passe des leviers à l'aide desquels on transporte l'appareil, qui est tout en cuivre, à l'exception des crochets et de la grille du foyer qui sont en fer. En R est placé le robinet par où on tire l'eau. PP. indique les pieds du fourneau qui l'éloignent du sol. L'appareil devant toujours être plein, on doit, à mesure qu'on tire un litre d'eau chaude, remplacer par un litre d'eau froide. Cette chaudière présente les dimensions suivantes : $0^m,32$ de diamètre en B ; $0^m,25$ en A et $0^m,36$ en C, où se trouve le foyer. La hauteur de B à J est de $0^m,80$.

Nous pensons qu'on pourrait apporter à ce procédé d'échaudage les quelques modifications suivantes : Avoir, comme précédemment, un réchaud au-dessus duquel serait placée une chaudière en cuivre, munie d'un couvercle qui, bien qu'il pourrait s'enlever à volonté, présenterait néanmoins une petite ouverture qui se fermerait également au besoin et par laquelle on pourrait introduire un gros pinceau, puis avec celui-ci, qu'on tremperait dans l'eau bouillante, on frotterait toutes les parties qu'on voudrait nettoyer, sans toucher à celles qui pourraient souffrir du contact de l'eau bouillante. On pourrait, par ce moyen, éviter d'avoir un aussi fort appareil, la consommation d'eau qu'on serait obligé de faire étant beaucoup moins considérable.

Il est bon aussi, lorsque les vignes sont infestées par la pyrale, aussitôt que les échalas sont retirés, de les soumettre à une forte chaleur soit en les faisant passer dans un four, soit par tout autre moyen, afin de détruire tous les œufs ou toutes les larves qui pourraient être renfermés dans les interstices. On pourrait même, en renfermant ces échalas dans un endroit préparé *ad hoc*, les soumettre à l'action de l'acide sulfureux, système déjà employé avec avantage par certains viticulteurs. On peut aussi les échauder.

Mais comme il arrive rarement ou plutôt comme il n'arrive jamais qu'un mal quelconque aille constamment en augmentant, qu'il est au contraire dans l'ordre naturel des choses que tout soit limité, on remarque que cette limite arrive justement au point qui rompt l'harmonie; alors une réaction s'opère, et une marche toute contraire tend à s'établir. C'est ainsi que nous voyons (pour ce qui concerne notre sujet) que, lorsque la pyrale est très-commune, qu'elle menace de tout envahir, il se développe tout à coup, en assez grande quantité, un petit ichneumon qui, à l'aide d'une sorte de dard-oviducte, perce le corps de la chenille de la pyrale et dépose dans son intérieur des œufs, qui bientôt éclosent et se transform ent en larves qui vivent aux dépens de la pyrale, qui ne tarde point à périr.

Gallinsectes (Insectes-gale). — Sous ce nom on confond certains insectes qui, bien qu'appartenant à des espèces différentes, ont néanmoins des mœurs à peu près semblables. Ceux dont nous avons à parler se rencontrent très-fréquemment sur les vignes en treilles, où, sous formes de corps ovoïdes, convexes, et creux à l'intérieur, ils s'appliquent fortement contre les sarments avec lesquels ils semblent faire corps. Bien que sans mouvement apparent, ces insectes n'en fatiguent pas moins les plantes sur lesquelles ils se mettent; aussi lorsqu'ils sont nombreux, nuisent-ils considérablement, car indépendamment de ce qu'ils sucent et altèrent les tissus, par leur grand nombre ils sont nuisibles en s'opposant à l'accomplissement de certaines fonctions physiologiques. On s'en débarrasse facilement en grattant les parties qui en sont recouvertes, à l'aide soit d'une serpette, soit de tout autre corps résistant. On se trouve toujours très-bien, après cette opération, de faire un lavage, soit avec une décoction de tabac, une dissolution de savon noir ou même de potasse étendue d'eau, soit avec de l'eau de chaux, de la lessive un peu concentrée, etc., ou bien encore en les enduisant avec un lait de chaux. Du sulfate de potasse dissous dans de l'eau est aussi très-bon pour cet usage.

Des chenilles. — Certaines espèces de chenilles sont aussi très-redoutables. Il en est une surtout qui, dans certains pays, fait des ravages considérables, c'est celle qu'on nomme *chenille arpenteuse*, nom qu'elle doit à sa grande agilité. C'est pendant la nuit qu'elle mange; il faut donc la rechercher avec une lumière; mais dans cette recherche il faut agir avec précaution, parce qu'au moindre attouchement elle se laisse tomber à terre et échappe ainsi aux recherches; puis, aussitôt qu'on est passé, elle remonte et se met de nouveau à manger. Lorsque les chenilles arpenteuses sont très-nombreuses, elles détruisent promptement toutes les parties herbacées des vignes, feuilles et raisins.

Il est encore d'autres espèces de chenilles qui sont à redouter pour les vignes, entre autres celle de la *Noctuelle pronube* : elle est grise, à peu près nue, et porte deux petits filets blancs. Ses habitudes sont à peu près les mêmes que celles de la chenille arpenteuse ; comme elle, elle ne mange que la nuit. Il faut donc lui faire la chasse à l'aide des mêmes moyens.

Les insectes qui viennent d'être énumérés ne sont malheureusement pas les seuls qui attaquent les vignes, il en est encore beaucoup d'autres qui, pour n'être pas connus, n'en occasionnent pas moins, parfois, de grands dégâts; il faut donc les étudier, afin de connaître leurs habitudes et leur faire la chasse.

Comme moyens généraux et très-bons pour détruire les insectes, on peut recommander l'emploi de certaines volailles, telles que poules, dindons et surtout les canards; ce sont des auxiliaires très-puissants partout où on peut les employer, ce qui, il faut bien le dire, n'est pas toujours facile, à cause de l'impossibilité qu'il y a souvent de les cantonner. Pour les remiser on a conseillé de construire des sortes de cabanes ou de volières portatives, qu'on met là où le besoin l'exige. Disons aussi, comme complément à la destruction des insectes, qu'on se trouvera toujours très-bien d'enduire les échalas de goudron de gaz; leur durée en est augmentée de beaucoup, et l'odeur de la benzine qui s'en échappe suffit pour éloigner la plupart des insectes; et pour clore cette série de recommandations, ajoutons encore une sorte d'article additionnel pour recommander une opération qui, selon nous, serait d'une grande importance si on l'appliquait aux vignes; nous voulons parler du chaulage.

Du chaulage. — Cette opération si généralement employée en agriculture, si utile pour débarrasser l'écorce des arbres des végétaux parasites qu'elle contient ainsi que des insectes qui s'y réfugient, ne serait pas d'une moins grande utilité à la viticulture, et, appliqué à la vigne, le chaulage ne pourrait que lui être avantageux, car, non-seulement il débarrasse et nettoie l'écorce des arbres auxquels on l'applique, mais il augmente même la vigueur de ceux-ci. Plusieurs fois nous l'avons employé sur de très-vieilles treilles, et nous nous en sommes toujours bien trouvé. L'opération est des plus simples et des plus faciles à exécuter : il suffit de prendre de la chaux fraîchement éteinte et de la délayer dans de l'eau de manière à en faire une bouillie claire (lait de chaux), avec laquelle, à l'aide d'un pinceau, on enduit les ceps lorsqu'ils sont taillés. On n'a pas à redouter les conséquences du chaulage : car lors même qu'il ne détruirait pas d'insectes, il ne pourrait qu'être avantageux à la végétation de la vigne.

Les personnes qui ne voudraient pas employer le chaulage à cause de la couleur blanche qui persiste longtemps, pourraient le remplacer par un lavage à *l'eau de chaux*, qui aurait à peu près les mêmes avantages. Voici comment on la prépare : Dans un baquet ou dans un vase quelconque on verse une certaine quantité d'eau dans laquelle on met quelques morceaux de chaux vive, c'est-à-dire non éteinte : alors celle-ci, complétement submergée, au lieu de se fuser reste entière et communique à l'eau, qui devient alors comme onctueuse, les principes actifs qu'elle contient. Cette eau devient corrosive, il faut l'employer avec modération, surtout sur les parties tendres. Un kilog. de chaux suffit pour environ 20 litres d'eau.

De certaines maladies particulièrement propres à la vigne. — Bien que toutes les maladies susceptibles de frapper la vigne ne soient pas connues, on a néanmoins, par l'observation, constaté les principales, ce sont l'*oïdium*, le *cottis*, la *jaunisse*, le *rougeot*, enfin la *brouissure*. Malheureusement, contre certaines d'entre elles nous sommes presque impuissants ; contre d'autres, nous n'avons que des palliatifs.

Oïdium. — Cette maladie dont on ignore la cause absolue et qui, comme conséquence, entraîne la désorganisation des tissus sur lesquels elle se montre, tout en favorisant le développement d'une espèce particulière de cryptogame, de l'*oïdium Tuckeri*, est connue à peu près de tout le monde.

De tous les remèdes préconisés et employés jusqu'à ce jour, l'un des meilleurs, ou plutôt le meilleur, est la fleur de soufre, qui, employée en temps opportun, garantit toujours la récolte. Nous avons parlé précédemment (voir pages 222 et suiv.) des différents moyens de l'employer, nous y renvoyons.

Cottis. — La cause probable qui produit cette maladie paraît être analogue à celle qui détermine l'*oïdium*. En effet, les conséquences (analogiquement parlant) paraissent être les mêmes : la production d'une sorte particulière de champignon, qui est même très-apparent lorsque la maladie a atteint sa dernière période, et qu'elle a tué le cep. Arrivé à ce dernier état, les racines sont couvertes de moisissures, les très-petites sont même parfois complétement décomposées, et la désorganisation est telle que si on les frappe fort, elles se brisent. Toute élasticité est détruite, ces racines sont devenues presque friables. Voici ce qu'un œnologue distingué, M. Ladrey, a dit de cette maladie, dans sa *Revue viticole :* « Dans les vignes atteintes du *cottis*, les feuilles se rétrécissent et présentent des dentelures plus profondes ; elles offrent d'abord une coloration foncée, vert bouteille, puis se recoquevillent et finissent par passer à l'étiolement blanchâtre, signe de mort prochaine de tout le cep. Un cep malade du *cottis* est bientôt entouré d'autres ceps qui semblent prendre la maladie à leur tour, et des espaces assez grands se dépeuplent. Le *cottis* met une ou deux années à tuer le cep, mais il le tue infailliblement. Cette maladie paraît résider dans le sol ; elle se manifeste davantage dans les terres blanches et humides que dans les terres rouges. Elle s'attaque aux racines et aux corps même du cep. Lorsqu'un cep est mort du *cottis*, on trouve des moisissures blanches le long de ses racines, et si l'on donne un coup de pied sur le tronc, il se casse comme une carotte. »

Cette maladie paraissant être contagieuse, il faut, aussitôt qu'elle se manifeste, tâcher de la circonscrire, en arrachant avec soin les pieds malades, en fouillant bien la terre et en la soumettant même au brûlage[1]. On a conseillé, comme remède, l'emploi des arrosages faits avec certains liquides alcalins, afin de détruire les germes cryptogamiques. C'est là un moyen qui, nous le pensons, ne peut être nuisible, mais qui ne peut non plus être d'un grand secours.

Les conditions dans lesquelles se montre cette maladie semblent démontrer que sa cause réside dans le sol, qui manque alors de certaines propriétés physiques, en un mot qu'il est trop compact et surtout insuffisamment aéré; aussi sommes-nous à peu près convaincu qu'un bon aérage serait ce qu'il y aurait de mieux à faire, et qu'il serait suivi d'heureux résultats. Il n'est guère douteux non plus que l'emploi des phosphates ne produise aussi de très bons résultats.

Le *cottis*, à cause de l'aspect tout particulier qu'il donne aux plantes qui en sont atteintes, est parfois indiqué par cette phrase qui n'exprime point la cause mais seulement ses conséquences : « *La vigne pousse*

---

[1] Voir notre *Encyclopédie horticole*, au mot BRULAGE.

à feuilles d'ortie. » On dit ainsi : La vigne ne vient plus dans ce terrain, elle y pousse *à feuilles d'ortie.*

JAUNISSE ET ROUGEOT. — Ces deux maladies, qui ont entre elles beaucoup de rapports, quant à leurs causes, se manifestent principalement à la couleur que prennent les sarments des ceps qui en sont atteints. Dans le premier cas, les feuilles deviennent jaunes; dans le second, elles deviennent rougeâtres. Dans les deux cas, la cause est organique, elle est due au mauvais état dans lequel se trouvent les racines des ceps. Lorsque quelques pieds seulement sont malades, cette cause n'est que secondaire, comme cela arrive à peu près toujours ; lorsqu'elle n'est elle-même que la conséquence du sol qui est trop humide et trop compact, il faut aérer celui-ci, ou bien il faut renoncer à y cultiver de la vigne.

Aussitôt qu'on s'aperçoit qu'un cep est attaqué, on doit lui enlever tous ses raisins s'il en a, et même ne point lui en laisser porter l'année suivante.

BROUISSURE. — Ce que les vignerons nomment *brouissure* est une affection que, sans cause connue, on remarque parfois sur certains ceps. On voit alors les raisins s'arrêter, ne plus prendre d'accroissement, et ne prendre non plus ni la couleur ni les qualités qui leur sont propres ; quelquefois même ils se rident et se dessèchent. Certains vignerons disent que les raisins sont *arsis* ou *bouillis.* La cause qui détermine cette maladie paraît être à peu près la même que celle qui occasionne la *jaunisse* et le *rougeot,* c'est-à-dire qu'elle est due aux racines des ceps qui sont malades, soit par un mauvais état organique de celles-

ci, soit par les mauvaises qualités du sol. On devra
donc s'assurer de l'état réel des choses, afin d'y remédier soit en remplaçant les plantes malades, soit
en modifiant le sol, ce à quoi on peut arriver à l'aide
d'amendements appropriés, parfois d'engrais, mais
presque toujours à l'aide d'un bon aérage.

CHAPITRE IX

DES CÉPAGES

Rien, on le comprend, dans la culture de la vigne,
n'est plus important que le choix des cépages ; mais
aussi, il faut bien le reconnaître, rien non plus n'est
plus difficile à préciser. D'abord une grande difficulté
de s'entendre vient de ce qu'on n'est pas bien fixé sur
les noms, que ce qu'on nomme Pierre dans un pays
est appelé Paul dans le pays voisin ; ensuite qu'un
certain nombre de termes, bien que semblables, s'appliquent néanmoins à des choses très-diverses : tels
sont par exemple les termes *pinots, gamays, chasselas*
qui sont des sortes de noms sériaques ou collectifs.
En effet, il y a beaucoup de sortes de gamays, et s'il
y a l'*infâme* gamay, il en est aussi d'excellents. Il en
est des chasselas comme il en est des gamays, et sous
cette dénomination générale, on comprend bien des
sortes très-diverses, soit par la couleur, la saveur, la
hâtiveté, la tardiveté, etc. Combien aussi de sortes
différentes sont comprises sous le nom de *pinots* et,
parmi celles-ci, combien en est-il qui ont des qualités

très-diverses? Telle est plus fertile que telle autre, telle gèle, telle autre est plus rustique, telle coule un peu, telle autre au contraire a la grappe trop serrée et mûrit mal ; celle-ci est vigoureuse, celle-là est délicate, telle ne vient bien que dans les terres profondes, telle autre préfère les terres en pente, chaudes, etc., et tout cela encore, indépendamment de la qualité vineuse que possède chacune de ces variétés, qualité qui, souvent aussi, est très-différente.

Il ne faut pas oublier non plus que, quelle que soit la qualité d'un cépage, elle est toujours relative et subordonnée à certaines circonstances, principalement aux conditions climatériques et telluriques; ainsi, par exemple, tout le monde sait qu'un même cépage pourra donner des vins de qualités très-différentes, suivant la topographie ainsi que la nature du sol dans lequel il sera planté, suivant l'exposition de ce dernier, et surtout aussi suivant qu'il sera soit dans le Midi, soit dans le Nord. Indépendamment de ces considérations générales, il y a aussi, pour les cépages, des conditions particulières en dehors de la qualité des vins et dont il faut néanmoins tenir compte. La première est, que les raisins mûrissent bien, que leur peau soit assez épaisse pour qu'ils ne pourrissent pas comme cela arrive fréquemment lorsqu'il vient beaucoup d'humidité vers l'époque des vendanges, et même qu'ils puissent, au besoin, supporter un petit abaissement de température.

Il ne faudrait pas conclure, de ce qui précède, qu'il n'y ait des sortes beaucoup plus précieuses les unes que les autres, qu'il n'y ait pas un grand choix,

à faire, et que nous les considérons comme ayant à
peu près la même valeur. Ce serait à tort; la conclusion qu'on devra en tirer c'est que, dans cette circonstance encore, on ne peut rien préciser d'une
manière absolue, et que la liste que nous allons donner ne pourra servir que comme un guide général.

Il va de soi aussi, que l'époque que nous indiquons
ici pour la maturité n'a non plus rien d'absolu,
qu'elle peut varier suivant l'année, l'exposition et le
climat sous lequel on se trouve. Toutefois nous devons dire qu'elle est le résultat d'observations faites
au Pin, village du canton de Claye, dans un endroit
bas, dont le sol est argileux et froid, par conséquent
dans des conditions plutôt mauvaises que bonnes,
d'où il résulte que les variétés dont les noms vont
suivre ont à peu près chance de mûrir leurs fruits
partout en France où on peut cultiver la vigne.

Nous devons encore, relativement aux variétés dont
les noms suivent, faire cette déclaration : que malgré
les différents ouvrages de viticulture qu'on a faits,
les raisins sont très-mal connus, et que, de tous les
fruits, ils sont peut-être ceux chez lesquels il existe la
plus grande confusion. Les noms que nous indiquons
sont ceux sous lesquels ils ont été envoyés des différentes localités où on les cultive. Nous n'en garantissons donc pas autrement l'exactitude.

Nous devons encore faire observer que bien que nous
séparions les raisins *de table*, de ceux *de cuve*, il en
est, dans les uns comme dans les autres, qui peuvent
être placés dans les deux catégories; néanmoins ils
rentrent plutôt dans la catégorie où nous les avons

placés. Nous ajoutons donc un *t* (qui signifie *table*), après le nom de ceux qui font plus particulièrement partie des raisins *dits de cuve*, de même que nous avons ajouté un *c* (qui signifie *cuve*), après le nom des variétés particulièrement propres à manger, qui, pour cette raison, sont appelées *raisins de table*.

Cépages plus particulièrement propres à faire du vin, dits raisins de cuve.

ALCANTINO (Italie), noir, grappe moyenne, grains peu serrés. Mûrit au 15 octobre.

ARAMON BLANC, très-vigoureux et très-fertile, grappe très-longue et très-grosse, grains ovoïdes. 15 octobre. Dans certaine localité, on donne également le nom d'*aramon blanc* à l'*ugni blanc*.

ARAMON NOIR OU PLANT RICHE (Hérault), très vigoureux et très-fertile, très-grosse grappe, grains ronds, peu serrés, saveur peu relevée. Vins de mauvaise qualité. Pourrit facilement. 15 octobre.

ARNOISON, blanc, grappe moyenne, grains peu serrés, ronds ou à peine ovales, fertile, bon. 20 septembre.

AUBIN BLANC (Lorraine), fertile, grains pas serrés, ronds, blanc jaunâtre ou dorés. Bon, *t*. Commencement de septembre.

AUGIBI OU JUBI (Gard), blanc, grappe grosse, grains gros, oblongs. Bon, *t*. Fertile. Fin octobre.

Augster blawer (Autriche), noir-bleu, grains ovoïdes, longuement pédicellés, à pédicelles rouges. Commencement de septembre.

Auvernat noir (Alsace), grappe moyenne, grains ronds ou à peine oblongs, sorte de *pinot*, très-voisine du *P. noirien*. Très-fertile et très-bon. Fin septembre.

Auvernat blanc ou pinot blanc (Alsace), grains moyens, serrés, ronds, bon, fertile. Fin septembre.

Auvernat gris (Moselle), sorte de pinot, gris, fertile, très-bon. Fin septembre.

Auxerrois (*Epinette blanche, Morillon blanc*), grains ronds, assez serrés, fertile. Très-bon. 15 septembre.

Balustre (Cognac), blanc, grappe petite, grains moyens, résiste à la gelée (bon pour brûler). Fertile. Fin septembre.

Balzac (*Mourvède, Mataro*), noir-bleu, grappe grosse, grains moyens, ronds. Peau épaisse, ne pourrit pas. Fin octobre. Fait un bon vin, très-coloré, dur, qui s'améliore en vieillissant.

Beaunois ou Morillon blanc (Chablis), blanc, grappe petite, grains ronds, petits. Très-bon. Fin septembre.

Blanquette ou clairette (Tarn-et-Garonne), blanc, belles grappes, grains gros, pas serrés, saveur agréable, relevée, bon, très-fertile, *t*. Fin septembre. C'est avec ce raisin, que l'on *passerille*[1], qu'on fabrique les vins connus sous le nom de *blanquette de Limoux*.

---

[1] *Passeriller* se dit des raisins qu'on laisse presque sécher sur le cep pour en faire certains vins de dessert qui imitent le madère. Une

18

Boxarda (Piémont), noir-bleu, belle grappe, grains ronds, gros. Très-bon. Fertile. Fin septembre.

Bordelais ou Merille, noir, grappe longue, grains ronds, peu serrés, peau épaisse. Bon, très-fertile. *t.* Fin septembre.

Boudalès, Ouilliade, noir-bleu, grappe assez belle, grains gros, ovoïdes, peu serrés, saveur sucrée, agréable, *t.* Fait le vin de Saint-Gilles (Gard). Beau, en espalier. Il y en a deux variétés, l'une, plus hâtive, mûrit beaucoup mieux que l'autre.

Cabernet. On en cultive trois sortes : *le petit Cabernet, le Cabernet franc* et *le Cabernet Sauvignon.* Toutes trois sont très-bonnes et diffèrent peu l'une de l'autre; la dernière est cependant préférable ; les grappes sont petites, les grains sont ronds, serrés, noirs. Fin octobre.

Cahors, Cot a queue rouge, pied de perdrix, rouge foncé, grains moyens, pas serrés, très-fertile. Produit les vins de Cahors et de Beaugency.

Cangola nera, noir, assez gros. Fertile. Fin septembre.

Candive ou Serine. Il y en a deux variétés, l'une blanche, l'autre noire, belle grappe, grains ovoïdes, gros. Très-fertiles. Elles entrent pour une bonne part dans les vins de *Côte Rôtie.* Fin septembre.

Carignane (Roussillon), noir-bleu, grains serrés, sujet à couler. 15 novembre.

qualité essentielle que doivent avoir ces raisins; c'est de ne pas pourrir.

Cauny (Bordelais), noir, grains oblongs, pas serrés. Cépage vigoureux. Bon. 15 septembre.

Chauché gris (Saintonge), gris-cendré, grains, assez gros, saveur sucrée. Très-bon. Fertile. Commencement de septembre.

Chauché noir (Saintonge), grappe assez grosse, saveur très-agréable, fertile. Commencement de septembre. Celui-ci, ainsi que le précédent, est une sorte de Pinot. Ces deux variétés sont parfois appelées *Pinot du Poitou.*

Chenin de la Vienne, Pinot d'aunis, Gros pinot de la Loire, blanc-jaunâtre, grains moyens. Bon, fertile Fin septembre.

Chétuan ou Persaigne, noir, très-fertile, donne jusqu'à 100 pièces à l'hectare d'un vin très-coloré et très-ferme. 15 octobre.

Claretto, blanc, grosseur moyenne. Fertile. 20 septembre.

Colombar ou Colombat (Charente), blanc doré, fertile. Très-bon. Fin septembre.

Dégoutant, V. *Folle noire.*

Enfariné, noir, grains ronds, très-pruineux. 15 septembre.

Épicier du Poitou, noir, petit. Fin septembre.

Fejer-Goher (Hongrie), blanc, grains gros, ovoïdes, très-doux. Demande une taille longue, t. 15 septembre.

FEJER-SZŒLLO (Hongrie), blanc, très-fertile. Fin septembre.

FENDANT BLANC (Suisse), grains moyens. Bon, fertile. Fin septembre.

FOLLE BLANCHE (Charente), très-fertile, donne mauvais vin, mais très-bon pour eau-de-vie. 15 octobre.

FOLLE NOIRE ou DÉGOUTANT, excessivement fertile, peau épaisse. Produit un vin très-noir. 15 octobre.

FROMENTEAU GRIS, PINOT GRIS, MALVOISIE GRISE, gris cendré, grappe petite, grains très-serrés, très-légèrement allongés, très-sucré (mielleux). peau très-mince, saveur fine. 20 septembre.

FROMENTÉE, blanc, grappe petite, grains serrés, ronds, très-sucré. Très-vigoureux et très-fertile. Il faut les tailler long. Fait les vins de Palatinat. 15 septembre.

FUMAT (Tarn-et-Garonne), rouge clair, grains gros, ronds, peu serrés, sucré doux, très-bon, *t.* 15 septembre.

FURMINT (Hongrie), blanc-jaunâtre, grappe moyenne, grains ronds, peu serrés, bon, très-doux ne pourrit pas. On le *passerille.* Fait les vins de tokai du Midi. Fin octobre.

GAMAY COMMUN, vulgairement GAMAY INFAME, noir, cépage très-fertile, assez rustique, grappe compacte. Fait un vin plat. Fin septembre.

La qualification de *déloyal* a été appliquée par un

duc de Bourgogne à tous les gamays sans exception. C'est à tort, car il y en a de très-bons.

Gamay d'Arcenant, Gros gamay, noir, grains oblongs, serrés. Pourrit facilement. Fin septembre.

Gamay blanc ou Melon (Doubs), grappe allongée, grains serrés. Fin septembre.

Gamay de Liverdun (Moselle), noir, grappe assez forte, grains serrés, ronds. Un des plus fertiles. Vin commun. Fin septembre.

Gamay de Bévy, noir, grains assez gros, un peu ovoïdes. Bon. Cépage fertile. 15 septembre. Plus précoce et plus robuste que le Gamay d'arcenant.

Gamay Nicolas, noir, grains peu serrés, ovoïdes, très-légèrement musqué. Bon. Il entre dans les vins de Moulin-à-Vent et de Fleury. Fertile. 15 septembre.

Gamay picard, noir, grains ovoïdes, peu serrés. Cépage très-rustique et fertile. 15 septembre.

Gros gamay de Gy, noir, grains légèrement ovoïdes. Bon. Cépage fertile. Fin septembre.

Gentil blanc (Alsace), blanc, grappe petite, grains petits. Fertile. Entre pour une grande part dans les vins d'Alsace et du Rhin. Fin septembre.

Gentil gris, ne diffère du précédent que par la couleur des raisins.

Gentil rose, même caractère que les deux précédents. Ne pourrit pas et supporte assez bien les gelées.

Gersette de Tokai, noir, très-grosse grappe. Très-fertile. 15 octobre.

Gouais, noir violet, grappe grosse, grains ronds, peu serrés, peau très-mince. Cépage vigoureux. Donne un vin de longue garde, peu coloré, corsé et bon lorsque le raisin mûrit bien. Il pourrit très-facilement et est très-sensible aux plus petites gelées. Fin octobre.

Gouais blanc, grappe grosse, grains gros, oblongs, blanc jaunâtre. Cépage très-fertile. t. 20 septembre.

Gray blanc (Isère), grains gros. Bon. Fertile. Fin septembre.

Grosse lyonnaise, sorte de *gamay*, noir. Très-fertile. Grappe grosse, grains gros. Fin septembre.

Gros damas noir (Auvergne), grains de grosseur moyenne. Ne coule pas. Produit un vin corsé. Cépage rustique. Vient en terre maigre. 15 octobre.

Grappenoux, noir, belle grappe, assez grosse, grains ronds, peu serrés. Bon. Fertile. Fin septembre.

Grenache (Pyrénées), noir bleu, très-beau, grains peu serrés, juteux, sucré, saveur fine. Mûrit difficilement à Paris. t. pour espalier.

Grenache blanc (Pyrénées), Alicante, Bois jaune, vert pâle ou jaunâtre, grosse grappe, grains ronds, peu serrés. Fertile. Fin octobre.

Gros lot de Saint-Mars (Cher), noir, grappe grosse, grains ronds. Bon. Cépage très-fertile. Fin septembre. Entre pour une grande part dans les vins du Cher.

Hérissey ou mieux Héricey ou Liverdun (Meurthe et Meuse), noir, grappe grosse, grains ronds. Fin septembre. Cépage extrêmement fertile. Ne pas confondre le Liverdun qui mûrit rarement et reste flasque avec l'*héricey* qui est de la grosse race, mais qui mûrit bien.

Hourca, noir, belle grappe, grains moyens, ronds. Cépage fertile. Taille courte. Peut se cultiver sans échalas. Fin septembre.

Marocain, noir, grappe grosse, grains gros, ovoïdes, assez serrés. Fertile. *t*. Octobre.

Malvoisie rouge d'Italie, rouge clair, grains assez serrés. Commencement de septembre.

Marzemina (Naples), noir-bleu, grappe belle, régulière, longue, grains ronds, sucré, mielleux. Fin septembre. Ne pourrit pas.

Mérille, noir, belle grappe, grains ronds, moyens, peu serrés. Bon. Cépage fertile. Fin septembre.

Merlot ou Vitraille, noir, grains gros. Fertile. Beau et bon. 15 septembre.

Meslier ou Mélier, jaune ambré, grappe assez grosse, grains ronds, à peine moyens, peu serrés. Fertile, résiste à l'humidité d'automne. 15 septembre. L'un des meilleurs cépages blancs des environs de Paris. Il y a une sous-variété à raisin vert qui est mauvaise.

Meunier, noir violet, grappe compacte, grains très-serrés, ronds. Fertile. 15 septembre. Il fait un vin en général plat et de peu de garde. Le nom lui vient de son feuillage blanchâtre et comme fariné.

MILHAUD DU PRADEL, noir, grains gros, ovoïdes, pas serrés, légèrement musqué. Très-bon et très-fertile. *t.* fin septembre.

MONDEUSE OU PERSAIGNE (Savoie), noir, grains de moyenne grosseur. L'un des cépages les plus fertiles. Donne jusqu'à 100 pièces à l'hectare. Fin de septembre.

MOURASTEL ou BOIS DUR (Espagne), noir violacé. Ressemble un peu au *Balzac*, mais plus fertile. Bon. 15 octobre.

NÉRÉ, noir, grappe petite, compacte, grains ronds. Ressemble beaucoup au *Pinot franc*. Très-fertile, sucré et très-bon. Commencement de septembre.

NOIRE-MENUE (Moselle), noir, petite grappe, grains serrés, petits, ronds. Fertile. Sorte de *Pinot*. Produit bon vin. 15 septembre.

OUILLIADE, V. *Boudalès*.

ORLÉANS (Haut et Bas-Rhin), noir, grosse grappe, grains gros, pas serrés, chair rouge. Fin septembre.

OLWER, blanc jaune, grappe grosse, ailée (ramifiée), grains ronds. Fertile. Fin septembre.

PARVEREAU ou CORNET (Drôme), noir, grains ronds, peu serrés. Fin septembre.

PECOU (Isère et Ain), noir bleuâtre, grappe grosse,

grains gros, ronds, peu serrés. Très-bon. *t.* fertile.
15 septembre.

Pinot blanc ou Chardenet, Épinette, Plant doré (Champagne), blanc jaunâtre, grappe petite, compacte, grains petits, ronds. Peu fertile. 15 septembre. Fait le vin de *Pouilly* et de *Montrachet*. Voisin de l'*Auxerrois*.

Pinot crépet, Noirien de la grande race (Côte-d'Or), noir, grains moyens, serrés. Fertile. Qualité douteuse. 15 septembre.

Pinot d'Aunis, noir, grappe moyenne, grains petits, ronds. 15 octobre.

Pinot de Coulanges, noir, grappe assez forte, grains moyens, ronds. Fertile. 15 septembre.

Pinot de Juillet, noir, grappe moyenne, compacte, grains ronds, serrés, sucrés, mûrit dès le commencement d'août. Très-fertile. Cette variété, qu'il ne faut pas confondre avec le *Morillon hâtif* ou *Madeleine*, qui est aussi une sorte de *Pinot*, est remarquable par sa hâtiveté et surtout par sa vinosité, qui est considérable. Ainsi, à Lepin, le Moût, du Pinot de Juillet marquait 14 degrés, lorsque celui des meilleurs cépages ne dépassait guère 11 degrés.

Pinot du Poitou, V. *Chauché noir* et *gris.*

Pinot franc, noir ou Noirien, Noirien des Riceys (Côte-d'Or), grappe assez compacte, grains presque moyens, ronds, serrés. Très-bon. 15 septembre.

Pinot gris ou cendré (*Oulche cendrée*), grappe petite, très-compacte, grains très-légèrement oblongs, serrés, petits, peau très-fine, saveur sucrée, mielleuse. 15 septembre. Probablement le même que le *Fromenteau* ou *Fromenté gris*.

PLANT DE LA DÔLE, noir bleu, grains moyens, ronds, peu serrés, saveur douce. *t.* Cépage fertile, peu vigoureux. Se conserve bien à l'automne. Commencement de septembre.

POULSARD, PLOSSARD, BLUSSARD ou PULSARD DU JURA, rouge clair, grappe grosse, longue, grains ovoïdes, peu serrés. Vigoureux. Très-fertile. *t.* Tailler long. Se conserve bien à l'automne. 15 octobre.

POULSARD BLANC, mêmes caractères que le précédent, dont il ne diffère que par la couleur et par sa hâtiveté. Fin septembre. *t.* bon. C'est le *Plant d'arbois* de la Côte-d'Or.

QUENOISE, rouge, grappe assez grosse, grains ronds, peu serrés. Fin septembre.

QUERCY (Charente), noir, grains ronds, pédicelles rouges. Fin septembre.

RIESLING (Moselle), blanc jaunâtre, grappe petite, courte, grains ronds, petits, très-serrés. Fertile. Très-bon. Ne pourrit pas à l'automne. Fin septembre.

ROUSSEA, noir, grappe grosse, grains ovoïdes, peu serrés. Bon. 15 septembre.

ROUSSANNE, blanc roux, belle grappe, allongée, grains petits, ronds, inégaux, très-dorés, sucré. Fertile. Ne coule pas. 15 octobre.

Raisin de Saint-Jacques, noir, grappe à peine moyenne, grains ronds, petits, sucré. Très-bon et très-fertile. Tailler long. Fin août.

Salces, gris rougeâtre, grappe moyenne, grains ovales, oblongs, serrés, très-sucré. Fertile. Bon. Fin septembre.

Sauvignon ou Surin, blanc ou mieux presque jaune, grappe moyenne, grains ovoïdes, moyens, serrés. Ne coule pas et se conserve très-bien à l'automne. Très-fertile. Fin septembre. L'un des meilleurs pour la cuve. Il produit les grands vins de la Gironde.

Sauvignon gris (Bordelais), a le goût et la saveur du précédent dont il ne diffère que par la couleur.

Sauvignon blanc (Nièvre), blanc, grappe ramifiée, grains ronds, assez serrés, très-doux. *t.* Fin septembre. Ne pourrit pas. Produit les vins de *Pouilly.* Cépage vigoureux et très-fertile.

Semillion, blanc, grappe moyenne, grains ronds, sucré, peau fine. Très-bon. 15 octobre. Produit les vins de *Sauterne.*

Servonien, blanc, grains ronds, moyens. Fin septembre.

Serine, noir, grappe assez forte, grains oblongs, peu serrés. 15 octobre. Ne pourrit pas. Très-probablement le même que *Candive.*

Spiran ou Aspiran, noir, grains ronds, moyens, croquants, saveur sucrée. Très-bon. 15 octobre.

Sirran, noir, grains ronds. 15 octobre. Il y a la grosse et la petite. Toutes deux entrent pour une grande part dans les vins de l'*Hermitage*.

Silvaner (Autriche), blanc jaunâtre, grappe ailée, grains moyens, ronds. Fin septembre.

Trousseau, noir, grosse grappe, grains oblongs, peu serrés. Fertile. 15 octobre.

Traminer (Autriche). Il y a le rose et le violet. Très-bon. Fin septembre.

Ugni, blanc, grappe grosse, allongée, grains ronds, sucré. Fertile. Très-bon vin. 15 octobre.

Vionnier, jaune ambré, grappe belle, grains petits, ronds, serrés, juteux, très-sucré. 15 octobre. Entre pour une large part dans le vin de *Côte-Rôtie*.

Malgré cette quantité prodigieuse de variétés de vignes qui existent, ou du moins dont on trouve les noms cités dans les divers ouvrages de viticulture, il n'en est, en général, qu'un petit nombre (rarement au delà d'une douzaine) qui, dans chaque localité, soient cultivées au point de vue du produit; très-souvent même, dans des localités différentes, les mêmes cépages s'y rencontrent, mais alors sous d'autres noms; de là une confusion des plus grandes dont il est difficile de sortir. Il est même probable qu'un certain nombre ne sont que de légères modifications locales dues, soit au climat, soit au sol (par exemple, pour tout ce qui tient aux qualités). Le plus prudent sera donc toujours de s'en tenir aux cépages que l'on connaît et que l'on sait être bons pour le pays qu'on habite, et d'essayer en même temps, mais sur une petite échelle, un certain nombre de variétés qu'on pourra faire entrer dans l'exploitation lors-qu'on en aura apprécié le mérite.

Des raisins dits de table. — On nomme *raisins de table* tous ceux qui paraissent être tout particulière-ment bons à manger, c'est-à-dire qui plaisent à la fois aux yeux et au goût : ce qui, toutefois, ne veut pas dire que ces raisins ne puissent également servir à la fabrication des vins. Il en est au contraire un bon nombre qui possèdent cette double propriété. *Raisin de table* se dit par opposition à *raisin de cuve*, et dans le même sens que *fruits à couteau*, en parlant soit des poires, soit des pommes. Il en est pourtant, parmi les raisins de table, qui sont impropres, ou à peu près, à fabriquer des vins : tels sont la plupart des chasselas. Nous devons, toutefois, faire remar-quer que, ici encore, se présente l'impossibilité de préciser d'une manière absolue le mérite de chacun des cépages, le climat pouvant apporter de nom-breuses modifications. Il est bien clair, par exemple, que dans le Midi, avec une température toujours élevée et un soleil constant, tous les raisins mûriront bien et, par conséquent, pourront acquérir des qua-lités supérieures. Ici encore, on le comprend, nous ne pouvons donner qu'une indication générale ; c'est à la pratique, d'après l'examen des conditions dans lesquelles on se trouve, d'adopter les cépages les mieux appropriés à ces conditions. Toutefois, pour les variétés dont la qualité vinicole sera bien établie, c'est-à-dire qui, en même temps que les raisins seront bons à manger, seront propres à faire du vin, nous ferons suivre leur nom de la lettre *c*, qui signifie *cuve*.

Qualités que doivent présenter les raisins dits de table. — Indépendamment du goût[1] et de la saveur que doivent avoir les raisins de table, il faut encore, et même tout particulièrement, qu'ils puissent se conserver; pour cela, deux qualités leur sont nécessaires : que la peau, sans être épaisse, soit néanmoins résistante; que la pulpe soit plutôt un peu charnue que trop aqueuse, et aussi que les grappes ne soient pas trop compactes. Il va sans dire que, toutes circonstances égales d'ailleurs, les grains doivent avoir *de l'œil*. Quant à la couleur, elle n'a d'importance que celle qu'on y attache.

Liste des principaux raisins de table. — Nous faisons pour les raisins de table, relativement à l'époque indiquée pour leur maturité, l'observation que nous avons faite pour les raisins de cuve; pour cela, nous

[1] Pris d'une manière absolue, il est impossible de se prononcer sur tout ce qui tient au goût. C'est une question insoluble. Ce qui plaît à l'un ne convient souvent pas à l'autre. Ainsi, tandis que certaines personnes aiment avec passion la saveur des muscats, il en est d'autres qui ne peuvent la souffrir.

disons : que cette époque n'a rien d'absolu, qu'elle dépend d'une foule de circonstances qui peuvent la faire varier, qu'en général, pourtant, on peut regarder celle que nous indiquons comme pouvant servir de guide pour une très-grande partie de la France, ayant été prise dans des conditions plutôt défavorables que favorables à la vigne[1].

Nous devons dire aussi que, parmi toutes ces variétés *dites de table*, il en est qui peuvent aussi faire de bons vins; ce que nous avons voulu dire, c'est qu'elles sont bonnes à manger.

ALEXANDRIAN, CIOUTAT (*Chasselas d'Alexandrie*), blanc, grappe moyenne, grains ronds, gros, peu serrés. 15 septembre.

ALBOURLAH (Crimée), violet clair, grappe grosse, grains oblongs, croquants, saveur musquée. Très-beau et très-bon en espalier. 15 octobre.

ALEATICO NERO (Corse), noir, assez gros. Bon. Fertile. 15 septembre.

ALEXANDRE, noir, grappe longue, grains allongés, peu serrés. Bon. 15 octobre.

ANGELICO ou GUILHAN (Gironde), blanc ambré, grains gros, musqué. Très-bon. Fin septembre.

---

[1] Nous devons toutefois faire observer que la plupart des cépages indiqués sur cette liste de raisins de table étaient cultivés en espalier à bonne exposition; c'est dans ces conditions que nous les avons étudiés.

ANGUUR ALI DERICI (Perse), grains gros. Bon. Octobre.

ANGUUR AJI (Perse), noir bleu, grains gros, oblongs, serrés, feuilles peu lobées, bordées rouge. 15 octobre.

ANGUUR RICH BABA (Perse), blanc, très-grosse grappe, grains gros, sans pépins. Bon. Fin octobre. Tous les *anguurs* ou raisins de Perse sont très-beaux et presque tous bons. Tous sont plus ou moins tardifs.

ARROUYA (*Muscat Arrouya*), grappe moyenne, grains ronds, assez serrés. Très-beau. Commencement de septembre.

ASSYRIEN (*Grand*), jaune ambré, grappes énormes, (jusqu'à 40 centimètres), ailées, grains gros, oblongs. Très-beau. 15 octobre.

BALKANS ou RAISIN DES BALKANS, jaune, grappe longue, grains énormes, bon goût. Fin octobre.

BAKATOR DE TOKAI (Hongrie), violet, assez gros, musqué. Très-bon. Fin septembre.

BALAVRI, noir, assez gros, fertile. Commencement de septembre.

BARBAROUX, GREC ROSE (*Petit gromier du Cantal*), assez beau. Qualité médiocre. 15 octobre.

BARBERA D'ASTI (Italie), violet bleu, grappe longue, grains gros, peu serrés. Bon. c. 15 septembre.

BASTARDO DE PORTO (Portugal), rouge violacé clair,

grosse grappe, grains gros. Très-beau et bon. Fertile. 15 septembre.

Bia (Isère), *Biancome* (île d'Elbe), rouge clair, musqué. Ne pourrit pas. Beau et bon. Fertile. 15 septembre.

Bicane ou Occhivi (*Panse jaune*), jaune, très-belle grappe, grains gros. Très-bon. 15 septembre.

Blanc de Pagès, grappe moyenne. Bon. Fin octobre.

Blanc de Kientsheim (Allemagne), blanc, grains oblongs, peu serrés, saveur fine. Août. Coule souvent.

Boudalès ou Ouilliade, noir bleu, grains gros, oblongs, peu serrés. c. Très-fertile. Fin octobre.

Boudalès hatif, diffère du précédent par sa hâtiveté. 15 septembre.

Bourboulenque (Vaucluse), blanc jaune, ambré doré, grains petits, serrés, charnu, croquant. Voisin de la Clairette, mais grains plus gros. Fertile. Fin octobre.

Brustiano (Corse), blanc jaunâtre, belle grappe, grains gros, oblongs, saveur sucrée et relevée. Bon. Fin octobre.

Caillaba (*Muscat Caillaba*), violet noir, grappe moyenne, grains ronds, moyens, saveur sucrée, agréablement relevée. Fin d'août. L'un des meilleurs muscats. Cépage peu vigoureux, à bois grêle.

Caylor (*Muscat Caylor*), grappe cylindrique, grains

ronds, moyens, peu serrés. Fertile. Commencement de septembre.

Chasselas a gros grains (*Chasselas de Montauban*), blanc, grosse grappe, gros grains. 1er septembre.

Chasselas blanc, grains gros, ronds. Fin août.

Chasselas de Falloux, rose, grains ronds, moyens, peu serrés. Ressemble au *Chasselas Jalabert*. 15 septembre.

Chasselas de Fontainebleau. V. *Chasselas hâtif de Bar-sur-Aube*.

Chasselas de Négrepont, rose foncé, grains ronds, moyens, saveur relevée. Très-bon. Commencement de septembre.

Chasselas de Pondichéry, blanc, assez gros. Très-bon. Commencement de septembre.

Chasselas hatif de Bar-sur-Aube, blanc jaune, ambré, grappe moyenne ou grosse, grains ronds, peu serrés. Commencement d'août. Est probablement le type du chasselas *dit de Fontainebleau*.

Chasselas fendant blanc, jaune doré. Bonne garde. 15 septembre.

Chasselas fendant roux (Suisse), *Tokai des jardins*, rose clair, grains ronds. Très-fertile. Octobre. Se conserve bien.

Chasselas gros coulard (*Froc Laboulaye*), blanc, grains gros, ronds, inégaux. Coule beaucoup. 15 août.

CHASSELAS JALABERT, rose, grosse grappe, grains ronds, peu serrés. Se conserve très-bien. Fin septembre.

CHASSELAS MUSQUÉ, blanc, grains peu serrés, assez gros. Très bon mais peu fertile. Fin septembre.

CHASSELAS NAPOLÉON, CHASSELAS D'ALGER, GROSSE PERLE, blanc mat, ou jaunâtre, grappe longue et grosse, grains gros, oblongs souvent inégaux, peu serrés. Coule beaucoup. Ressemble à la *Panse jaune* ou *Bicane*. Fin septembre.

CHASSELAS NOIR, noir violacé, grappe moyenne, grains peu serrés, chair rouge, bon. Commencement de septembre.

CHASSELAS ROSE DE MONTAUBAN, rose, grappe grosse, saveur fine, bonne garde. Septembre.

CHASSELAS ROYAL ou TRAMONTANER, rose, saveur agréable. Commencement de septembre.

CLAVERIE BLANCHE (*Malvoisie blanche de la Drôme*), gros grains, oblongs, saveur parfumée. Très bon, fertile. Fin août.

CLÉOVANE, violet, chair rouge, belle grappe longue, pyramidale, ailée, saveur agréable. Beau et bon. 15 septembre.

CORNICHON. Il y en a plusieurs variétés de couleur diverse, qui n'ont de remarquable que la forme des grains qui est très-allongée; aucune n'est méritante comme qualité. Toutes aussi sont tardives.

DAMAS NOIR (Bouches-du-Rhône), noir bleu, grappe énorme (50 centimètres), grains gros, ovoïdes, peu serrés. Très-beau, assez fertile. 15 octobre.

DAMERY (Allier), blanc, grains oblongs, moyens. Fertile. 15 octobre.

DECANDOLLE (*Gros Decandolle*), gris rouge, grappe énorme, grains ronds, très-serrés. Pourrit facilement. 15 octobre.

DECANDOLLE (*Superbe Decandolle*), grappe allongée, grains oblongs, rose terne. Fin octobre.

DIAMANT TRAUBE, blanc, grains gros, ovoïdes, peu serrés. Très-beau et bon. Coule beaucoup. Septembre. Planter en espalier.

DOLCETO NERO (Italie), noir, grappe assez grosse, pyramidale, grains moyens, légèrement ovoïdes, croquant. Fin août.

DOLE (Plant de la), noir bleu, grappe moyenne, grains ronds. Très-fertile. c. Commencement de septembre. C'est une sorte de gamay.

DONYELINHO (Portugal), noir, belle grappe, grains oblongs. Fin septembre.

DOUCET, blanc, fertile. Très-bon. 15 octobre.

ESPAGNOL, rouge, très-gros grains. Bon. 15 septembre.

EVIN, blanc, grains ovoïdes. Beau et bon. Fin septembre.

FARBULU, noir, très-gros grains, bon, fertile. Fin septembre.

FENDANT ROSE. Grains moyens, très-bon. *c.* Fin septembre.

FINTINDO (Italie), noir, très-grosse grappe allongée, rameuse, grains gros, ronds. Fertile. Fin août.

FLOUBON (Drôme), noir, grappe forte, grains gros, peu serrés, fertile. Peau épaisse, ne pourrit pas. Très-bon pour la table et pour la cuve. Fin septembre.

FRANKENTHAL, noir-violet, grains ronds, serrés. Très-fertile. Ne coule pas, en espalier et ciseler. Fin octobre.

GROMIER DU CANTAL, rose foncé, grappe énorme, ailée, courte, grains ronds, très-serrés. Ne pourrit pas. Fertile. En espalier et ciseler. 15 octobre.

GOUAIS BLANC (Hongrie), blanc. *c.* V. aux raisins de cuve.

GREC ROUGE, rose foncé, grappe grosse, grains ronds serrés. Voisin de *Gromier du Cantal.* Fin octobre.

GROS DECANDOLLE, V. *Decandolle.*

GROS-ROYAL, noir, grosse grappe, longue, grains peu serrés. Fin septembre.

HUGUES, noir. Grosse grappe, grains ronds. Fertile. 15 septembre.

ISCHIA OU PRÉCOCE DE GÊNES (Italie), noir-violet, grappe

moyenne, grains oblongs, peu serrés. Très-fertile. Bon pour table et pour cuve. 15 août.

JOANNENC (Vaucluse), jaune-ambré, grappe moyenne, grains ovoïdes, peu serrés, croquants; saveur parfumée. Beau et bon. 15 août.

JAEN, blanc, belle grappe, peu compacte. Fertile. Aspect de chasselas. Fin septembre.

KRKOUR, rouge, gros grains. Fertile. Bon. 15 septembre.

KISCH MISH ALI (Perse), noir violet, grains gros, peu serrés, croquants. Bon. 15 septembre.

KISCH MISH, blanc, grains moyens, ronds, sans pepins. 15 septembre.

LAVOUR, noir, grappe belle, grains ovales, peu serrés. Fin septembre.

LIGNAN, blanc-jaunâtre, grains oblongs, saveur sucrée. Commencement de septembre.

LOUBAL, blanc, grosse grappe, grains peu serrés. Fertile. Bon. Fin septembre.

LUGLIENGA BIANGA (Italie), blanc, grains gros, oblongs, peu serrés. Fertile. Bon. Fin août.

MARSEILLAIS, noir, belle grappe, grains gros. Fertile. c. Ne pourrit pas. Se *passerille* [1]. Fin septembre.

MADELEINE NOIRE ou MORILLON HATIF, noir, grappe pe-

____
[1] Voir le renvoi, p. 315.

tite, grains ronds, petits, serrés, saveur douccreuse, peu relevée. Fin juillet, commencement d'août. N'a de valeur que la précocité.

Madeleine blanche ou Morillon blanc, grappe petite, grains moyens, oblongs, charnus. Bon. Peu fertile. Commencement de septembre.

Madeleine verte de la Dorée, vert jaunâtre, belle grappe, grains oblongs. Fin juillet.

Madeleine violette de Hongrie, violet noir, grains petits, oblongs. Fin juillet.

Malvoisie rouge d'Italie (Italie), rouge, grappe moyenne, grains ronds, assez serrés. Commencement de septembre.

Malvoisie blanche de la Drôme, belle grappe, grain gros. Fertile. Bon. 15 septembre.

Malvasia de la Cartuchia, blanc, grains gros, ovoïdes, peu serrés. Très-beau et très-fertile. Ne pourrit pas. En espalier. Octobre.

Malvoisie d'Asti (Italie), blanc brun. 15 septembre.

Meslier Saint-François, blanc, moyen. Très-fertile. c. 15 septembre.

Muscat Arrouya, V. *Arrouya*.

Marocain blanc, grosse grappe, grains ronds, peu serrés. Fertile. Octobre.

MUSCAT DE LA MEURTHE, noir, grappe moyenne, grains ronds, peu serrés. Commencement de septembre.

MUSCAT CAILLABA, V. *Caillaba*.

MUSCAT PRÉCOCE DU PUY-DE-DÔME, blanc, belle grappe, grains gros, ronds, peu serrés. Très-bon et très-beau. Commencement de septembre.

MUSCAT PRIMAVIS, blanc jaunâtre, bon, peu fertile. Taille longue. Ressemble un peu à *Précoce de Saumur*. Fin août.

MUSCAT DE FRONTIGNAN, blanc jaune ambré, grappe longue et régulière, grains gros, peu serrés. Espalier et ciseler. Octobre.

MUSCAT DE SYRIE (*Isaker Daisiko*), jaune doré, grappe longue, grains gros, ovoïdes, parfumé, délicieux. Mûr le 15 septembre à Le Pin. L'un des meilleurs muscats sous le climat de Paris.

MUSCAT D'ALEXANDRIE, grappe très-grosse, grains ovoïdes, gros, peu serrés. Fertile. Espalier et ciseler. Fin octobre.

MUSCAT NOIR DU JURA, grappe moyenne, longue, grains petits, ovoïdes, peu serrés, légèrement musqué. Très-fertile. Très-bon. 15 septembre.

MUSKATELLER, noir, grosse grappe, grains gros, oblongs, saveur agréable. Fin septembre.

OLIVETTE ROSE, grappe grosse, grains oblongs, peu

serrés, roses. Fertile. 15 octobre. Espalier au midi et ciseler. Beau et bon.

Panse jaune. V. Bicane.

Panse précoce ou Sicilien, jaune ambré, gros grains, peu serrés, saveur douce. Très-bon. Fin août.

Précoce de Malingre, blanc ou plutôt jaune ambré, grappe assez longue, grains petits, ovoïdes, inégaux. Coule beaucoup. Très-fertile. 15 août.

Précoce de Saumur, blanc jaunâtre ou ambré, grains ronds, croquants, saveur sucrée, douce, légèrement musquée. Très-bon. Cépage délicat lorsqu'il est franc de pied. Fin juillet.

Précoce verte de Madère, blanc, grappe moyenne, grains oblongs, peu serrés. Fin août.

Prunellat, noir violet, grappe à peine moyenne, grains gros, sphériques, pruineux, saveur très-sucrée. Fin septembre. Les feuilles ont de l'analogie avec celles de la vigne *Isabelle*.

Ribier de Maroc, noir violet, grappe grosse, assez longue, grains peu serrés, longuement ovales, inégaux. Coule beaucoup. Octobre.

San Antoni (Roussillon), noir-bleu, grappe allongée, très-grosse, grains ovoïdes, peu serrés, charnus. Bon quoique peu sucré. Espalier et ciseler. 15 octobre. Ne pourrit pas facilement.

Sarra ou Sarah, blanc, grappe très-grosse, grains gros, peu serrés. Fertile. Bon. Fin septembre.

Schiras, rouge violacé foncé, grains ovoïdes. Bon. Coule souvent. Fin septembre.

Semis de Schiras, rouge, grappe longue, grains ovoïdes, peu serrés. Très-beau et très-bon. Ne pourrit pas. Commencement d'octobre.

Superbe Decandolle, V. *Decandolle*.

Tincron, blanc, grappe énorme (parfois 40 centimètres), grains ovoïdes, peu serrés. 15 octobre.

Verdal, blanc, grappe grosse, grains ovoïdes, peu serrés. Très-bon. 20 septembre.

Véro ou Tresseau (Yonne), noir, grappe moyenne, grains ronds. Fertile. Fin septembre.

Vermentino (Ligurie), blanc, grappes assez fortes, grains gros, peu serrés. Bon. *c.* 15 octobre.

Soins à donner aux raisins dits de table pendant le temps de leur développement. — Comme, lorsqu'il s'agit de raisins qui doivent figurer sur les tables, on tient à avoir, sinon de très-grosses grappes, mais du moins de beaux grains, et autant que possible que ceux-ci soient égaux, il faut *ciseler* en temps opportun, c'est-à-dire couper avec des ciseaux une certaine partie des grains de manière que ceux qu'on laisse, n'étant pas gênés, prennent un plus grand accroissement, pour que l'air et la lumière les frappent de toutes parts, qu'ils mûrissent mieux et qu'ils acquièrent plus de qualités.

Époque où il convient de pratiquer le ciselage. — Si l'on était assuré que la fécondation s'effectuera bien, qu'elle s'accomplira dans de bonnes conditions et qu'elle ne sera pas suivie de contre-temps, on pourrait ciseler aussitôt que la floraison est passée ; mais ce sont des choses trop éventuelles pour qu'on puisse compter dessus. Il faut donc agir très-prudemment et n'opérer le ciselage que lorsque les raisins sont en verjus, que les grains sont gros comme des petits pois. En opérant ainsi on a encore cet autre avantage que, voyant les grains qui sont les plus maigres et les plus malvenants, on peut les enlever pour ne conserver que ceux qui ont une belle apparence.

Lorsqu'on tient à avoir de très-beaux raisins, on peut, quand on opère le ciselage, si les grappes sont très-longues, en supprimer l'extrémité. Quelques personnes suppriment même quelques ramifications (ailerons de certains cultivateurs).

Un autre avantage du ciselage, c'est d'activer le développement et de favoriser la maturité du raisin ; à ce point de vue, c'est donc une opération indispensable lorsqu'on est placé dans des conditions défavorables de climat.

L'effeuillage, pour les raisins de table, est une opération des plus importantes, mais, ainsi que nous l'avons dit précédemment (V. p. 188), on ne doit l'opérer que progressivement et à mesure que cela est reconnu nécessaire. Si on faisait trop tôt et trop complétement cette opération, on pourrait faire durcir les raisins tout en arrêtant leur développement. Si on la faisait trop tard, on n'obtiendrait pas ce qu'on recherche, c'est-à-dire cette sorte de velouté ou de *pruinosité* qu'on nomme *fleur* [1], la saveur sucrée ne serait pas non plus aussi prononcée, et de plus les grains resteraient plus petits.

Conservation des raisins. — Une des conditions essentielles pour conserver les raisins est de les cueillir lorsqu'ils sont bien mûrs, surtout lorsqu'ils sont bien secs et qu'ils n'ont point été nourris d'humidité.

Une autre condition, qui n'est guère moins importante que la précédente, c'est d'avoir un local bien approprié pour déposer les raisins lorsqu'ils sont cueillis. Ce local, qui doit être sain et bien clos, doit être à l'abri de l'humidité, placé au premier étage plutôt qu'au rez-de-chaussée. Il doit être obscur; la lumière et l'air n'y doivent pénétrer que *le moins possible* et sa température doit être *très-basse*.

Bien que la disposition intérieure n'ait rien d'absolu, l'expérience a démontré que des bâtis légers, en bois, supportant des tablettes également en bois et disposées par étages comme le sont à peu près celles d'un fruitier, sont ce qu'il y a de plus convenable. Ces tablettes, formant des sortes de claies-tiroirs portatives, à jour, disposées en pente, sont très-commodes, elles glissent à coulisse sur les bâtis, de sorte qu'on peut d'un coup d'œil en embrasser toute l'étendue et voir l'état dans lequel sont les raisins

---

[1] Dans le langage vulgaire, pour rendre ce fait, on se sert souvent de cette expression triviale; on dit, lorsque le raisin est bien doré, « que *le renard a pissé dessus.* »

qu'elles supportent, et les tirer en avant lorsque cela est nécessaire.

Au fond de ces claies-tiroirs on place un lit de feuilles de fougères bien sèches, sur lequel on dépose les raisins.

Tout autour du fruitier on peut mettre des claies comme à l'intérieur, plus ou moins larges, suivant l'emplacement, ou bien y placer des tablettes étroites, en planches ; on fait à celles-ci des échancrures pour y introduire des bouteilles qu'on remplit d'eau, dans lesquelles on introduit des sarments munis de grappes.

La température de ce fruitier doit être maintenue aussi basse et exempte d'humidité que possible. Il suffit qu'il n'y gèle pas. A la rigueur pourtant, la gelée peut y pénétrer légèrement sans qu'il y ait à cela grand dommage.

Lorsque l'humidité est en excès, on peut, à l'aide de bouches de chaleur correspondant à un calorifère, y faire pénétrer de l'air chaud et sec; on peut même enlever cet excès d'humidité en plaçant, dans l'intérieur, des braisières contenant des charbons allumés. Ces braisières peuvent même avoir un avantage, parce qu'alors l'oxygène, principe désorganisateur, en se portant sur le charbon, se trouve transformé en acide carbonique, qui, au contraire, est un principe conservateur. Mais, dans ce cas, on doit comprendre qu'il ne faut pas rester dans le local et qu'il faut en sortir aussitôt que les braisières sont placées.

Deux procédés sont particulièrement employés pour conserver les raisins, l'un que nous nommerons procédé *sec*, l'autre que, par opposition au précédent, nous appellerons procédé *humide*.

Quand on emploie le procédé *sec*, qui, de beaucoup le plus ancien, est encore aujourd'hui le plus usité, il faut, après avoir coupé les grappes avec précaution, afin de ne point les froisser, les déposer, à mesure qu'on les cueille, dans des paniers larges et peu profonds, de manière qu'elles ne soient point les unes sur les autres. Si le panier était profond, il devrait avoir des compartiments qui se superposent, afin d'éloigner l'un de l'autre chaque lit de grappes.

Arrivé au fruitier, on prend les grappes une à une avec beaucoup de précaution; puis, à l'aide de ciseaux, on enlève les grains gâtés ou écrasés, et on les dépose à la place qu'elles doivent occuper.

Le procédé de conservation à *sec* comprend un grand nombre de modifications; de celles-ci une des plus anciennes et des plus connues consiste à tendre soit des cordes, soit des fils de fer (grav. 121), après lesquels on suspend, à l'aide de petits crochets en fer, disposés en forme d'S (grav. 122), les grappes de raisin

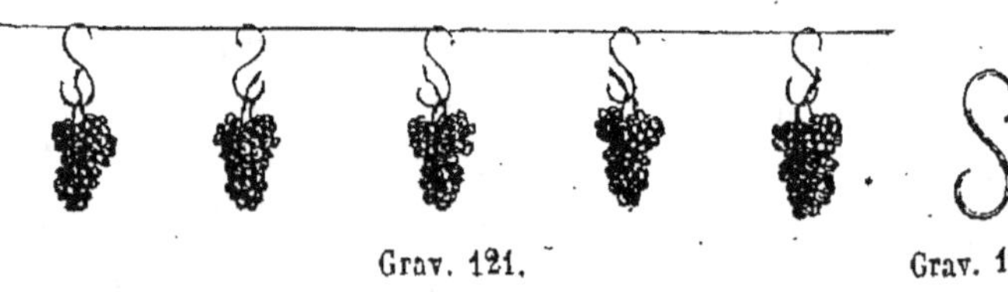

Grav. 121.   Grav. 122.

qui, alors, présentent l'aspect que montre la figure 121; le plus souvent, afin d'éloigner les grains les uns des autres, on suspend les grappes la tête en bas. Les modes de suspensions, on doit le comprendre, n'ont rien d'absolu, on peut les modifier pour ainsi dire à l'infini de manière à les approprier aux circonstances.

On peut aussi placer les grappes dans des placards bien fermés et les déposer soit à plat sur des planches ou sur des petites claies en osier ou mieux encore en les suspendant ainsi qu'il a été dit ci-dessus. Dans toutes ces circonstances, il faudra faire attention que les grappes ne soient jamais en contact avec les murs. Nous dirons même que, des différents moyens que nous avons essayés, c'est ce dernier qui, en général, nous a le mieux réussi. Lorsque le placard est sain et bien clos, le raisin se conserve jusqu'à trois et même quatre mois sans trop se rider. Ainsi cette année nous en avions encore d'assez beau au commencement de février qui avait été conservé de cette manière. Une armoire placée dans un lieu sec et où la température assez constante serait peu élevée, nous paraît devoir être l'un des meilleurs moyens pour conserver les raisins.

Le deuxième moyen de conservation des raisins (procédé *humide*) consiste à couper les sarments munis de leurs grappes, à les effeuiller et à placer tout de suite l'extrémité des sarments dans des bouteilles remplies d'eau dans laquelle on a mis du charbon de bois concassé. Si l'on craint que les bouteilles soient entraînées par le poids des grappes, on peut attacher les sarments contre le mur ou bien contre des treillages ou supports établis *ad hoc.*

Ce procédé de conservation des raisins au moyen de bouteilles remplies d'eau n'est pas aussi nouveau qu'en général on paraît disposé à le croire ; de même que tous les procédés possibles, il se relie à d'autres avec lesquels il se confond, de sorte que sa véritable origine, c'est-à-dire son point de départ, comme celui de toutes choses, se perd dans cet abîme qu'on nomme *la nuit des temps*. La première date précise et bien connue, c'est-à-dire la première narration écrite que nous trouvions de ce procédé remonte à environ dix-sept ans. Nous la trouvons dans les *Annales de la société d'horticulture de Paris*, année 1847, dans une lettre adressée au président de cette société. Voici cette lettre :

Je crois devoir vous faire part d'un procédé que j'ai trouvé et qui paraît nouveau, pour la conservation des raisins.

Il consiste à couper, lors de la maturité des fruits, le sarment avec la grappe de même que si l'on taillait la treille, et de plonger dans un vase le bout coupé du sarment, en laissant pendre la grappe librement.

J'ai conservé de cette manière depuis le mois d'octobre jusqu'à présent [1] et sans avoir de gâté, une vingtaine de grappes de raisin qui n'étaient presque point fanés et sont restés aussi beaux qu'à la treille Je me suis servi d'un sceau dont l'eau n'a point été changée, et qui *a gelé plusieurs fois* sans que le fruit ait été atteint : le vaisseau était dans une chambre inhabitée

Si vous avez l'intention de porter ce procédé à la connaissance de la société, dont vous êtes le président, je pense qu'avec quelques précautions on obtiendrait, s'il est possible, quelques résultats encore plus beaux.

Agréez, etc.

BOUVERY.

Ainsi qu'on peut le voir, ce procédé de conservation dont on a fait tant de bruit il y a quelques années, n'est pas nouveau (il n'a pas non plus été inventé à Thomery, comme tant de gens le croient) ; les seules

---

[1] Cette lettre a été écrite dans le courant de mai 1847.

additions qu'on y ait faites sont, d'une part, l'emploi des bouteilles au lieu d'un sceau, de l'autre, d'avoir ajouté à l'eau un peu de charbon. Mais ce sont de ces modifications qui viennent à l'idée de tout le monde ou plutôt ce sont de nouvelles applications de très-vieilles choses. Pour être juste, pour rappeler le nom de l'inventeur et rendre à chacun ce qui lui est dû, on devrait appeler ce procédé : PROCÉDÉ BOUVERY.

Nous connaissons plusieurs personnes, à qui, soi-disant, la même idée de conservation serait venue : nous le croyons volontiers ; mais comme la date de leur découverte est postérieure à celle que nous avons rapportée, nous croyons devoir taire leurs noms, excepté pourtant celui de M. Verrier, jardinier en chef à l'école impériale de la Saulsaie qui, d'après ce qu'il a écrit dans le journal du *Sud-Est*, 1863, page 119, aurait aussi appliqué ce mode de conservation vers 1848.

Parmi les divers moyens indiqués par certains auteurs anciens, il en est un que nous trouvons dans le *Parfait vigneron*, qui nous parut digne d'être rapporté, le voici :

« Faites faire une ou plusieurs caisses d'un mètre en tous sens, selon la quantité de raisins que vous voulez conserver ; faites garnir leur intérieur de gaulettes ou de ficelles auxquelles vous suspendrez les grappes, sans qu'elles puissent se toucher. Fermez ces caisses ; appliquez un enduit de plâtre sur toutes les jointures, faites-les transporter à la cave et recouvrir de deux ou trois décimètres de sable fin et très-sec. Le raisin se conservera ainsi très-longtemps ; mais sitôt que chaque caisse est entamée, il en faut promptement consommer le fruit. »

Ce procédé, à n'en pas douter, ne peut être que très-bon ; ce contre quoi nous élevons des doutes comme devant avoir un bon résultat, que nous croyons même mauvais, c'est de mettre ces caisses à la cave lorsqu'elles sont remplies de raisin, puisque celui-ci ne peut se conserver, là où il y a de l'humidité, et qu'il n'est pas de cave qui n'en contienne, plus ou moins.

Un moyen de conservation, qui est également très-bon, est de prendre des boîtes en bois très-basses (des sortes de tiroirs)), d'y placer un lit de raisins, puis de les fermer hermétiquement en collant une bande de papier sur les jointures afin d'intercepter l'air, et de les placer dans un lieu sec.

Un autre moyen de conserver pendant longtemps des raisins sur les treilles et de les garantir en même temps contre les insectes, est de mettre les grappes dans des sacs. -Ceux-ci, qui peuvent être faits en crins, en différentes étoffes (toile, coton, etc.) et même en papier, sont de valeurs diverses. Au point de vue des résultats, ceux en crins fins et serrés sont bien préférables. Les différentes étoffes ont le grave inconvénient de provoquer très-rapidement la pourriture; ceux en papier blanc fort et collé conservent assez bien, mais ils ont l'inconvénient de se déchirer facilement.

Autant que possible, on ne devra mettre en sac que les grappes dont les grains sont sains et peu serrés, et ne faire ce travail que lorsque les raisins ont déjà acquis un certain degré de maturité.

On peut encore, dans les endroits où les froids ne sont pas très-rigoureux, conserver les raisins pendant très-longtemps et, surtout pour les avoir très-beaux, les laisser sur la treille en les préservant des pluies, ainsi qu'il a été dit ci-dessus ; puis des gelées, en plaçant devant des toiles d'abord, puis des paillassons ou toute autre chose, suivant l'intensité du froid. Il est facile de comprendre, dans ce cas, que les vignes devront être placées le long d'un mur, à bonne exposition.

On a aussi recommandé, afin de conserver les raisins, de les cueillir sur le vert. Ce procédé présente plusieurs inconvénients ; d'abord les raisins non mûrs se dessèchent promptement et on n'a plus, en quelque sorte, que la peau à manger ; ensuite ils ont peu de valeur parce qu'étant cueillis avant d'être mûrs, le principe sucré n'est pas encore développé, de sorte qu'ils ne sont ni beaux ni bons.

Soins à donner aux raisins après qu'ils sont cueillis. — Les soins à donner aux raisins lorsqu'ils sont cueillis, ne sont guère que des soins de surveillance ; ils consistent à les visiter de temps à autre pour enlever les parties qui se gâtent, en un mot, à faire une chasse active à la pourriture.

Lorsqu'on pénètre dans le fruitier, on doit être muni d'une chandelle, et avoir soin de fermer la porte afin que l'air ni la lumière n'y puissent pénétrer.

Observations générales à la conservation des raisins. — Toutes choses égales d'ailleurs, les raisins se conservent d'autant mieux qu'ils sont plus mûrs, qu'ils ont reçu moins d'eau [1] pendant leur période de végétation et principalement pendant toute celle que comprend la maturation, c'est-à-dire dès un peu avant qu'ils commencent à éclaircir, et qu'on le cueille plus tard en saison. C'est ce qui explique pourquoi, dans les endroits ou l'on veut en conserver longtemps, on met des paillassons en haut des treillages, bien longtemps avant que les raisins soient mûrs, de manière à les abriter contre la pluie. Ainsi, à Thomery, nous avons vu des auvents en toile goudronnée, qui n'ont guère moins d'un mètre de largeur, qu'on place au sommet des murs, indépendamment des chaperons. Grâce à ces abris, les raisins ne reçoivent point les pluies d'automne, ils mûrissent mieux, peuvent rester plus longtemps sur le cep, puisqu'ils sont même à l'abri de la gelée tant que celle-ci ne descend pas à plus de deux degrés au-dessous de zéro.

On doit alors comprendre comment ces raisins peuvent se conserver plus longtemps, car en restant fixés au sarment, celui-ci ne reçoit presque plus de

[1] C'est tellement vrai que l'humidité nuit à la conservation des raisins, que, sur une treille placée le long d'un mur muni d'un chaperon assez large, on remarque, si l'on y fait attention, que, en général, les raisins placés sous le chaperon se conservent plus longtemps que ceux qui viennent plus bas; que ceux-ci, à leur tour, se conservent mieux que ceux qui sont placés au-dessous d'eux, et ainsi de suite, par cette raison que plus on se rapproche du sol, plus l'humidité est grande, moins l'évaporation est considérable et, finalement, plus l'eau de végétation contenue dans les raisins est abondante.

séve ou n'en reçoit que de très-élaborée, de sorte que le raisin n'absorbe presque plus d'eau ; et comme, d'une autre part, l'évaporation lui enlève constamment une partie de celle qu'il contient, et que l'autre se transforme presque entièrement en principes sucrés, il en résulte que ceux-ci dominent, et tout chacun sait que le sucre est l'élément conservateur par excellence.

Ajoutons toutefois que la conservation des raisins est un phénomène complexe, qu'elle dépend d'une foule de circonstances difficiles à apprécier qu'on est même rarement le maître de diriger. Une des principales est le terrain. Ainsi, par exemple, les terrains siliceux et chauds reposant sur un sous-sol perméable sont très-favorables à la conservation des raisins ; ceux, au contraire, qui sont compactes, argileux et froids, sont défavorables. De sorte que dans un même pays, mais dans des localités différentes, il pourra se faire qu'il y ait des différences très-sensibles dans la facilité de conserver les raisins. Mais il y a plus : dans le même terrain, le raisin récolté au midi se conservera mieux que celui qui est venu au nord ; celui qui est venu le long d'un mur mieux que celui qui est venu en plein air : faits qui, du reste, s'expliquent très-facilement par les raisons physiologiques que nous avons développées ci-dessus.

Par ces mêmes raisons on comprendra pourquoi aussi, dans le pays brumeux où l'atmosphère est continuellement saturée d'humidité, le raisin, toutes circonstances égales d'ailleurs, se conservera beaucoup moins bien que dans les pays où l'atmosphère est sèche et claire. D'une autre part encore on remarque, sans qu'on puisse l'expliquer, que les raisins se conservent beaucoup mieux certaines années que certaines autres, bien qu'on les place dans les mêmes conditions et qu'on leur donne aussi les mêmes soins.

En général aussi les raisins venus sur coursons se conservent mieux que ceux qui ont poussé sur des longs-bois, surtout lorsque ceux-ci sont démesurément longs. Il faut donc, pour les ceps dont on veut conserver les raisins, tailler à coursons et ne laisser relativement que peu de fruits.

Une dernière observation que nous ferons au sujet de la conservation des raisins, c'est qu'il faut les remuer *le moins* possible ; que, malgré toutes les précautions avec lesquelles on touche aux grappes, il est rare qu'on ne froisse pas les grains, et que quelques jours après qu'on les a touchés, un grand nombre se tachent et pourrissent bientôt. D'où il résulte que, en général, lorsque le mal n'est pas très-grand, il vaut mieux le laisser et ne nettoyer les grappes qu'au fur et à mesure qu'on en a besoin pour la consommation.

VOCABULAIRE

DES

PRINCIPAUX TERMES EMPLOYÉS EN VITICULTURE [1]

A

ACCOLAGE. Action d'*accoler*. V. ce mot.

ACCOLER. Fixer des parties nouvellement développées à un support quelconque. Se dit particulièrement des bourgeons lorsqu'on les attache aux échalas. On dit aussi *attacher*, très-souvent aussi on dit *lier*.

AFFINER. V. *s'affiner*.

AMPÉLOGRAPHIE. Nom par lequel on désigne ceux qui

[1] Nous n'indiquons ici que les principaux termes employés à peu près exclusivement en viticulture; ceux qui en voudraient de plus détaillés pourront recourir à notre *Encyclopédie horticole*, où nous en avons décrit plus de *trois mille*.

décrivent la vigne, qui font des traités sur ce sujet. On le confond parfois avec *viticulteur*. C'est un tort, ce dernier terme s'appliquant à celui qui cultive la vigne. On peut être viticulteur sans être ampélographe, c'est-à-dire cultiver la vigne sans la décrire.

AMPÉLOGRAPHIE. Recueil spécial à la vigne, qui traite exclusivement de cette plante.

AMPÉLOPHAGES (insectes). On donne ce nom à tous ceux qui attaquent tout particulièrement la vigne ou qui s'en nourrissent.

ARCHET. V. *Pique.*

ARSIS (raisins). V. pag. 307.

ASTE. V. *Longs-bois.*

ATTACHE. Lien qui sert à fixer un végétal ou seulement l'une de ses parties, soit à un tuteur, soit à tout autre objet. *Attacher* se dit d'une manière générale. C'est à tort qu'on le confond avec *accoler*, qui ne doit s'employer qu'en parlant de parties jeunes ou encore peu solides, et par conséquent susceptibles de se décoller. On *accole* les bourgeons, on *attache* la vigne lorsqu'on la taille.

B

BARBEAUX. Nom que dans certains endroits on donne aux jeunes plants (boutures), lorsqu'ils ont développé des racines.

Barre ou Pal. Sorte de levier en fer, susceptible de varier, quant à la forme, à l'aide duquel, dans les terrains pierreux, on opère les plantations. Celles qui sont faites par ce procédé sont appelées : *Plantations à la barre* ou au *pal*.

Basse (vigne). On nomme particulièrement *vignes basses*, toutes celles qui, cultivées en souche, ont celle-ci placée près de terre. D'une manière générale on nomme *vignes basses* toutes celles qui, qu'elle qu'en soit la forme, sont peu élevées au-dessus de la surface du sol. *Vigne basse* se dit par opposition à *vigne en hautain*.

Bois-franc. On donne cette qualification aux sarments qui ont poussé sur du bois âgé d'un an, qui lui-même était poussé sur un sujet en rapport. *Bois-franc* se dit par opposition à *gourmand*. V. page 98.

Bouillis (raisin). V. pag. 307.

Bourdes. V. *Gourmand*.

Bourgeon. C'est ainsi qu'on nomme le premier développement d'un œil. Tout bourgeon conserve ce nom tant qu'il est en végétation ; lorsqu'il s'arrête, il prend le nom de *sarment* lorsqu'il s'agit de vigne, de *rameau* dans toute autre sorte d'arbre fruitier. On nomme *sous-bourgeons* les productions qui naissent la même année à la base des bourgeons, qu'ils remplacent parfois quand ceux-ci ont été détruits. On nomme *faux bourgeons* les productions qui se développent sur les bourgeons et presqu'en même temps qu'eux. On nomme *bourgeons adventifs* ou *adventices* ceux qui, soit naturellement, soit à l'aide de certaines opérations horticoles, se sont développés sur du vieux bois, là où rien n'en annonçait la présence. Quelques vignerons donnent aux bourgeons le nom de *flages*, d'autres celui de thales, dont le terme *éthalage* par lequel ils désignent l'opération qui consiste à enlever les bourgeons. Chez la vigne, les faux-bourgeons portent le nom d'*entre-feuilles* (V. ce mot).

BOURGEON-VRAI. Certains arboriculteurs appellent *bourgeon vrai*, celui qui résulte de l'œil principal, par opposition à celui qui lui est contigu, qui se développe après, qu'ils nomment *contre-bourgeon*, qui par son développement fournit ce que nous appelons *entre-feuille*. Quelques vignerons donnent au bourgeon principal le nom de *maître-bourgeon*.

BOURGEONNER, se dit des yeux de la vigne lorsque, par suite de l'élévation de la température, ils grossissent et s'allongent pour donner naissance à des bourgeons.

BOURRE. Sorte de duvet laineux, mélangé parmi les écailles qui constituent les yeux de certaines plantes particulièrement ceux de la vigne, de là le terme *débourrer*, dont on se sert pour désigner le développement des yeux, c'est-à-dire leur transformation en bourgeons. Quelques vignerons donnent aux yeux le nom de *bourres*, de sorte qu'ils disent tailler à une, à deux, à trois bourres, etc. Par la même raison, ils nomment *sous-bourres* les sous-yeux qui se trouvent placés à la base de l'œil principal. Dans certaines localités on nomme *bourillons* (diminutif de *bourre*) tout œil peu développé qui se trouve à la base du sarment ; c'est à partir de lui qu'on compte les *yeux francs*.

BOURRES-CUITES. Nom par lequel certains vignerons désignent les yeux (bourres) qui ont été détruits par l'action du froid ; ils les nomment aussi *échamplures*.

BOURILLONS. V. *Bourre*.

BOUTURES. Fragment de sarment plus ou moins grand qu'on détache et qu'on fait enraciner.

BRANCHES A BOIS. C'est le nom qu'on donne aux sarments tout particulièrement destinés à produire la *branche de remplacement* dont ils portent aussi le nom. Bien qu'on les nomme *branches à bois*, cela ne veut pas dire qu'elles ne portent jamais de raisins, mais seulement qu'elles sont spécialement destinées à en donner l'année qui suit celle de leur apparition. — *Branches à bois* se dit par opposition à *branches à fruits*.

BRANCHE A FRUIT. Sarment âgé d'au moins un an qui, dans les tailles dits *à longs-bois*, est particulièrement destiné à la production des raisins. Dans les cultures dites *à longs-bois*, on supprime les branches à fruits chaque année, soit aussitôt que le raisin est récolté, soit lors de la taille.

BRANCHE DE REMPLACEMENT. V. *Branche à bois*.

Broche. Sarment intermédiaire entre le *courson* et le *long-bois*. La longueur de la broche n'a rien de rigoureux ; le plus généralement elle porte de six à huit yeux. La *broche* est parfois désignée par les noms de *pisse-vin* ou par corruption *pichevi*. Dans quelques localités on lui donne le nom de *portant*.

Brochette. Petite broche. V. *Courson*.

Brouissure. Se dit des raisins qui, tout à coup et sans cause bien connue, cessent de grossir et ne parviennent jamais non plus à une maturité complète.

C

Carasson. Terme qui, dans beaucoup de vignobles du Midi, est synonyme d'échalas. En général pourtant, ce qu'on nomme carasson, destiné à soutenir les raisins, est moins long que les échalas qu'on emploie pour maintenir et attacher les ceps.

Cavaillon. Butte ou remblai de terre que l'on fait au pied des ceps.

Cavaillonnage. C'est une sorte de renchaussage. *Cavaillonner*, c'est tirer la terre d'entre les ceps pour l'amonceler au pied de ceux-ci. On nomme *décavaillonnage*, l'opération inverse, celle qui a pour but de dégager le pied des ceps, de tirer la terre d'entre les lignes.

Cavaillonner. V. *Cavaillonnage.*

Chapon. Sarment d'une année, qu'on destine à former un plant, qu'on met en terre pour qu'il développe des racines. Le *chapon* est une bouture simple. Il se dit par opposition à *crossette.* V. page 27.

Chapon-chevelu. C'est le nom que l'on donne aux chapons lorsqu'ils sont enracinés. V. *Plant chevelu.*

Chapon-crossette. V. *Crossette.*

Cep. Nom que porte chaque pied de vigne lorsqu'on le prend isolément.

Cépage. En viticulture, *cépage* se prend dans le sens de races, de variétés, etc. Ce *cépage* est très-franc ; cet autre ne mûrit pas, coule, pourrit, etc.

Chable. V. *Membre.*

Chausserons. Nom par lequel, dans certaines localités, on désigne les sarments qui partent du pied ou du collet des ceps. Ce sont des rejets que dans certains pays on nomme gourmands.

Chevelée. Jeune plant de vigne obtenu par couchage, muni de nombreuses racines que par allusion on a comparé aux cheveux de la tête, d'où le nom *chevelée.* — *Chevelée,* d'une manière générale, s'entend par opposition à plants obtenus des boutures. Quelques auteurs ont écrit *chevolées.* Dans certaines localités on le nomme aussi *barbeaux.*

Chevelu (plant). Se dit particulièrement des boutures de vigne (croissettes, chapons, etc.), lorsqu'elles sont enracinées. *Plant chevelu* se dit par opposition à bouture non enracinée ; quelques auteurs ont écrit : *plant racineux.*

CHEVOLÉE. V. *Chevelée.*

CHOICHONS. Nom par léquel; dans certains vignobles, on désigne les vieux échalas hors de service ; dans certains autres on les nomme *secailles.*

CONTRE-BOURGEON. V. *Contre-œil.* V. aussi *Entre-feuilles.*

CONTRE-ŒIL. Nom qu'on donne à l'œil qui est placé à la base d'une feuille à côté de l'œil principal. C'est lui qui par son développement immédiat donne ce que, suivant les pays, on nomme *entre-feuille, contre-bourgeon.*

CORNES. Terme par lequel, dans certaines localités, on désigne les membres secondaires ou *bras* qui partent du cep sur lesquels, au besoin, on tire des coursons ; dans certaines autres, on nomme *cornes* les coursons qui ont une bonne longueur, qui sont des sortes de *broches.*

COITIS. Maladie qui attaque les ceps. V. pag. 305.

COTS ou COT. V. *Courson.*

COTS-BAS. V. *Courson.*

COUCHAGE. Action de coucher. V. pag. 46. Il se dit

aussi des plants qui ont été obtenus par ce procédé de multiplication.

Courgée. V. *Longs-bois.*

Courson. Branche maintenue très-courte par des tailles successives. En parlant des vignes, *courson* se dit des sarments qui naissent sur du bois âgé d'au moins un an, lorsqu'on les a taillés à un, à deux, à quatre yeux, etc. — Courson s'entend souvent par opposition à *long-bois.* Dans certains pays on donne aux coursons le nom de *brochettes* (diminutif de *broches.* V. ce mot); dans d'autres on les nomme *cot, not, flèche, reprise,* etc. Dans quelques autres encore, on donne aux coursons le noms de *cots-bas;* dans d'autres, celui de *bascots,* sans doute par corruption du terme précédent *bas-cots* ou *cots-bas.*

Coursonner. Faire des *coursons.*

Court-bois (taille à). On nomme *taille à court-bois,* celle qui consiste à réduire les sarments à un très-petit nombre d'yeux, en un mot, à les transformer en coursons. — *Taille à court-bois* se dit par opposition à *taille à long-bois.* V. *Longs-bois* (taille à).

Crapats (plants). Dans certains vignobles on appelle *plants crapats* ceux qui sont dégénérés, dont les feuilles sont plus divisées qu'elles ne le sont sur les plants *francs* et qui, en fin de compte, ne donnent que peu ou point de fruits.

Crochets. Terme employé par certains vignerons dans le même sens que *coursons.*

CROSSETTE. Sarment d'un an, muni à la base d'une petite épaisseur de bois plus âgé (V. page 27). Quelques auteurs l'ont nommée, à tort selon nous, *crossette-chapon*, qualification qui confond deux choses différentes.

CROSSETTE-CHEVELUE. V. *Plant chevelu.*

CROSSONNEMENT. Se dit du phénomène qui fait que, dans certains cas, un cep, au lieu d'émettre quelques beaux bourgeons, en développe un grand nombre sur lesquels il est difficile d'asseoir la taille.

D

DÉBOURRER. *Bourre* se disant souvent dans le même sens qu'*œil*; *débourrer* se dit dans le même sens que *bourgeonner*. V. *Bourre.*

DÉCAVAILLONNAGE. Sorte de déchaussage qu'on pratique au pied des ceps, qui consiste à enlever les *cavaillons*. V. *Cavaillonnage.*

DÉCHAUSSAGE. Action de *déchausser.*

DÉCHAUSSER. Enlever une certaine quantité de terre du pied d'une plante, de manière à mettre son collet en contact plus immédiat avec l'air. — Est à peu près synonyme de *décavaillonner.*

DÉCOURSONNER. Enlever les coursons.

Déficher. V. *Ficher*.

Dégénéré. Se dit d'une manière générale de tout végétal qui a perdu tout ou partie des qualités qui le faisaient rechercher.

Dépaisser ou Dépaisselage. Oter les *paisseaux* ou *échalas* Se dit dans le même sens que *déficher* ou *défichage*.

E

Éborgner. Retrancher ou casser les yeux avant leur développement en bourgeons.

Ébourgeonner. Enlever les bourgeons inutiles ou mal placés. (V. pag. 185.) Quelques auteurs ont écrit *éliober*. Beaucoup de vignerons disent *éthaler*, d'autres disent *évasiver*, d'autres encore disent *monder* ou *émonder*.

Échalas. Sortes de tuteurs plus ou moins élevés que l'on met aux ceps pour les soutenir, après lesquels on attache les sarments, etc.

Échalasser. V. *Ficher*.

Échamplure. V. *Bourre cuite*.

Éclaircir. Se dit des raisins lorsqu'à l'approche de leur maturité les grains deviennent plus clairs et comme transparents. — Éclaircir se dit encore lors-

que, à l'aide de ciseaux, on enlève une certaine partie
des grains.

Écosner. Enlever toutes les petites ramilles qui
ont poussé sur de jeunes ceps, et tailler à coursons
un ou deux des plus beaux bourgeons.

Effeuiller. Enlever une certaine quantité de feuilles
afin que les raisins soient plus exposés à la lumière. V. pag. 188.

Éliober. V. *Ébourgeonner*.

Émonder. V. *Ébourgeonner*.

Ensouchage. Abaisser la tige d'un sarment dans une
petite fosse, afin de la faire ressortir un peu plus
loin. C'est une sorte de déplacement. — Ensouchage
se dit aussi de l'opération qui consiste à enterrer
les souches de vigne pendant l'hiver, de manière
à les préserver des grands froids. Dans ce cas on
comprend que les souches doivent être très-basses,
de sorte qu'en prenant un peu de terre autour on
peut les recouvrir ainsi que les sarments. Si, au
contraire, les tiges ou membres étaient un peu élevés, on ouvrirait à côté une fosse dans laquelle on
les coucherait.

Entre-cœur. V. *Entre-feuilles*.

Entre-feuilles. Bourgeons secondaires qui se développent dans l'aisselle et près de l'œil principal qui
reste stationnaire. L'entre-feuille est aussi désigné

par les noms d'*entre-cœur*, de *faux-bourgeon*, de *contre-bourgeon*, etc. V. pag. 10 et 96.

ENTRE-NŒUD. V. *Mérithalle.*

ÉPAMPRER. Enlever les *pampres.* V. ce mot.

ÉPOUSSÉ (Œil). V. *Œil époussé.*

ÉTHALER. Enlever les *thales.* V. ce mot. V. aussi *Bourgeon.*

ÉVASIVER. V. *Ébourgeonner.*

ÉVRILLER. Enlever les *vrilles.* V. pag. 9.

ÉVENTÉ. Se dit d'un œil dont la coupe qui le surmonte, faite trop près de lui, a déterminé une perte de séve, et en a affaibli le développement.

F

FAUX BOURGEON. Expression fausse, quelles que soient les circonstances dans lesquelles on l'applique. Le bourgeon étant le développement d'un œil, il ne pourrait y avoir de *faux bourgeons* que s'il y avait de faux yeux, ce qui n'est pas. Il n'y a que des yeux de différentes valeurs. Ce qu'en général, dans la vigne, on nomme *faux bourgeons*, ce sont les bourgeons secondaires qui se développent en même temps que le bourgeon principal. V. *Bourgeon.* V. aussi pag. 10 et 96.

FESSOU. Sorte de houe pleine en fer battu dont

on se sert dans quelques parties de la Bourgogne.

Ficher. S'entend des échalas lorsqu'au printemps on les enfonce de nouveau au pied des ceps. L'opération contraire se nomme *déficher*. Au lieu de *ficher* on dit parfois *échalasser*.

Flèche. V. *Courson*.

Flage. V. *Bourgeon*.

Foissoul. V. *Meigle*.

Fouet. V. *Longs-bois*.

Foule (culture en). Se dit des cultures dans lesquelles les ceps, qui semblent disposés au hasard, s'enchevêtrent l'un dans l'autre et forment une sorte de fourré dans lequel il est difficile de pénétrer. Cet état de choses résulte du provignage qui, pratiqué sans règles, finit par confondre tout et faire disparaître complétement les lignes qui existent toujours lors des plantations. Vigne *en foule*, culture *en foule*, se disent par opposition à vigne *en ligne*, à culture *en ligne*.

Franc (œil). V. *OEil franc*.

Franc (bois). V. *Bois franc*.

Franc (Taille à un œil). On nomme *taille à un œil* ou bien *à deux yeux francs* celle qui est faite à un ou bien à deux yeux au-dessus de celui qui est à la base ou au talon du sarment, lequel est toujours très-peu développé.

Franc-gourmand. V. *Gourmand*.

G

Gaule. V. *Longs-bois*.

Gourmand. D'une manière générale, on nomme *gourmand* toute production dont la vigueur paraît excéder un développement relativement normal. En viticulture, on donne plus particulièrement le nom de gourmand aux sarments qui se développent spontanément sur le vieux bois. Ceux qui naissent au collet des ceps, qui semblent partir des racines, sont souvent appelés *francs-gourmands*. Dans certains pays on les nomme *bourdes*.

Goussotte. Nom qu'on donne dans certaines parties de la Bourgogne à une grosse serpette très-ordinaire, dont le manche est en bois. Cette serpette ne se ferme pas.

Gros plant. Se dit par opposition à *plants fins*. V. ce mot.

H

Hautains (vigne en). On nomme vigne en hautains celles dont les ceps, sur une tige unique, sont élevés d'au moins un mètre au-dessus du sol. *Vigne en hautains* se dit par opposition à vigne basse.

Haste. V. *Longs-bois.*

J

Joualles. Se dit des vignes qui, au lieu d'occuper toute la surface d'un terrain, n'en occupent que des parties entre lesquelles on pratique d'autres cultures. Les cultures, soit de vignes, soit d'autres végétaux qu'on place entre celles-ci, peuvent être plus ou moins larges. Ainsi parfois, on met seulement deux ou trois rangées de ceps, puis une bande de terre plus large est consacrée soit à la grande culture, soit à des cultures sarclées. Certains auteurs ont écrit *joalles*, d'autres *jouailles*, *jouelles*.—Vigne en *joualles* se dit par opposition à *vigne pleine.*

Joalles. V. *Joualles.*

Jouelles. V. *Joualles.*

L

Longs-bois. Sarments plus ou moins longs, que, lorsqu'on opère la taille de la vigne, on conserve afin d'obtenir une grande quantité de raisins. Ces *longs-bois* portent, suivant les pays, des dénominations très-diverses ; ainsi on les nomme : *astes, courgées, fouet, gaule, haste, pique, pleyon, ployon, raquette, sautelle, sauterelle, verge, vorge,* etc. On nomme *taille à longs-bois* celle qui consiste à conserver des sarments très-longs, comparativement, et à les diriger de façon à en faire développer tous les yeux. *Taille à long-bois* se dit par opposition à *taille à court-bois* ou à *coursons.*

Longs-bois (taille à). V. *Longs-bois.*

M

Maître-bourgeon. V. *Bourgeon vrai.*

Mannes. Nom que, dans certains pays, on donne aux jeunes grappes de raisins avant qu'elles ne soient en fleurs.

Marcotte. Partie aérienne d'un végétal que, sans la détacher, on a mis en terre pour lui faire produire des racines. — Marcotte se dit dans le même sens que couchage.

Marcotte chevelue ou chevelée. V. *Plant chevelu.*

Marieu. Nom que, dans certains endroits, on donne à l'œil placé à la base d'un sarment ou long-bois incliné, qui doit se développer pour remplacer celui-ci. C'est l'œil qui doit produire le bois de remplacement.

Meigle. Sorte de houe en fer battu dont on se sert dans certaines localités pour remuer le sol. Il y a deux sortes de *meigles :* l'ancienne dont la forme rappelle assez celle d'une *raie* (poisson de mer) dont on aurait enlevé la tête, et la nouvelle dont les deux dents, très-pointues, vont constamment en s'élargissant vers la tête de l'outil où est placée la douille. Dans quelques localités, la meigle est appelée *foissoul*.

MÊLER. En parlant des raisins autres que les blancs, on dit qu'ils *mêlent* lorsqu'on aperçoit quelques grains qui changent de couleur : ces raisins vont bientôt mûrir ; ils commencent à *mêler*. Au lieu de *mêler*, certaines personnes disent *tourner*.

MEMBRE. Nom que, dans certains vignobles, on donne à la tige du cep. Quelques vignerons disent *châble*.

MÉRITHALLE. C'est ainsi qu'on nomme la partie comprise entre deux insertions de feuilles, parfois entre celle des yeux ou des rameaux. Il se dit surtout de la vigne : Ce sarment a les mérithalles très-longs, c'est-à-dire que les yeux sont très-éloignés les uns des autres. On dit parfois aussi *entrenœud*. Quelques auteurs même, au lieu de mérithalle, ont écrit *mésophyte*.

MÉSOPHYTE. V. *Mérithalle*.

MÉSOPHYTE ARTIFICIEL. Nom que certains auteurs ont donné à la partie qu'ils supposent exister entre les deux systèmes, ascendant et descendant, d'un végétal. Ce terme, qui ne s'applique guère qu'aux boutures, serait donc une sorte de *collet artificiel*, l'analogue de ce que, dans les plantes obtenues par graines, on nomme collet [1].

MONDER. V. *Ébourgeonner*.

MOUCHARD. Nom que certains vignerons donnent à des plants communs, mais vigoureux, qu'ils plantent en vue de les greffer. *Mouchard*, ici, est donc à peu près synonyme de *sujet*.

MOUCHER. Terme qui s'emploie dans certaines localités dans le même sens que *rogner*, *ébouter*, *pincer*, etc.

N

NÔT (taillé à). V. *Courson*.

O

ŒIL. Petit corps placé sur les jeunes ramifications des végétaux, qui, dans sa jeunesse, est toujours accompagné d'une feuille ou d'un organe qui en tient lieu. En viticulture, l'œil est parfois nommé *bourre*. L'œil n'est jamais simple; aussi est-il rare qu'il ne puisse produire qu'un bourgeon. Un œil est une chose complexe, un végétal microscopique, pour ainsi dire, un centre d'activité duquel peut sortir un certain nombre de bourgeons de valeurs très-diverses (horticolement parlant); ce qui, du reste, est très-facile à

___

[1] Voir nos *Entretiens familiers sur l'horticulture*, pag. 112-113; voir aussi notre *Encyclopédie horticole*, article COLLET.

21.

comprendre : car, étant formé d'écailles, et chacune de celles-ci étant une feuille rudimentaire, elle porte à sa base un œil également rudimentaire. De sorte que, suivant les circonstances, un certain nombre de ceux-ci peut se développer. Ce sont ces yeux que certains auteurs ont appelés *yeux stipulaires* ou *sous œil*, qui, soit par suite d'accidents arrivés au bourgeon principal, soit parce qu'on l'a pincé, se développent et donnent les *sous-bourgeons*.

Œil époussé. On nomme ainsi celui qui, par une cause particulière, s'est développé avant l'époque où normalement il aurait dû le faire

Œil franc. On nomme *œil franc*, celui qui est bien accusé, dont le développement est à peu près certain. Ainsi, tailler à un, à deux, à trois, à quatre yeux *francs*, c'est couper le sarment au-dessus du premier, du deuxième, du troisième ou du quatrième œil, dont on est non seulement sûr du développement, mais dont on peut espérer des raisins. V. *Franc* (taille à un œil).

Œil stipulaire. V. *Œil.*

Œil vrai. Nom par lequel certains arboriculteurs désignent l'œil principal (celui qui est toujours visible) qui, placé à l'aisselle des feuilles, produit, lorsqu'il se développe, ce qu'ils nomment le *bourgeon vrai*. *Bourgeon vrai*, de même qu'*œil vrai*, sont des termes d'une signification inexacte, puisqu'ils donnent à penser qu'il y a des bourgeons ainsi que des yeux faux. Ce qui n'est pas.

P

PAISSEAU. Soutien qu'on donne à la vigne lorsqu'on la cultive en ceps. Est synonyme d'*échalas*.

PAISSELAGE. Travail qui comprend la mise en place des *paisseaux*. Synonyme *déchalassage*.

PAL. V. *Barre*.

PAMPRE. Jeune sarment de vigne lorsqu'il est chargé de ses feuilles.

PICHEVI. V. *Broche*.

PICPOULE (vigne en). Se dit dans certaines localités des vignes basses, parce qu'alors les poules, dit-on, peuvent picorer les grains.

PIQUE. *Sarment* long, qu'on courbe en arc et dont on enfonce (pique) l'extrémité dans le sol. Quelques auteurs au lieu de *pique* disent *archet*.

PINCER. Supprimer l'extrémité d'un bourgeon lorsqu'il est encore en végétation. V. pag. 185.

PISSE-VIN. Terme par lequel on désigne des sarments longs qu'on laisse exclusivement en vue d'avoir beaucoup de raisins. V. *Broche*.

PLANT-CHEVELU. Se dit d'une manière générale de tout sarment muni de racines. Ainsi on dit *crossette-chevelue*, *chapon-chevelu*, par opposition et pour les distinguer de ces mêmes plants lorsqu'ils n'ont pas encore de racines. V. *Chevelu* (plant).

Plant racineux. V. *Chevelu* (plant).

Plants fins. Se dit des cépages avec lesquels on confectionne les vins les plus estimés, tels que les *pinots*, la *petite Syra*, la *Marsanne*, les *Cabernets sauvignons*, etc. *Plants fins* se dit par opposition à *plants communs*.

Pleine (vigne). Se dit par opposition à vigne en *joualles*. V. ce mot.

Pleyon ou Ployon. V. *Longs-bois*.

Pliage. Opération qui consiste à plier et à attacher les sarments qu'on a conservés lors de la taille.

Pointes. Se dit des sarments couchés ou provignés, de la partie qui sort du sol et qui doit constituer de nouveaux plants.

Portant. V. *Broche*.

Pourrette. Nom que, dans certains pays, on donne aux boutures lorsqu'elles sont munies de racines.

Provignage. V. pag. 51.

Provins. Se dit soit des ceps obtenus par le provignage, soit des plants obtenus par ce procédé. Dans ce dernier cas, *provins* est à peu près synonyme de *couchages*.

R

Racineux (plants). V. *Chevelu* (plants).

Raquette. V. *Longs-bois.*

Redeuge, Redrugeon. Bourgeon qui se développe très-rapidement et inopinément pour ainsi dire sur d'autres bourgeons. Dans la pratique on donne souvent ce nom à toutes les parties qui poussent pendant l'été, lorsque la vigne a déjà été arrangée. Le plus souvent ce sont les entre-feuilles que l'on nomme *redruges.*

Relevage. Opération qui consiste, lorsque les bourgeons sont longs, à les relever et à les attacher. Très-souvent aussi ce travail consiste à relever les longs-bois qui, après qu'ils sont poussés, sont trop rapprochés du sol, de sorte que leurs raisins ne sont pas suffisamment aérés. C'est souvent à ce moment qu'on fait l'ébourgeonnage ou épamprage.

Reprise. V. *Courson.*

Rogner. Couper, retrancher l'extrémité soit d'un bourgeon, d'un sarment, etc.

S

S'affiner. Se dit des raisins lorsqu'ils mûrissent, qu'ils acquièrent leur saveur (parfum, bouquet, etc.).

Saillies. Nom que, dans certains endroits, on donne

aux longs-bois, parce que, en général, ils s'écartent (*saillent*) plus ou moins du cep dont ils font partie, et font alors ce que, dans certains pays, on nomme *sortie*. — *Saillie* se dit aussi des sarments qui ont été provignés, de la partie qui sort (qui saille) en dehors du sol.

SAUTELLE OU SAUTERELLE. V. *Longs-bois*.

SECAILLES. V. *Choichons*.

SORTIE. V. *Saillie*.

SOUCHE. Tige très-courte, parfois en partie enterrée, de laquelle partent les coursons ou toutes les parties destinées à produire des raisins.

SOUS-BOURGEON. V. *Bourgeon*.

SOUS-BOURRE. V. *Bourre*.

SOUS-ŒIL. V. *OEil*.

STRATIFICATION. Opération qui, dans le langage viticole, consiste à mettre en terre les sarments destinés à faire des boutures, afin de les conserver jusqu'à l'époque où l'on doit les employer.

T

TAILLE A COURT-BOIS. V. *Court-bois* (taille à).

TAILLE A LONGS-BOIS. V. *Long-bois*.

THALE. Nom par lequel, dans certains pays, on désigne les bourgeons de vignes, d'où le terme *éthaler*, dont ils se servent pour indiquer le travail d'ébourgeonnage.

TARAVELLE. Sorte de pince ou de levier en fer, pointu par la base, percé au sommet d'un trou ou œil dans lequel on passe un morceau qui donne au tout la forme d'un *t*. C'est la *taravelle* des anciens; aujourd'hui on donne parfois ce nom à des instruments différents de celui-ci, mais qu'on emploie aux mêmes usages.

TERRAGE. Opération qui consiste à prendre des terres là où elles sont bonnes et à les apporter sur les vignes. Cette opération est excellente lorsqu'on peut la faire sans occasionner trop de frais. On doit surtout prendre la superficie du sol; les curures de fossés, les boues des routes ou des grands chemins sont surtout très-bonnes. Les terres d'alluvion sont également très-avantageuses dans certains cas. Du reste on doit se guider, pour faire ce travail, sur la nature du sol, afin d'y apporter l'élément qui est nécessaire, qui y manque ou qui s'y trouve en trop petite quantité. Lorsqu'on emploie des gazons, ce qui est très-bon, il faut préalablement les mettre en tas afin de les faire pourrir. Un viticulteur des plus distingués, le comte Odart, au lieu de *terrage*, a écrit *terrassage* : c'est un tort, ce mot ayant une application connue, autre que celle dont il s'agit ici.

TERRIERS. Nom qu'on donne aux lieux d'où l'on prend les terres pour exécuter le *terrage*. On le donne parfois aux dépôts destinés à ce même usage.

Tɪʀᴇᴛ. Sarment intermédiaire entre le long-bois et le courson, dont on enlève tous les yeux, moins les deux ou trois de la base. Toute la partie supérieure ne sert que pour attacher le sarment, d'où probablement le nom qu'il porte : *tiret*, de tirer. Le *tiret* est fréquemment employé dans beaucoup de vignes du Bordelais et particulièrement du Médoc.

Tᴏᴜʀɴᴇʀ. **V.** *Mêler.*

V

Vɪᴇᴛᴛᴇ. Sorte de *broche* ou de long-bois, qu'on laisse parfois sur la tête des ceps et qu'on incline ensuite rigoureusement.

Vᴇʀɢᴇ. **V.** *Longs-bois.*

Vɪɢɴᴇ ʙᴀssᴇ. **V.** *Basse* (vigne).

Vɪɢɴᴇ ᴘʟᴇɪɴᴇ. **V.** *Joualle* (vigne en).

Vɪɢɴᴇʀɪᴇ. **V.** *Vinerie.*

Vɪᴍᴇ. Terme par lequel, dans beaucoup de vignobles, on désigne le petit osier destiné à attacher les sarments lors de la taille de la vigne.

Vɪɴᴇʀɪᴇ. Quelques auteurs anciens ont employé ce mot pour désigner des locaux spécialement affectés au forçage des vignes. En admettant ce terme, il faudrait le modifier, et au lieu de vinerie c'est *vignerie* qu'il faudrait dire.

Vorge. V. *Longs-bois.*

Vrilles. Organes accessoires qui se développent sur les bourgeons. V. pag. 9.

Vriller. Se dit parfois des vignes lorsque, par suite d'un temps humide et froid, on voit disparaître peu à peu les jeunes raisins, et qu'au contraire les vrilles prennent un plus grand accroissement. On dit alors, à tort ou à raison, que les raisins *tournent en vrilles.*

TABLE DES MATIÈRES

PARIS. — IMP. SIMON RAÇON ET COMP., RUE D'ERFURTH, 1.